LCDカラーフィルターとケミカルス
Technologies on LCD Color Filter & Chemicals

監修：渡辺順次

シーエムシー出版

はじめに

　情報化時代，マルチメディアのキーデバイスとして，フラットパネルディスプレイへの期待は高まっている。また必然的にその表示様式も白黒からカラーへと移行し，カラー表示の性能を競う時代にはいってきている。なかでもカラー液晶ディスプレイ（ＬＣＤ）は，薄型，軽量，低消費電力など，その優れた特徴を有し，かつもっとも完成度の高いフラットパネルであり，小型のビューファインダー，携帯テレビ，カーナビゲーション，また中型のＴＶ，ＯＡ用ディスプレイなど幅広く市場を広げ，2000年には２兆円産業に発展するであろうと予想される。

　液晶をカラーディスプレイとしてモジュール化，パネル化するためには，もちろん液晶素材ををはじめ，ガラス基板，偏光板，光位相差板，カラーフィルターなど数多くの構成部品を必要とする。特にカラーフィルターは，液晶ディスプレイのカラー表示品質を直接的に左右する重要な部材である。

　カラーフィルターは，ガラス透明基板上に構築され，光遮断用のブラックマトリックス，ＲＧＢ（赤，緑，青）の三原色画素，画素保護膜，作動電極透明導電膜の四部材からなる。もちろんもっとも根幹をなす部分は，三原色画素であり，分光透過率，色調など色表示に関する性能，耐光性，平滑性などパネル構成に要する特性，そして耐熱性，耐薬品性，寸法安定性などパネル組み立ての上で必要とされる特性など，多岐にわたる特性が要求され，色材（染料，顔料，金属薄膜）およびフィルター製造法（染色法，顔料分散法，電着法，印刷法，蒸着法）に関する開発研究が進められてきている。今後もカラーＬＣＤは，大画面化，高精細化，低コスト化に向けて，進展していくことは疑いもない。そのなかで基幹部材であるカラーフィルターにとって，ますますその性能要求は高まってくる。

　本書は，このような時代を背景にし，初めて発刊されるカラーフィルター技術の成書であり，周辺技術の展開を集約するものである。執筆者は，第一線の研究・開発に携わっている方々である。

　液晶ディスプレイとカラーフィルターの開発に携わる方々をはじめ，広く関連材料・ケミカルスに注目される方々にとって本書がお役に立てれば甚だ幸いである。

1998年２月

東京工業大学　渡辺順次

普及版の刊行にあたって

本書は1998年に『カラーフィルターの成膜技術とケミカルス』として刊行されました。普及版の刊行にあたり、内容は当時のままであり加筆・訂正などの手は加えておりませんので、ご了承ください。

2006年7月

シーエムシー出版　編集部

執筆者一覧(執筆順)

渡辺 順次	東京工業大学　工学部高分子学科
島　 康裕	凸版印刷㈱　エレクトロニクス研究所
渡邊　 苞	東京工芸大学
古川 忠宏	共同印刷㈱　技術本部
松嶋 欽爾	大日本印刷㈱　FDP研究所
泉田 和夫	大日本印刷㈱　FDP研究所
倉田 英明	出光興産㈱　研究開発部
佐藤 守正	富士写真フイルム㈱　富士宮研究所
郡　 浩武	エスティーアイ　テクノロジー㈱　営業開発部
	(現)住友ダウ㈱　代表取締役社長
新居崎 信也	エスティーアイ　テクノロジー㈱　主幹
	(現)㈱住化技術情報センター　技術調査グループ
板野 考史	JSR㈱　ディスプレイ材料開発室
飯島 孝浩	JSR㈱　ディスプレイ材料開発室
根本 宏明	JSR㈱　ディスプレイ材料開発室
戸田　 誠	アルバック成膜㈱　第二製造部
桜井 雄三	東レ㈱　生産本部
千代田 博宜	日立粉末冶金㈱　電子材料開発部
白髭　 稔	日立粉末冶金㈱　電子材料開発部
	(現)日立粉末冶金㈱　機能製品事業部
寺本 武郎	新日鉄化学㈱　先端材事業部
木瀬 一夫	大日本スクリーン製造㈱　電子機器事業本部
谷口 由雄	大日本スクリーン製造㈱　電子機器事業本部
田島 高広	伊藤忠産機㈱　産機システム課
石橋　 暁	日本真空技術㈱　千葉超材料研究所
	(現)㈱アルバック　千葉超材料研究所
田辺 伸一	レーザーテック㈱　技術本部
	(現)レーザーテック㈱　研究開発部
吾孫子 輝一郎	㈲ジェット総合研究所　代表取締役

執筆者の所属は，注記以外は1998年当時のものです。

目　次

はじめに　　渡辺順次

第1章　総　論

1 カラーフィルタ形成法の課題
　　　　　　　　………島　康裕… 1
　1.1　はじめに…………………………… 1
　1.2　カラーフィルタの構造および要
　　　　求特性……………………………… 1
　　1.2.1　透明基板……………………… 2
　　1.2.2　ブラックマトリクス（BM）… 2
　　1.2.3　カラーフィルタ層（CF）… 2
　　1.2.4　保護膜………………………… 3
　　1.2.5　透明導電膜…………………… 4
　1.3　カラーフィルタの各種製造方法
　　　　の課題……………………………… 4
　　1.3.1　染料法………………………… 4
　　1.3.2　顔料分散法…………………… 6
　　1.3.3　印刷法………………………… 9
　　1.3.4　電着法………………………… 12
　1.4　おわりに…………………………… 12
2 カラーフィルターの分光特性
　　　　　　　　………渡邊　苞… 14
　2.1　はじめに…………………………… 14
　2.2　色再現の方向……………………… 15
　　2.2.1　色再現に必要な物体の色
　　　　　　度域……………………………15
　　2.2.2　3原色と白色バランス……… 15
　2.3　フィルタの分光特性……………… 18
　2.4　現在の光源用フィルタの改善
　　　　方向………………………………… 20
　　2.4.1　青フィルタ…………………… 21
　　2.4.2　緑フィルタ…………………… 21
　　2.4.3　赤フィルタ…………………… 22
　2.5　フィルタとバックライト用光源
　　　　の改善目標………………………… 23
　　2.5.1　フィルタの改善……………… 23
　　2.5.2　光源の開発…………………… 23
　　2.5.3　消偏効果……………………… 23
　2.6　おわりに…………………………… 25

第2章　カラーフィルター形成法とケミカルス

1 染料溶解法………………古川忠宏… 27
　1.1　はじめに…………………………… 27
　1.2　製造方法…………………………… 27
　　(1) 色材塗布………………………… 27

I

(2)	色材プレベーク………………	27
(3)	フォトレジスト塗布……………	28
(4)	露光・現像……………………	28
(5)	フォトレジスト剥離，ポスト	
	ベーク………………………	28
(6)	3色繰り返し…………………	28
(7)	オーバーコートを塗布…………	29
1.3	カラーフィルターの特性…………	29
(1)	分光特性およびコントラスト…	29
(2)	染色フィルターとの差につ	
	いて…………………………	29
1.4	耐光性について…………………	30
(1)	試験方法……………………	30
(2)	染料の構造と耐光性の関係……	31
(3)	濃度と耐光性の関係…………	31
(4)	染料カラーフィルターの耐光	
	性向上………………………	32
1.5	反射ＬＣＤ用カラーフィルター	
	への応用………………………	33
1.6	最後に…………………………	37
2	印刷法………………………渡邊　苞…	38
2.1	平版オフセット印刷（オフセット	
	と略）の製造工程………………	38
2.2	ガラス基板受け入れ……………	39
2.3	インキ製造………………………	41
2.4	製版……………………………	43
2.5	印刷機…………………………	44
2.6	ブランケットの表面平坦化……	45
2.7	印圧の均一化…………………	45
2.8	その他…………………………	46
2.9	平坦化…………………………	48
2.10	おわりに………………………	48

3	顔料分散法……松嶋欽爾，泉田和夫…	49
3.1	概要……………………………	49
3.2	カラーフィルターの基本構成……	49
3.3	顔料分散法カラーフィルター……	51
3.3.1	着色感材法…………………	52
3.3.2	顔料の微粒化と分散………	55
3.4	今後の展望……………………	56
3.4.1	品質，性能向上への対応……	56
3.5	まとめ…………………………	57
4	電着法・ミセル電解法……倉田英明…	59
4.1	はじめに………………………	59
4.2	電着法カラーフィルター………	59
4.2.1	電着法の原理………………	59
4.2.2	電着法製造プロセス………	60
4.2.3	電着法の特徴………………	61
4.2.4	電着法の課題………………	62
4.3	出光ミセル電解法カラーフィル	
	ター……………………………	62
4.3.1	基本原理……………………	62
4.3.2	製造プロセス………………	64
4.3.3	ミセル電解カラーフィル	
	ターの特徴…………………	65
4.4	C／F on TFTアレイへの	
	応用……………………………	66
4.5	おわりに………………………	68
5	着色フィルム（ドライフィルム）転	
	写法………………………佐藤守正…	69
5.1	はじめに………………………	69
5.2	TRANSER 転写材料……………	69
5.3	作製プロセス…………………	70
(1)	ラミネート工程………………	70
(2)	仮支持体剥離工程……………	70

(3) 露光工程……………………… 70
　　　(4) 現像工程……………………… 70
　　　(5) ブラックマトリックス作製…… 70
5.4 凹凸追従法…………………………… 71
5.5 セルフアライメント法によるブ
　　　ラック画像の形成………………… 73
　　　(1) 黒色感光性転写材料について… 74
　　　(2) ＲＧＢ画素の紫外線遮蔽性…… 75
5.6 その他の特徴………………………… 76
　　　(1) 欠陥修正法…………………… 76
　　　(2) 大サイズ化が可能…………… 77
　　　(3) その他の性能………………… 77
5.7 最後に………………………………… 77
6 次世代カラーフィルター形成法
　……………郡　浩武，新居崎信也… 80
6.1 はじめに……………………………… 80
6.2 カラーフィルタ・オン・アレ
　　　イ法………………………………… 80
6.3 イオンプレーティング法…………… 82
6.4 インクジェット法…………………… 83
6.5 レーザおよび焼き付け法…………… 85

第3章　カラーフィルター形成用ケミカルスと色素

1 印刷法用ケミカルス………渡邊　壱… 89
1.1 インキの製造………………………… 89
　　　① 顔料および染料………………… 89
　　　② ビヒクル………………………… 90
　　　③ 溶剤……………………………… 90
　　　④ その他の添加剤………………… 91
　　　⑤ インキの混練…………………… 91
1.2 インキの検定………………………… 91
　　　① 粘度……………………………… 92
　　　② タッキネス……………………… 93
　　　③ 顕微鏡観察……………………… 93
　　　④ 耐熱性およびガスクロマトグ
　　　　　ラフ………………………………… 93
　　　⑤ 保存……………………………… 94
1.3 おわりに……………………………… 94
2 顔料分散法用ケミカルス
　……板野考史，飯島孝浩，根本宏明… 95
2.1 はじめに……………………………… 95
2.2 顔料分散レジストの種類…………… 96
　　　(1) アクリル系ラジカル重合型…… 96
　　　(2) 水溶媒型……………………… 96
　　　(3) ナフトキノンジアジド（ＮＱ
　　　　　Ｄ）感光剤型………………… 99
　　　(4) 化学増幅型…………………… 100
2.3 アクリル系ラジカル重合型顔料
　　　分散レジストの構成……………… 100
　　　(1) 顔料…………………………… 100
　　　(2) バインダー樹脂……………… 103
　　　(3) 多価アクリル，光ラジカル発
　　　　　生剤…………………………… 105
　　　(4) 溶剤，各種添加剤…………… 105
　　2.3.1 BLACKレジスト……………… 106
2.4 今後の課題…………………………… 107

第4章　ブラックマトリックス形成法とケミカルス

1　Cr系BM形成法とケミカルス
　　　　　　　　………戸田　誠… 109
　1.1　概要………………………………… 109
　1.2　種類と特徴………………………… 109
　1.3　形成法……………………………… 111
　1.4　Cr-BMの物性とケミカルス… 113
　1.5　Cr-BMの現状の課題と将来
　　　動向………………………………… 115
　1.6　まとめ……………………………… 116
2　樹脂系BM形成法とケミカルス
　　　　　　　　………桜井雄三… 118
　2.1　はじめに…………………………… 118
　2.2　樹脂系BMに対する要求特性…… 118
　2.3　ポリイミド系材料によるBM
　　　形成………………………………… 119
　2.4　感光性樹脂BM材料……………… 125
　2.5　樹脂系BM材料の今後の課題…… 125
3　樹脂BM形成法（無電解めっきとケ
　ミカルス）……………泉田和夫… 127
　3.1　はじめに…………………………… 127
　3.2　無電解めっきによるBM形成…… 127
　　3.2.1　BMの要求特性………………… 127
　　3.2.2　BMの分類……………………… 127

　　3.2.3　プロセスの概要………………… 129
　　3.2.4　無電解NiめっきBMの
　　　　　特性………………………………… 130
　3.3　まとめ……………………………… 133
　3.4　最後に……………………………… 133
4　黒鉛BM形成法とケミカルス
　　　　　　　………千代田博宜，白髭　稔… 134
　4.1　はじめに…………………………… 134
　4.2　黒鉛BMの分類と原理…………… 134
　　4.2.1　黒鉛BMの分類………………… 134
　　4.2.2　BM形成の原理………………… 134
　4.3　黒鉛BM塗料と材料……………… 136
　　4.3.1　黒鉛BM塗料…………………… 136
　　4.3.2　黒鉛BM用黒鉛微粒子………… 136
　　4.3.3　黒鉛BM用熱硬化性樹脂……… 138
　4.4　黒鉛BMの形成法………………… 138
　　4.4.1　黒鉛BMリフトオフ法………… 138
　　4.4.2　黒鉛BMエッチング法………… 140
　4.5　黒鉛BMの特性…………………… 142
　4.6　今後の展開………………………… 142
　4.7　まとめ……………………………… 144

第5章　保護膜形成法とケミカルス　　寺本武郎

1　概要……………………………………… 145
2　市場動向………………………………… 145
3　保護膜の必要特性……………………… 147
4　保護膜の開発状況……………………… 152

第6章　レジスト塗布法

1　スリット＆スピン方式
　　………木瀬一夫，谷口由雄…155
　1.1　はじめに……………………155
　1.2　従来塗布方式の課題と対策例……156
　1.3　塗布装置「ＳＦ－700／800」…158
　1.4　「スリット＆スピン」塗布方式…158
　1.5　「スリット＆スピン」方式周辺
　　　　技術…………………………159

　1.6　効果………………………………160
　1.7　今後の展開………………………163
2　エクストルージョン方式…田島高広…164
　2.1　はじめに…………………………164
　2.2　Ｆａｓコーターの基本原理………164
　2.3　エッジビードの評価……………165
　2.4　基板の凹凸が膜厚に及ぼす影響…167
　2.5　結論………………………………168

第7章　大型カラーフィルターへのＩＴＯ成膜技術　　石橋　暁

1　はじめに………………………169
2　低抵抗ＩＴＯ／ＣＦ成膜技術…170
　2.1　ＩＴＯの作製法………………170
　2.2　要求特性と問題点……………171
　2.3　低電圧スパッタ法……………171
　2.4　低温成膜プロセス……………172
　2.5　ＢＭの補助配線効果…………174

3　低反射ＢＭ成膜技術………………175
　3.1　Ｃｒ系積層型ＢＭ膜……………175
　3.2　脱ＣｒスパッタＢＭ膜…………176
4　スパッタ装置………………………176
　4.1　ＩＴＯ用インライン装置………176
　4.2　ＢＭ用インライン装置…………177
5　おわりに……………………………178

第8章　大型カラーフィルタの検査システム　　田辺伸一

1　検査システムの状況…………179
2　カラーフィルタにおける主な欠陥の
　　種類………………………180
3　検査方法について…………180
　3.1　1次元ラインイメージセンサを
　　　　利用した欠陥検出……………180
　　3.1.1　dei to dei検査………180
　　3.1.2　dei to database 検査…180
　　3.1.3　cell shift検査…………181

　3.2　レーザ散乱による欠陥検査………182
4　検査装置について…………………182
　4.1　基板サイズ………………………182
　4.2　透過検査（透過ヘッド）………183
　4.3　反射検査（反射ヘッド）………183
　4.4　突起検査（散乱ヘッド）………183
　4.5　欠陥検出能力……………………183
　4.6　検査処理時間……………………184
5　カラーフィルタ製造ラインにおける

	検査システム…………………… 184
6	歩留まりの向上のために………… 186

7	突起欠陥修正装置について………… 186
8	今後の装置の研究・開発について…… 187

第9章 カラーフィルターの信頼・品質評価　　渡邊 苞

1	分光透過率………………………… 189
2	消偏効果測定法…………………… 189
3	耐熱性試験法……………………… 192
4	耐光性試験法……………………… 192
5	耐薬品性測定法…………………… 193

6	CF表面の硬度と接着性測定法……… 194
7	白ボツと黒ボツ（ピンホール）…… 194
8	表面の平坦性測定法……………… 195
9	パターン位置精度………………… 196
10	おわりに………………………… 196

第10章 カラーフィルターの市場　　シーエムシー編集部

1	カラーフィルターの市場動向………… 197
(1)	カラーフィルター用顔料分散レジスト………………………………… 197
(2)	カラーフィルター用顔料，染料…… 198
(3)	ブラックマトリクス材料…………… 198
(4)	オーバーコート剤………………… 198
2	メーカー動向……………………… 199
(1)	カラーフィルター………………… 199
(2)	カラーフィルター用顔料分散レジ

	スト……………………………… 199
(3)	カラーフィルター用顔料，染料…… 201
(4)	ブラックマトリクス用クロムターゲット…………………………… 202
(5)	ブラックマトリクス用黒色レジスト……………………………… 202
(6)	カラーフィルター用オーバーコート剤……………………………… 202

第11章 カラーフィルターと関連ケミカルスの特許動向

1	カラーフィルターと関連ケミカルスの特許（1973〜1994年）………シーエムシー編集部… 203
1.1	カラーフィルター製造技術の分類………………………………… 203
1.2	画素形成技術と特許の展開……… 203
	(1) 染色法………………………… 204

(2)	印刷法…………………………… 209
(3)	顔料分散法……………………… 210
(4)	電着法…………………………… 213
(5)	着色フィルム転写法……………… 215
(6)	ミセル電解法…………………… 217
(7)	電子写真法……………………… 218
(8)	インクジェット法……………… 220

- (9) 染料分散法……………………… 221
- (10) 熱転写法………………………… 223
- (11) ゾルゲル法……………………… 224
- (12) カラー銀塩写真法……………… 226
- (13) 蒸着法…………………………… 227
- (14) その他形成法…………………… 229

1.3 画素形成用ケミカルスと特許の展開………………………………… 231
- (1) 画素組成物の技術と特許の展開………………………………… 231
- (2) 画素組成物特許の企業別動向… 243
- (3) 色素の技術と特許の展開……… 243
- (4) 色素特許の企業別動向………… 251

1.4 画素以外の構成要素と特許の展開………………………………… 253
- (1) ブラックマトリクス（BM）の技術…………………………… 253
- (2) 保護膜………………………… 266

1.5 企業の特許展開…………………… 277
1.6 参考資料…………………………… 284

2 最新('94～'96年) カラーフィルター特許，主要10社の動向
　　　　　　　………吾孫子輝一郎… 286

2.1 最新('94～'96年) カラーフィルター特許出願動向…………… 286
2.2 主要10社の全分野出願件数と液晶関連カラーフィルター分野出願件数の推移………………… 294
2.3 主要10社の'94～'96年の総出願件数と発明者総数および発明者リスト…………………………… 299

第1章　総　　論

1　カラーフィルタ形成法の課題

島　康裕[*]

1.1　はじめに

　コンピュータを始めとする情報端末機器などに用いられるフラットパネルディスプレイのカラー化あるいはフルカラー化に対する技術革新は目ざましいものがあり，各種方式が開発されている。これらのフラットパネルディスプレイに用いる方式としては，電界放出型ディスプレイ（ＦＥＤ：Field Emission Display），液晶ディスプレイ（ＬＣＤ：Liquid Crystal Display），プラズマディスプレイ（ＰＤＰ：Plasma Display Panel），蛍光表示パネル（ＶＦＤ：Vacuum Fluorescent Display），電場発光ディスプレイ（ＥＬＤ：Electroluminescent Display）や発光ダイオード（ＬＥＤ：Light Emitting Diode）などの方式が挙げられる。その中でＬＣＤがいち早くカラー化の実現を行いカラー化の技術を構築したといえる。カラーＬＣＤが世の中に登場したのは1980年代初めであり，染料法ＣＦを用いた3インチ程度の小型カラー液晶テレビが最初であった。最近では，ノートパソコン，カーナビゲーションシステムやＡＶ機器などの各分野へ幅広く展開をし，現在では，対角12インチクラスのノートＰＣやさらに大型サイズＯＡ用コンピュータなどのモニターが主流となりつつある。カラーフィルタ（ＣＦ：Color Filter）については，ＬＣＤのカラー化に欠かすことのできないパーツであり，液晶の駆動方式やＬＣＤの使用用途などにより，染料法，顔料分散法，印刷法，電着法などの各種製造方式のＣＦが適宜使用されている。最近では，従来一般的であった染料法ＣＦに代わり，耐熱性や耐光性などの耐性面で染料法ＣＦよりも優れている顔料分散法ＣＦが主流となっている。
　本節においては，液晶ディスプレイに用いられるカラーフィルタの各種製造方法における特徴と課題について述べていく。

1.2　カラーフィルタの構造および要求特性

　図1に一般的なカラーフィルタの構造を示す。ＣＦの基本的構造は，透明基板，ブラックマトリクス（ＢＭ：Black Matrix），着色層からなるＣＦ層，保護膜および透明導電膜から構成され

---

　[*]　Yasuhiro Shima　凸版印刷㈱　エレクトロニクス事業本部　エレクトロニクス研究所

ている。
1.2.1 透明基板

　CFに使用される透明基板の材質としては，低膨張ガラスおよびソーダガラスなどのガラス基板が一般的に用いられ，環境面からヒ素を抜いたガラス基板なども用いられている。ガラス基板の厚みとしては，1.1mm'または0.7mm'のタイプが主に使用されている。透明基板の大きさとしては，360×465mm²基板サイズから3期ラインの550×650mm²基板サイズへと大型化への移行が進められている。今後予想される第3.5期ラインでは，基板サイズが650×830mm²基板や600×720mm²基板サイズへとガラス基板のさらなる大型化が行われることになる。

　基板の大型化に対し，CFメーカーにおける課題は，大型基板のハンドリングや搬送などの取り扱いなどが挙げられる。品質や製造面では，品質の維持，コストダウンおよび供給体制の確保などが考えられる。

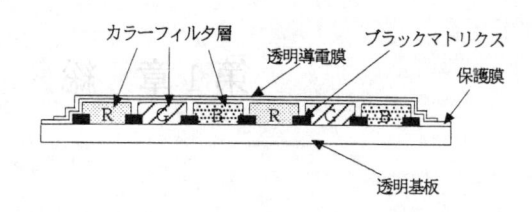

図1　カラーフィルタの構造

1.2.2 ブラックマトリクス（BM）

　ブラックマトリクスは，コントラストの向上や色純度の低下防止などを目的として画素間に形成される。このBMに要求される特性としては，高遮光性，パターンの高細線化などが挙げられる。現在では，金属Cr材料を用いたBMが主流であるが，コスト，環境面などの問題があり，代替品としてカーボンブラックや非クロム系の金属材料が検討されている。このうちカーボンブラックを用いるBM材料はすでに一部実用化されている。樹脂BMの形成法としては，通常のフォトリソ法やエッチング法が挙げられる。このほかとしては，R, G, B形成後化学増幅型レジストを用い裏露光法によってパターニングを行う方法[1]などが報告されている。

1.2.3 カラーフィルタ層（CF）

　CF層は，耐光性や耐熱性などの耐性面の強化を図るため，染料法から顔料分散法へとCFの製造方式が移行した。CFの画素配列については，ストライプ配列，トライアングル配列，モザイク配列などの配列がある。一般的にグラフィック画像や文字などの静止画像をシャープに表示する必要があるノートパソコンやモニター用途などには，ストライプ配列のCFが使用され，鮮明で高解像度表示などが必要とされる動画表示中心の液晶テレビなどには，トライアングル配列やモザイク配列などのCFが使用されている。現在，CFの主流である顔料分散CFの一般的な分光カーブを図2に，CFに要求される特性を表1に示した。CFに要求される特性については，大きく分けると以下の2項目に分類される。

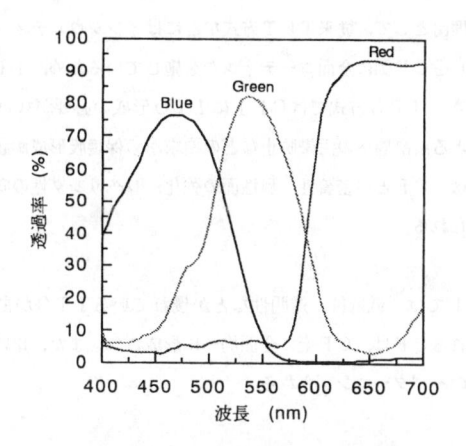

図2 顔料分散法カラーフィルタの分光カーブ

表1 カラーフィルタの要求特性

要求項目	内　　容
分光特性	R，G，Bの色はRGB 3原色規格値に近似（特にTFTタイプ）
耐光性	配向膜やITO蒸着時の熱処理に耐えること （アクティブマトリクス…200℃／60min前後） （単純マトリクス　　　…250℃／60min前後）
耐薬品性	配向膜の溶剤，洗浄液などでCFの外観に変化なきこと
平滑性	異物突起なく平滑であること （単純マトリクスタイプの方が厳しい…0.1μm以下）
寸法精度	画素電極側との合わせで問題がないこと
信頼性	シール材との密着性が良いこと ヒートショック，高温放置などで分光，外観に変化がないこと

① 表示品位などの製品性能に関する項目
② パネル製造時に必要とされる信頼性に関する項目

であり，①については，分光特性，平滑性，耐候性などが挙げられ，②については，耐熱性や耐薬品性などの項目が挙げられる。

1.2.4 保護膜

保護膜は，CF層の保護，平滑化および液晶への汚染防止などを目的として，必要に応じて形成される。特に，IPS（In Plane Switching）方式に用いられるCFには欠かすことのできな

い部材である。その理由として，従来TFT方式などにはインジウムティンオキサイド（ITO：Indium Tin Oxide）をCF側に全面コーティングを施しているため，ITOがオーバーコートの役割を担っていたが，IPS方式ではCF上にITO形成の必要がないため，CFの保護，CFからのイオンによる液晶層への汚染防止などの要求から保護膜形成が必要とされた。保護膜への要求特性としては，CFとの密着性，耐性面の強化，レベリング性の向上や透明性に優れていることなどが挙げられる。

1.2.5 透明導電膜

透明導電膜材料としては，低抵抗，透明性などが優れているITOが主に用いられている。TFT方式に用いられるCFは，CF上に全面均一に形成され，また，単純マトリックス方式用CFには必要部分にのみパターニングされる。

1.3 カラーフィルタの各種製造方法の課題

CFの製造方式については，染料法，顔料分散法，印刷法，電着法などの各種製造方法があり，表2に，CFの製造方法の分類を示した。次にそれぞれの製造方法の特徴と課題について述べていく。

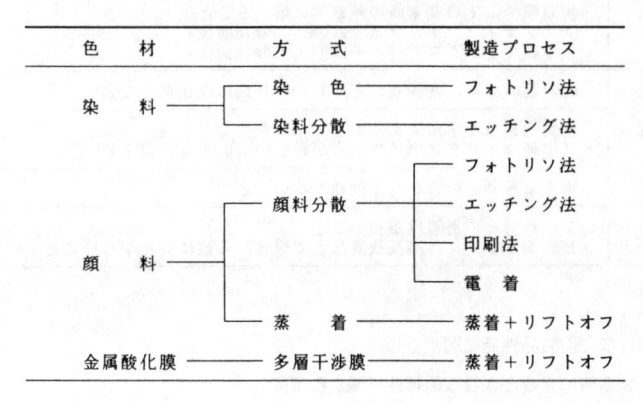

表2 カラーフィルタの製造方法の分類

色材	方式	製造プロセス
染料	染色	フォトリソ法
	染料分散	エッチング法
顔料	顔料分散	フォトリソ法
		エッチング法
		印刷法
		電着
	蒸着	蒸着＋リフトオフ
金属酸化膜	多層干渉膜	蒸着＋リフトオフ

1.3.1 染料法

染料法は従来代表的なCFの製造方法として用いられていた。染料法CFの特徴としては，透明性やコントラストに優れ，分光のバリエーションが豊富であることなどが挙げられる。CFの製造方法には，フォトリソ法とエッチング法の2つがあり，ここでは，前者のフォトリソ法につ

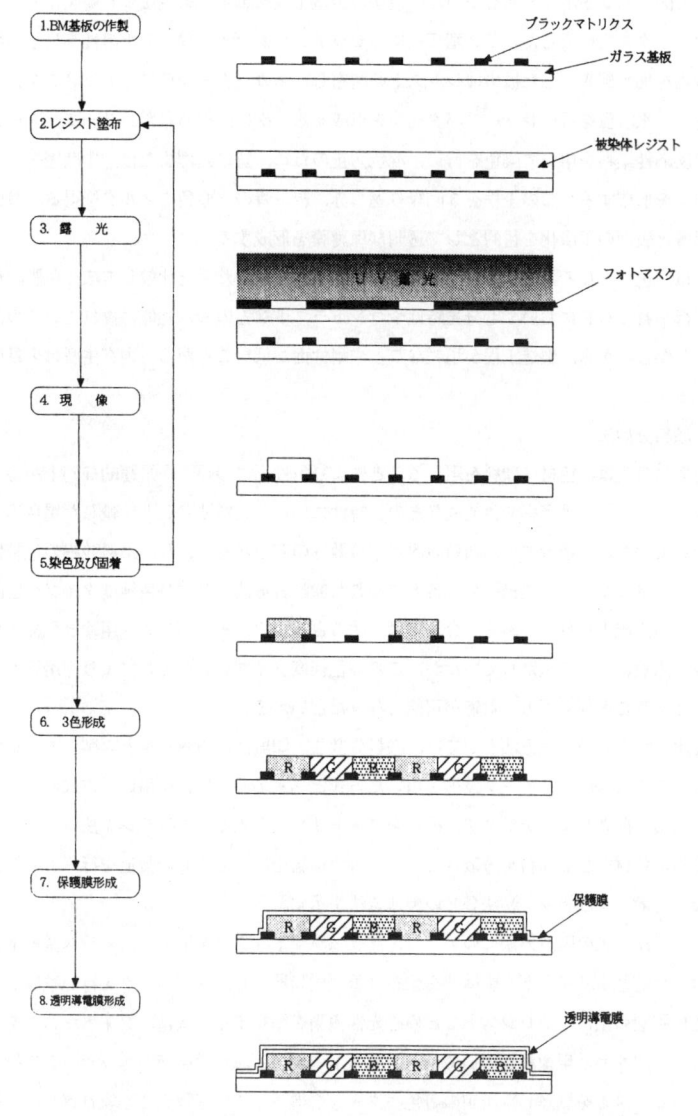

1. BM基板の作製	ブラックマトリクス / ガラス基板
2. レジスト塗布	被染体レジスト
3. 露光	UV露光 / フォトマスク
4. 現像	
5. 染色及び固着	
6. 3色形成	
7. 保護膜形成	保護膜
8. 透明導電膜形成	透明導電膜

2.から5.までの工程を30回繰り返す

図3　染色法CF（フォトリソグラフィー法）

いての製造方法を述べる。

例として図3にフォトリソ法を用いた染色法の製造工程を示す。染色法ＣＦの製造方法は，ブラックマトリクスを形成したガラス基板上に，ゼラチンやカゼインなどの水溶性高分子材料に重クロム酸塩を加え感光化した被染体レジストを塗布し，ネガパターンのフォトマスクを介して，露光を行い，水現像を行いレリーフパターンを形成する。次に，得られたレリーフパターンを酸性染料や反応性染料を用いて染色を行い，混色防止のため，防染処理または，中間層を形成し着色パターンを形成する。この工程を3回繰り返し赤，緑，青の3原色フィルタを得る。最後に着色層の保護と表面の平滑化を目的として透明な保護膜を形成する。

染料法は，色材となる染料が多く，選択性の幅が顔料を用いた系と比較して広く色設計が容易であり，得られたＣＦにおいても分光特性やコントラストなどの表示性能に優れているのが特徴である。しかしながら，製造工程が煩雑なことや耐性面が低いことから，現在生産は少量にとどまっている。

1.3.2　顔料分散法

顔料分散法ＣＦは，色材に顔料を用いることにより耐性面について，飛躍的な向上が得られるようになった。当初，透過率や色純度などの色特性について染料法ＣＦと比較した場合劣っているといわれていたが，最近では，顔料の改良や分散性の向上などにより，染料並みの色特性を得られるようになった。この透過率や色純度に優れた顔料分散法ＣＦは高色純度タイプに位置付けされ，今後の主流となりつつある。今までは，明るさ重視のノートパソコン用途と色純度重視の液晶テレビ用途にＣＦを区別していたが，この高色純度タイプＣＦの登場により，用途別にＣＦの使い分けすることなく両方に対応が可能となったといえる。

顔料を用いたＣＦの製造方法としては，顔料分散法，印刷法，電着法などの製造方法が確立されている。ここでは，エッチング技術を用いた方式とフォトリソ技術を用いた方式の製造方法を述べる。なお，前者をエッチング法，後者をフォトリソ法とする。エッチング法は，ポリイミドなどの樹脂に色材として顔料を分散させ，この着色樹脂を用いてＣＦの製造を行うものである。図4に顔料分散（エッチング）法ＣＦの製造方法を示す。

エッチング法ＣＦの製造方法については，ブラックマトリクスを形成したガラス基板上に，顔料を分散した着色ポリイミド前駆体液を塗布（着色樹脂層）し，プレベークを行い乾燥し，次いで，着色樹脂層の上にポジレジストなどの感光性樹脂を塗布する。次に，フォトマスクを介して露光を行い，アルカリ現像液を用いてポジレジストの現像と着色樹脂層のエッチングを行う。最後に，ポジレジストを剥離し，所定の着色パターンを得る。この工程を3回繰り返し赤，緑，青の3原色フィルタを形成する。必要に応じて保護膜を形成してＣＦを得る。この方式の特徴としては，微細パターンの形成に優れている点が挙げられるが，工程が長いなどのデメリットもある。

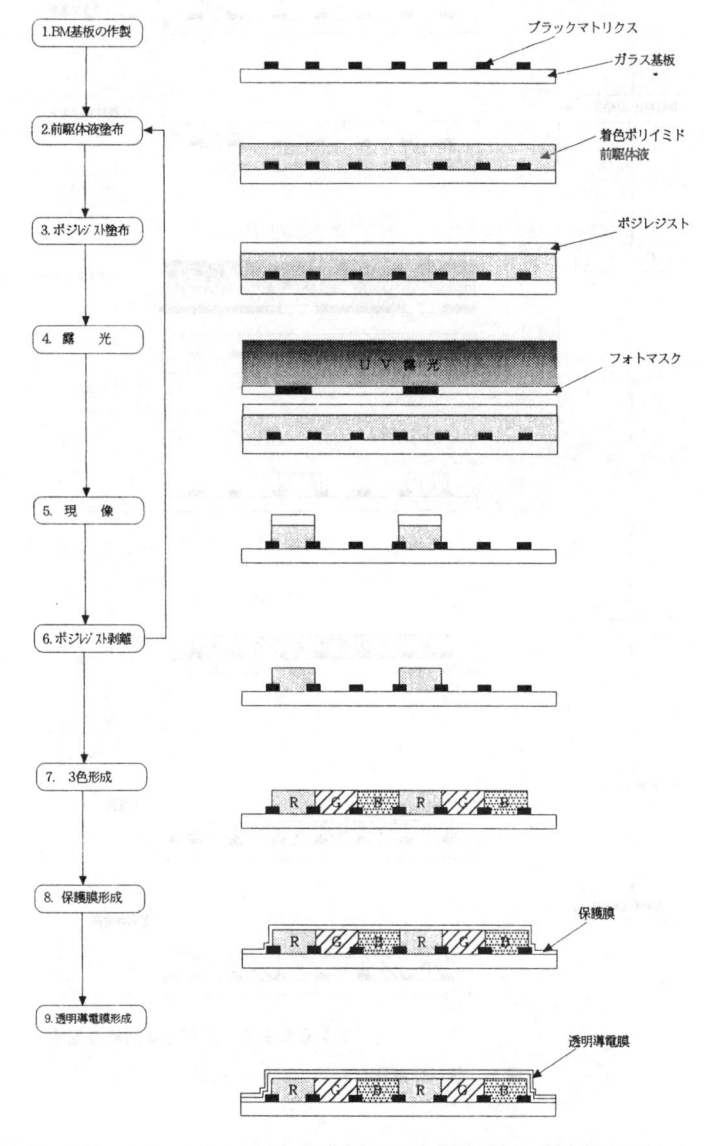

工程	断面図
1. BM基板の作製	ブラックマトリクス / ガラス基板
2. 前駆体液塗布	着色ポリイミド前駆体液
3. ポジレジスト塗布	ポジレジスト
4. 露 光	UV露光 / フォトマスク
5. 現 像	
6. ポジレジスト剥離	
7. 3色形成	
8. 保護膜形成	保護膜
9. 透明導電膜形成	透明導電膜

2.から6.までの工程を30回繰り返す

図4　顔料分散法CF（エッチング法）

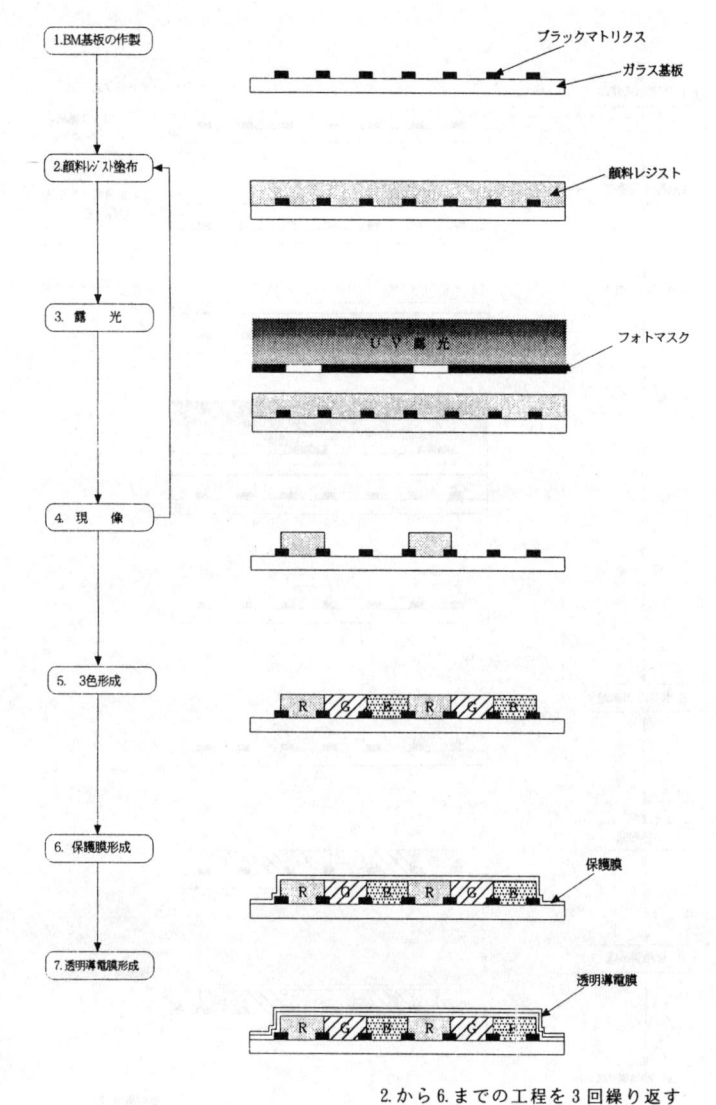

図5 顔料分散法CF（フォトリソ法）

2.から6.までの工程を3回繰り返す

次に，フォトリソ法を用いた顔料分散法CFの製造方法について説明する。現在の顔料分散法CFの製造方法の多くは，フォトリソ技術を用いた方式が主流である。CFのベース樹脂として

は，アクリル系樹脂が一般的に用いられ，これに多官能アクリル系モノマーおよび光重合開始剤が添加され感光性を付与させたものが多い。図5に顔料分散（フォトリソ）法ＣＦの製造方法を示す。

フォトリソ法ＣＦの製造方法については，ブラックマトリクスを形成したガラス基板上に，顔料を分散した顔料レジストを塗布し，プレベークを行い，フォトマスクを介して露光を行う。次に，アルカリ現像液を用いて現像を行い着色パターンを得る。この工程を3回繰り返し赤，緑，青の3原色フィルタを形成しＣＦを得る。

顔料分散法ＣＦは，240～280℃と高い耐熱性を有しているのが特徴である。耐光性については，Ｘｅフェードメータで1000時間を超え，染料法ＣＦと比較してかなり優位な特性をもつ。顔料分散レジストは，透明性，コントラスト，経時安定性などの特性に大きく左右するため，分散性の向上および分散状態の維持が重要なポイントとなる。また，感光性の顔料分散樹脂の場合は，顔料自体が光を吸収する性質を有するため感度が低下しやすく，スループットに大きく影響を与える。

現在では，開発当初のように酸素遮断膜形成を必要としないラジカル重合タイプや化学増幅型タイプのレジストが開発および実用化されている[2]。いずれにしても，今後の基板サイズの大型化に対応するには，塗膜均一性を維持し感度を向上させスループットの向上を図る必要がある。

1.3.3　印刷法[3]

印刷法は，赤，緑，青の着色したインキを様々な印刷方式を用いてガラス基板上に転写を行うものである。代表的な製造方法としては，スクリーン印刷法，凹版オフセット印刷法，平版オフセット印刷法や凸版フレキソ印刷法などがある。スクリーン印刷法は，メッシュ・スクリーン版を用いるため，微細パターンを形成することは困難である。このため，精細度の必要とされない電子部材に用いられている。凹版オフセット印刷法は，金属板をエッチングした金属版を用いるためパターンエッジのシャープ性は優れているが，金属版上部に盛られた余分なインキをドクターにて除去するため，ドクタリングの均一性が重要となる。平版オフセット印刷法は，平版パターン部のインキをゴム弾性体に転移した後，ガラス基板へと転写するもので，位置精度が高い製造方法といえるが，厚膜パターンの形成は困難であり，使用するインキの制約が多く選択の幅に欠けてしまうなどの問題がある。凸版フレキソ印刷法は，樹脂凸版を使用するため転写したパターンエッジのシャープ性が欠けてしまう。

以下に，代表的な凹版オフセット印刷法を用いたＣＦの製造方法について述べる。図6に印刷法ＣＦの製造方法を示す。凹版オフセット印刷法は，凹版上に所定厚みのインキを盛り，パターン部のインキをブランケット上に転移させる。ブランケット上の着色パターンをブラックマトリクスを形成したガラス基板上の所定の位置へ転写する。この工程を3回繰り返し赤，緑，青の3

図中ラベル:
1. ドクタリング — ドクター、インキ、凹版
2. 転移 — ブランケット
3. 転写 — ガラス基板
4. 3色形成
5. 保護膜形成 — 保護膜
6. 透明導電膜形成 — 透明導電膜

1.から3.までの工程を3回繰り返す

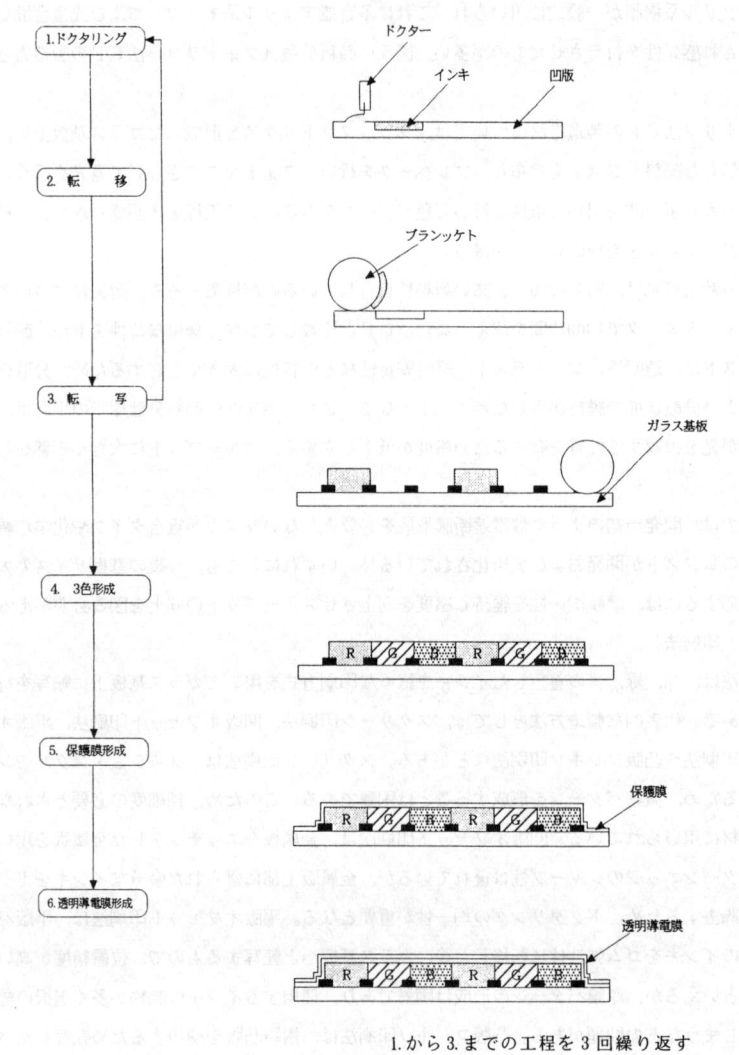

図6 印刷法CF

原色フィルタを形成し，必要に応じて保護膜を形成し，さらに透明導電膜を形成してCFを得る。印刷法CFの特徴としては，顔料分散法CFと同様な耐性を有し，製造工程的には最も簡便である。しかしながら，画素パターンのエッジ形状や位置精度が顔料分散法と比べると劣っている。

1. ITOの作製
2. ポジレジスト塗布
3. 露光
4. 現像
5. 電着
6. 3色形成
7. 保護膜形成
8. 透明導電膜形成

透明導電膜(ITO)
ガラス基板
ポジレジスト
フォトマスク
保護膜
透明導電膜

2.から5.までの工程を3回繰り返す

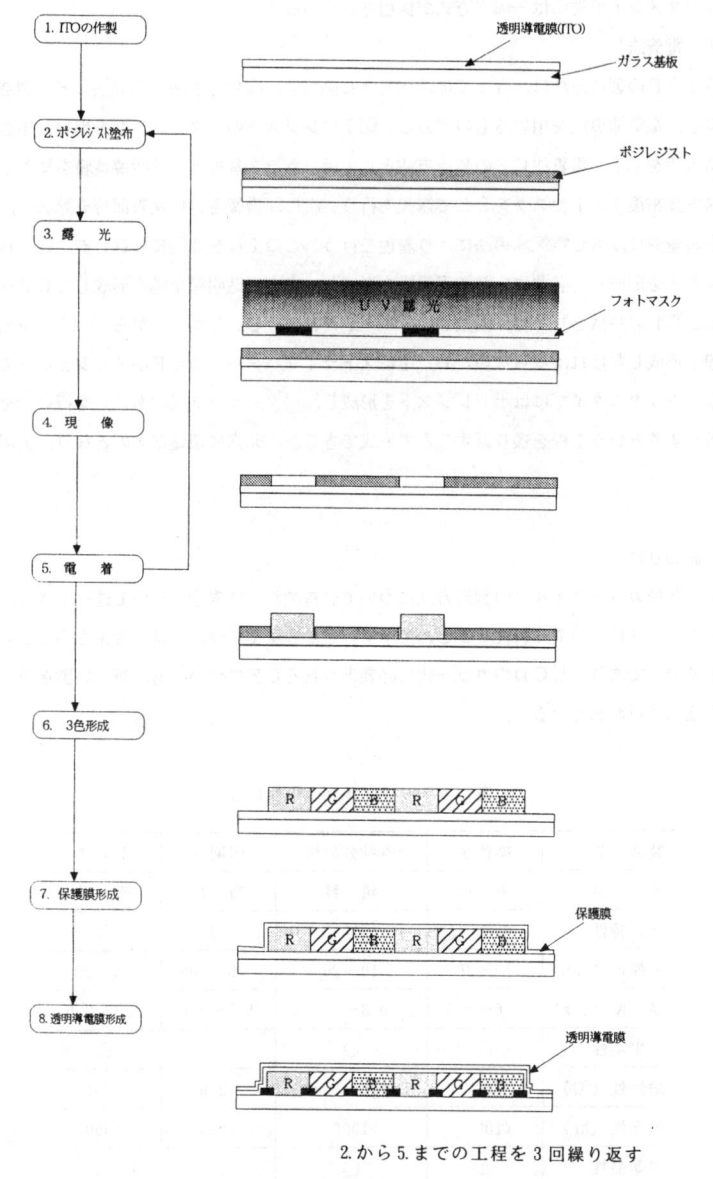

図7　電着法CF

アミューズメント用途には一部本方式が採用されている。

1.3.4 電着法[4,5]

電着法CFの製造方法は，今までに述べてきた染料法，顔料分散法，印刷法などの製造方法とは異なり，電気泳導法を用いるものである。図7にレジストのパターニングを用いた電着法CFの製造方法を示す。電着法CFの製造方法としては，ガラス基板上に透明導電膜を蒸着し，ポジレジスト塗布後フォトマスクを介して露光を行う。次に，現像を行い電着部分を除去し，ガラス基板を電着液に浸漬し電気泳導法により着色を行う。この工程を3回繰り返し赤，緑，青の3原色フィルタを形成し，必要に応じて保護膜を形成し，さらに透明導電膜を形成してCFを得る。

電着法CFの特徴としては，画素部の平坦性が優れている。しかしながら，パターン形成用の導電膜を形成しなければならないため，主にストライプパターンのCFがメインとなっている。ドットマトリクスタイプにはポジレジストを形成し，パターニング（穴あけ）を行い，その部分に電着をするという工程を繰り返すことで形成できるが，非常に煩雑なものとなり，実用的ではない。

1.4 おわりに

以上，各種カラーフィルタの製造方法についての特徴および課題について述べてきた。表3にカラーフィルタについての特性をまとめて示す。LCD産業については，今後さらなる発展が期待される分野であり，LCDのカラー化に必要とされるCFについても，新しい製造方法の研究開発が盛んに行われている[6,7]。

表3 カラーフィルタの特性比較

製造方式	染色法	顔料分散法	印刷法	電着法
色材	染料	顔料	顔料	顔料
分光特性	◎	◎	○	○
解像性（μm）	10〜20	10〜20	70〜100	10〜20
膜厚（μm）	1.0〜2.5	0.8〜2.5	1.5〜3.5	1.5〜2.5
平坦性	○	○	○	◎
耐熱性（℃）	180	220〜300	250	250
耐光性（hr）	<100	>1000	>1000	>1000
耐薬品性	△	○	○	○
工程	△	○	○	△

今後は，携帯情報端末およびＣＲＴに代わるモニター用途の市場の拡大が期待され，携帯情報端末については，反射型カラー液晶用のＣＦの実用化がすでに始まっている。最近ではＣＦの新しい製造方法として，インクジェットプリンターを応用した方式が発表されている[8]。この方式はコスト面では有利であるが，平坦性および信頼性の面では問題があると考えられる。ＬＣＤについては，次世代の液晶ディスプレイの表示方式が報告された[9]。この方式はフィールドシーケンシャルカラー表示方式と呼ばれるもので，明るさを大幅に向上させることができるものである。このようにＣＦ，ＬＣＤともに研究開発が盛んに行われ，新たな市場開発の手段となることが予想される。ＣＦは今後さらに基板の大型化，高精細化が要求されることが必須であり材料・装置メーカーの協力をいただいてさらなる高品位なＣＦが開発されていくと考えられる。

文　　献

1) 伊藤，第56回応用物理学会学術講演会講演予稿集，No. 2, p. 505, 1995年秋季
2) R. L. Brainard, M. E. Perkins et al., SID '95, Digest, p. 783 (1995)
3) 山崎，川上，堀，カラーＴＦＴ液晶ディスプレイの構造と構成要素，カラーＴＦＴ液晶ディスプレイ，ＳＥＭＩスタンダードＦＰＤテクロノジー部会，pp. 217〜229
4) 谷，カラーＬＣＤ用カラーフィルタ材料と特徴，液晶ディスプレイの最先端，シグマ出版，pp. 152〜165
5) 伊藤，ＬＣＤ用カラーフィルタ，エレクトロニク・セラミクス，pp. 65〜71, 1993年5月
6) 津島，日本化学会第7春季年会，p. 684 (1984)
7) 日本石油化学カタログ
8) Y. Nonaka et al., : SID'97, Digest, pp. 238〜241
9) T. Uchida et al., : SID'97, Digest, pp. 37〜40

2 カラーフィルターの分光特性

渡邊 苞*

2.1 はじめに

液晶表示パネルは，眺める光源が，①背面照明型，②投映型，③反射型とある。①は3波長型蛍光燈を，②はメタルハライドランプが，また③は外光を用いるので，内蔵の光源はない。本稿では，①の一般のバックライトで照明するLCDについて述べる。カラー表示液晶パネル画面は，パソコン，カラーTV，カーナビ，パチンコ，アミューズメントなどに使われる。これらはいずれも1つの画素ごとに1つのカラーフィルタがついている。このカラーフィルタの，各画素のパターンの並びや形を，図1に例示する。一般に1画素は80×100mμmぐらいの大きさの青（B），緑（G），赤（R）の光を通す部分と10～20μm幅の黒マスク（BM）のパターンからできている。3色のフィルタ層の厚みは1.0～2.5μm±0.01μmである。BMがないものもある。画素の四辺形で凹凸模様のあるのは，主にTFT用である。最近はBMを，直接TFT基板側につける場合もある。その場合は，TFTの部分のみ遮光することができるので，開口率が上昇し明るくなる。図1(a)はTFTの1画素の寸法例である。パネル上で眺めた場合，OA用機器としては1フォント（1文字相当）は，高さは据付型では5.28～5.76mm，ポータブル用では4.80mm程度

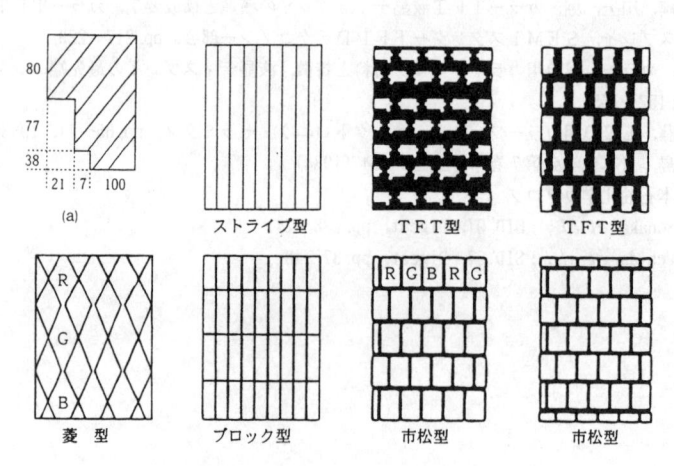

図1 各種のカラーフィルタのRGB画素パターン
(a) TFT用画素のサイズ例：東芝　単位μm

* Shigeru Watanabe 東京工芸大学

で実用化されている。ＴＦＴもＳＴＮもいずれの方式も，透過型パネルは背面から照明している。この照明光源は冷陰極3波長型蛍光燈（ＥＸ蛍光燈）である。この光源の分光特性にマッチした望ましいフィルタの，分光特性について述べる。

さらに最近は色改善のための新光源が出現しはじめているので，この光源とフィルタの改良による色再現の改善の方向も示す。

2.2 色再現の方向

カラーＴＶ，カラー写真，カラー印刷などは，

  オリジナル像 ──→ 伝　送 ──→ 受像再現

  （入力）　　　　（伝送）　　　（出力）

の情報伝達系で，被写体や原稿の色を望むように再現する。このためには，再現画像の色再現領域が広いほど優れている。着色光源でカラー画像を再現するのは，ＣＲＴ，ＬＣＤ，ＰＤＰなどの表示部である。そして，いずれも光の3原色の，青，緑，赤の色光の混合で，色と像を作っている。したがって3原色はＣＩＥ色度図上で，できるだけ純度が高く，かつ明るい色光を作ることである。色純度が高くても，カラーフィルタの分光透過率が小さいと暗く，大出力の光源が必要になるので，透過率の高いことも必要である。

2.2.1 色再現に必要な物体の色度域

マンセル表色系の48の色相の高彩度の色を768色，マット面のマンセル色票から310色，ＲＨＳ（英国園芸協会）の花の標準色票の 1,618色，着色紙，インキ，ペイント，プラスチック，衣類など実在する4,089個の物体の表面色の色度座標域を，ＣＩＥ 1,976等色差表色系（Ｌｕｖ座標系）で示すと，図2のようになる。明度により，純度の範囲が異なるので，

  明度L*＝70，50，30

について図示する。

図3は上述の表面色と，ヨーロッパのカラーＴＶの色度範囲を示した。前述の表面色サンプルは，蛍光色を除いてある。馬蹄形の線上の色はスペクトル色の色度座標値の軌跡で，この範囲より外の色は，すなわち，スペクトルより純粋な色は実在しない。馬蹄形内の色を，すべて再現すると実在色はすべて再現可能となる。しかし，それが必要か否かは議論があるが，図3に示すように，従来のヨーロッパのカラーＴＶのＣＲＴ（ブラウン管）の蛍光体の3色の色度座標値の範囲でも，主な実在色よりは狭いが，十分に支障なく実用されている。

2.2.2 3原色と白色バランス

ＴＶ画像で，色評価をするのに重要な色は，いろいろと研究されているが，特に重要な色は白，灰，黒のグレイバランス，肌色，緑葉，青空である。被写体の色を，正確に再現するのか，好ま

しい色に再現するのか，あるいはまた，記憶色に再現するかは，それぞれのメーカーの技術方針である。また，被写体により，どのように色をずらせて再現させたらよいかも異なる。例えば，常緑樹の葉は冬でも緑に，空はスモッグでも青くしないと，しばしばクレームになる。日本人の肌色も1950年頃はピンク系に，1970年頃は明るい黄褐色に，そして，1980年以降になると周囲の景観状況で，好ましい色が異なっている。図4には，被写体の色，望ましい再現色，記憶色の，色度座標点を示した。被写体色により，明度，彩度，色相の変化の方向が異なる。

　黒白TVの白色バランスは相関色温度9500Kのやや青白色が好まれた。しかし実際はTVメーカーの都合で決めた色である。カラーTVは，日本や米国ではNTSCの6774KのC光源に，ヨーロッパのPALやSECOMのTVの白色点は合成昼光D6500Kである。日本のHDTV（ハイビジョン）もD6500Kを目標としている。しかし，日本の大気は欧米に比し，湿度が高く，モヤが多いので，色温度が低い。また，図5に示すように，測色学的な比色と異なり，一般の風景，

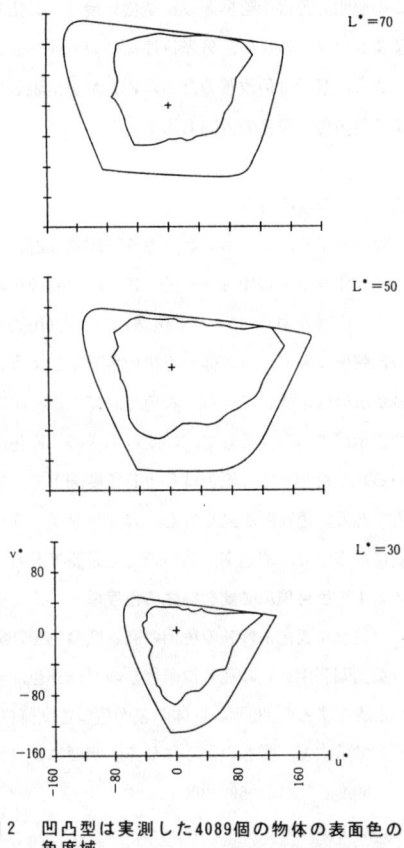

図2　凹凸型は実測した4089個の物体の表面色の色度域

スムーズ線は$L^* = 30, 50, 70$の最純度色の色域を示す。（CIE 1976, Luv色度座標系）

人物などの被写体の受光面は，多くの場合水平よりも地面に対し垂直方向に立ち，観測者の背面から太陽光に照射されていることが多い。このように一般の被写体は，水平面での受光よりは，全天空から青空光が少なく，太陽の直射光の方が多く，白色バランスは，4500K位の方が近い。カラー写真フィルムでは，4800Kが撮影光源の標準（JIS）になっている。

　カラーTVの色画像は，色再現域の広さのほかに，黒と白の輝度比，すなわちダイナミックレンジ（コントラスト）を広げる必要がある。

図 3

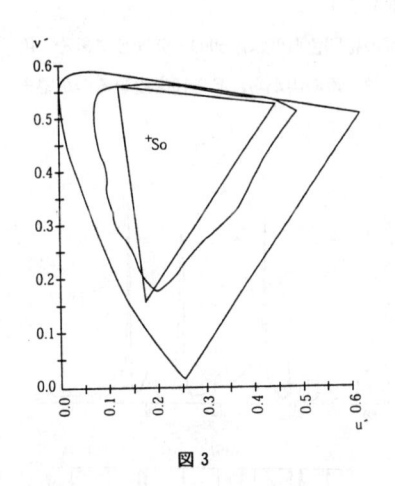

三角形はヨーロッパのTVの蛍光体の
色度座標域，凹凸は図2の実存物体の
色度座標域をLを無視して記入
（L′u′v′色度座標形）

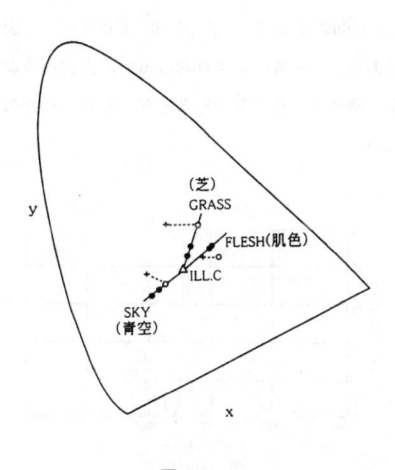

図 4

○：被写体の色，●：好ましい再現色，X：
記憶色を示す。好ましい再現色は，被写体の
色より，彩度の高い場合，低い場合，色相の
変わらない場合がある。

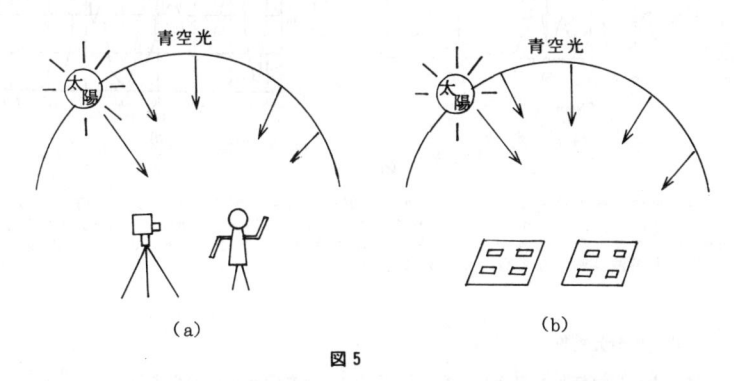

図 5

(a)被写体は垂直に立っている，主に，太陽光と，一部の青空光に照明されている。
(b)比色は，水平面での受光光源で照明されている。太陽光と全天空の青空光とで
　　照射される。

　LCDのパネルに用いるバックライト用の光源としては，冷陰極3波長型蛍光燈が，また，投映型には，高輝度メタルハライドランプを使用している。その分光エネルギー分布を，図6に示す。このなかの(d)はウシオが色再現改善のための試作品である。3波長蛍光燈の，青，緑，赤の主な発光輝線スペクトルの波長は，

435nm Eu2+　　545nm Tb3+　　610nm Eu3+

である。メーカーにより異なるが，白色バランス光源の相関色温度は，5000～6500Kである。色度計算には，CIE仮標準となったいくつかの3波長蛍光燈の中から，F-10を用いるのが望ましい。

図6

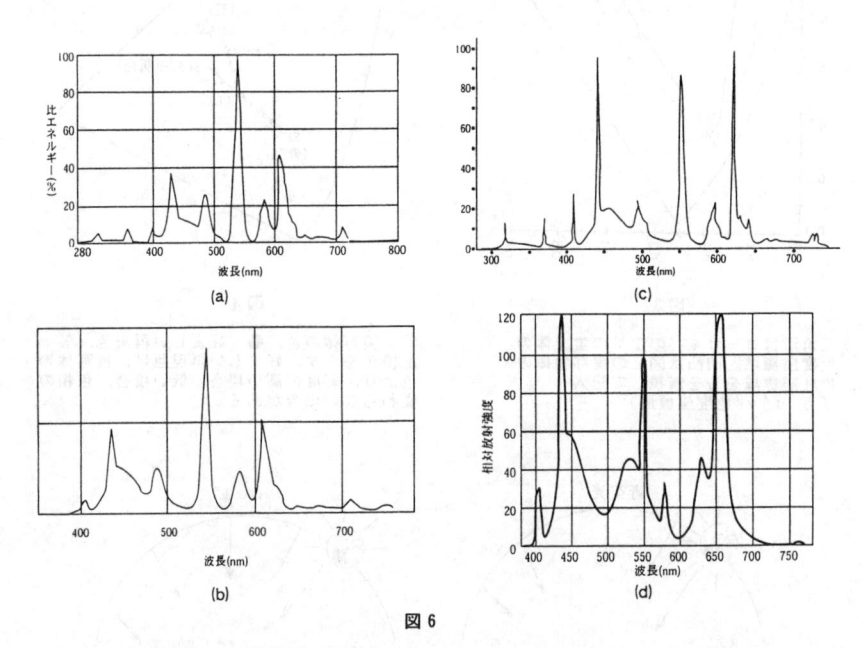

3波長型蛍光燈の分光エネルギー分布，(a)東芝，(b)松下電器，(c)ウシオ電機のバックライト。453nm，545nm，610nmに輝線がある。緑は520～530nmに，赤は630～640nmへの，主宰波長の改善が必要。(d)ウシオ電機の試作型は，緑と赤のピーク波長が，いずれも短波長側になるほうが，好ましい。

2.3　フィルタの分光特性

本稿では，実際に試作したフィルタを用いて，分光特性の優劣を説明する。

多層薄膜干渉フィルタは，分光特性は優れているが，量産が困難である。このため，干渉膜フィルタ投映型液晶表示にはよく用いられるが，パネル表示用には使用されない。実用するLCD用フィルタは，顔料分散法，印刷法，電着法などで製造する。これを前提として，好ましいフィルタの分光透過特性の目標，および許容の程度について説明する。

① 広域透過の3色の蒸着薄膜多層干渉フィルタ（富士写真光機に試作依頼）の色域

可視光域を3分割するために，できるだけ透過率の高い青（IF-B），緑（IF-G），赤

（IF-R）の3色の干渉フィルタを作った。分光透過率曲線を，図7に示す。このフィルタの透過率曲線はブロック型で，かつ，広域透過型で，このフィルタより明るいものが，実現されることはないと考えてフィルタの極限として試作した。この3枚の干渉膜フィルタと光源A，F-10，D6500の3光源とを組み合わせた色度座標値を，表1に示す。なお，フィルタの各色は，いずれも全可視光域のスペクトルの略1／3宛を透過している。このため，赤，緑，青のフィルタの分光特性が，それぞれのスペクトル域で，透過率が100％でも，各色が1／3ずつの面積を占めるので，CFフィルタ全面としては，約30％の透過率となる。

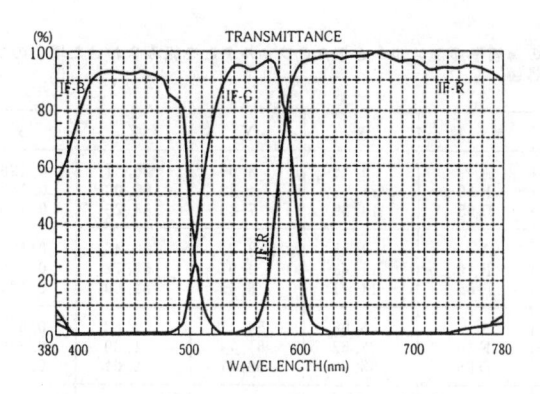

図7　筆者の試作した赤，緑，青の薄膜干渉フィルタ（IF-R，IF-G，IF-B）の分光透過率特性

表1　試作した3色の薄膜干渉フィルタと，A光源，F-10光源，D65光源と組み合わせたCIE色度座標値

干渉フィルタ	光　源	X	Y	Z	x	y
IFB青	A F10 D65	5.25 13.44 16.94	4.16 5.47 8.77	30.47 74.77 97.05	0.1315 0.1434 0.1380	0.1044 0.0584 0.0715
IFG緑	A F10 D65	40.21 36.15 36.97	60.01 68.01 63.81	1.77 1.65 2.95	0.3943 0.3416 0.3564	0.5884 0.6428 0.6152
IFR赤	A F10 D65	76.46 54.26 49.57	41.81 30.57 28.67	0.15 0.30 0.39	0.6457 0.6374 0.6304	0.3531 0.3591 0.3646

② TAC青, 緑, 赤フィルタ (富士写真フイルム製TACフィルタ) の色域

　TACフィルタは, 油溶性の染料と, 三酢酸セルロース (TAC) を主とし, 可塑剤, UV吸収剤などを加えてメチクロに溶解し, ガラス板に流延し, 乾燥する。そして, ガラス板から剥離したもので約0.1mm厚のフィルム状である。青と緑のフィルタはそれぞれ青や緑の干渉フィルタと重ねて使うことにした。TACの赤フィルタ (フジTACフィルタ; SC60, SC62) は単独で使用する。組み合わせたフィルタの分光透過率曲線を, 図8に示す。光源A, F-10, D6500との組み合わせで算出した色度座標値を, 表2に示す。F-10と組み合わせた色度図を図9に示す。図9は, 図7の青の短波長側をカットした場合も, この部分は色再現域への影響がないことを示している。

表2　図7の薄膜干渉フィルタとTACフィルタとを組み合わせた場合のフィルタの色度座標値

色	フィルタ	光源	X	Y	Z	x	y
青	IFB +SC39	A F10 D65	4.46 11.58 14.59	3.69 4.82 7.83	26.57 65.00 84.25	0.1284 0.1422 0.1367	0.1062 0.0592 0.0734
	IFB +SC42	A F10 D65	4.38 11.43 14.11	3.81 4.97 8.09	26.48 64.72 82.60	0.1262 0.1409 0.1347	0.1099 0.0613 0.0772
緑	IFG +10G	A F10 D65	36.06 32.62 33.23	54.41 61.74 58.07	1.62 1.39 2.61	0.3916 0.3407 0.3538	0.5908 0.6448 0.6184
	IFG +40G	A F10 D65	28.73 26.95 26.97	45.96 53.82 49.88	1.40 1.17 2.21	0.3775 0.3289 0.3411	0.6041 0.6569 0.6309
赤	SC60	A F10 D65	48.39 32.56 28.81	22.05 15.84 13.47	0.04 0.09 0.11	0.6866 0.6715 0.6796	0.3129 0.3268 0.3179
	SC62	A F10 D65	26.90 12.64 14.84	11.11 5.76 6.23	0.03 0.07 0.08	0.7071 0.6846 0.7016	0.2922 0.3118 0.2945

2.4　現在の光源用フィルタの改善方向

　NTSCの3原色の色度座標値を, 表3に示す。CRTによるNTSCシステムの3原色の位置と, LCDの3原色とを比較すると, 図9に示すように, 緑の色度座標値に大きな差があり, LCDが劣る。しかも, NTSCを決めたころは, まだ優れた蛍光体がなかったので, このような値になっている。現在のブラウン管のTVは優れている。したがって, いかにLCDのフィル

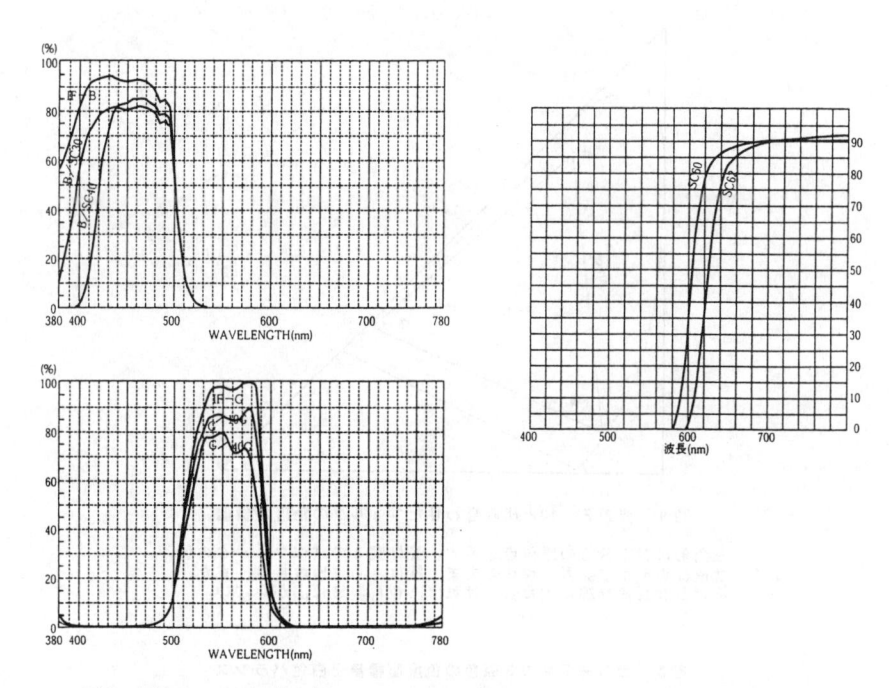

図8 図7のフィルタ青，緑とTACとの組み合わせフィルタ，およびTAC赤フィルタの分光透過率特性

タの分光特性のみを改善しても，現在の3波長型蛍光燈の分光特性のバックライトを使用したのでは，CRTより色再現域が狭く劣ることを示す。

2.4.1 青フィルタ

Euの435nmの輝線を利用した現用のLCD用フィルタと組み合わせた透過光の，色度座標点は優れた位置にある。435nmより短波長側をより多く通す青フィルタでは色再現域が広がるが，わずかである。500nmより長波長側はできるだけ吸収するのが望ましい。500nm以上をカットするのみで，NTSCの青原色と略一致する。

2.4.2 緑フィルタ

545nmのTbの輝線を利用しないとほかにスペクトル光がないので，輝度が低下する。輝度を上げるには光源の出力を大きくせねばならない。Greenフィルタ透過光では530nm近辺の輝線がないのでCRTに比し，緑の色再現域が小さくなる。結果を図9に示す。輝線のない光源を用いる場合は，530nm付近に透過のピーク（主宰波長）のあるフィルタを用いると，現用の青，赤フ

21

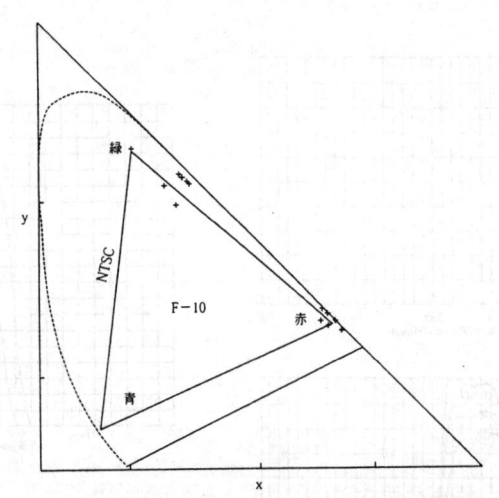

図9　光源F-10と組み合わせたフィルタの色度座標値

三角形はNTSCの原色点を示す。Xは図8の試作フィルタの色度座標点を示す。青は現状のまま，緑はさらに短波長側，また，赤は長波長側輝線に改良しなければ，色再現域は広がらない。

表3　カラーTVの3原色の色度座標値と白色バランス

色	TVの方式	NTSC		PAL, SECAM		HDTV	
色度座標値		x	y	x	y	x	y
赤　(R)		0.67	0.33	0.64	0.33	0.640	0.330
緑　(G)		0.21	0.71	0.29	0.60	0.300	0.600
青　(B)		0.14	0.08	0.15	0.06	0.150	0.060
白色バランス		標準の光C		合成昼光D_{65}		合成昼光D_{65}	

ィルタと組み合わせても，CRTより広くて優れた色再現域の画像が得られる。

2.4.3　赤フィルタ

　NTSCの赤より長波長側で，かつ明るい原色を作りやすいのは，赤フィルタである。610nmで透過率が40%のSC61フィルタ相当品よりも，短波長側をカットした（CRT赤蛍光体のピーク波長は612nm～619nm）C62フィルタを用いると急激に暗くなる（Euの輝線は610nmなので，フィルタの分光特性をどんなに改善しても，光源を改善せねば，無駄な努力である）。

2.5 フィルタとバックライト用光源の改善目標
2.5.1 フィルタの改善
　青のフィルタは，500nmより長波長側の光を，完全に吸収することである。青フィルタに多く使用されている顔料は，青とバイオレットの混用である。青顔料は，銅フタロシアニンブルー系有機顔料である。この顔料には，α，β，εの結晶系のものがあるが，ε系が優れている。分光透過率のピーク波長は 466±3nmである。 Lionol Blue ES, Heliogen Blue Lや，イプシロン東洋インキが適している。

　これとジオキサンバイオレットを混合してある。ジオキサンバイオレットの分光透過率のピーク波長は，438nmである。これには，Fast Violetがよい。緑フィルタは，蛍光燈のバックライトに，530nm近辺の，望ましい輝線がないので，やむなく545nmを透過させるフィルタを用いている。このため，ＰＧ36やブロム化ブルーとＰＹ83との混用が多い。ＰＹ83は透明性も優れ，プロセスインキの，黄色顔料として広く知られている。

　赤フィルタ顔料は各社とも，アントラキノン系有機顔料のクロモフタールレッドＡ11Ｂ，つまりＰＲ177である。これに短波長側をカットする目的で，少量のＰＹ83を添加する。

　パネルの制作時に，高温処理の工程がある。この際，ＰＹ系の顔料の中には，200℃以上で熱分解をして，発癌性物質を生ずるものがある。発癌性は強くはないが，一応注意が必要である。

2.5.2 光源の開発
　青の輝線が435nmなのは，略満足できるが，緑は530nmぐらいが好ましい。赤の輝線が 610nmでは短い。10nm程度長波長側の 620nmでも改善される。視覚的な，明度，発光効率を考慮すれば，640nmまでで十分であり，630nmでもよい。 680nm以上の光は暗赤色で，視覚的には非常に暗い色であるから使用しない。

　光源の主要な輝線が，435nm，530nm，630nmとなれば，ＣＲＴはもちろん，カラー写真，現在のＬＣＤカラーＴＶよりも，色再現域の広い美しい画像が得られる。

2.5.3 消偏効果
　消偏度の測定法は，第9章2節に述べる。液晶のディスプレイパネルは，偏光の光軸が直交した2枚の偏光フィルタにはさまれている。この2枚の偏光フィルタの，間にあるカラーフィルタや，その他の層により，偏光性を消されることがある。そして，画像のコントラストが低下する。この消偏効果を与える最大の素材は，カラーフィルタ層の顔料である。顔料は微細結晶であるから，当然，複屈折や偏光性がある。このほか，パネルの各層でのムラ，傷などで，散乱，屈折もある。しかし，顔料による消偏効果が最大なので，消偏効果の少ない顔料を選ばねばならない。青，緑系の顔料は，消偏効果が小さいが，赤や黄色の顔料は，消偏効果の強いのが多い。これを表4に例示する。

表4 顔料の消偏効果の例

色	Colour Index No.	顔料商品例	消偏効果		注
赤	Pig Red 177	クロモフタールレッド AIIB	0.95	良	各社これを使用
	Pig Red 209	ホストパームレッド EG	0.80		
	Pig Red 221	クロモフタールレッド BB	0.55		
	Pig Red 166	クロモフタールスカーレット	0.40		
	Pig Red 185	ノボパームレッド HFT	0.15	劣	透明性不良
黄	Pig Yellow 83	イルガライトイエロー 83	0.95	良	熱分解物環境注意
	Pig Yellow 95	クロモフタールイエロー GR	0.80		
	Pig Yellow 168	セイカファストイエロー 168	0.75		
	Pig Yellow 147	クロモフタールイエロー AGR	0.70		
	Pig Yellow 154	クロモファインイエロー 154	0.30	劣	
各種	油溶性染料	富士フイルムTACフィルタ	0.95		単分子分散に近い
	水溶性染料	日本化薬		良	

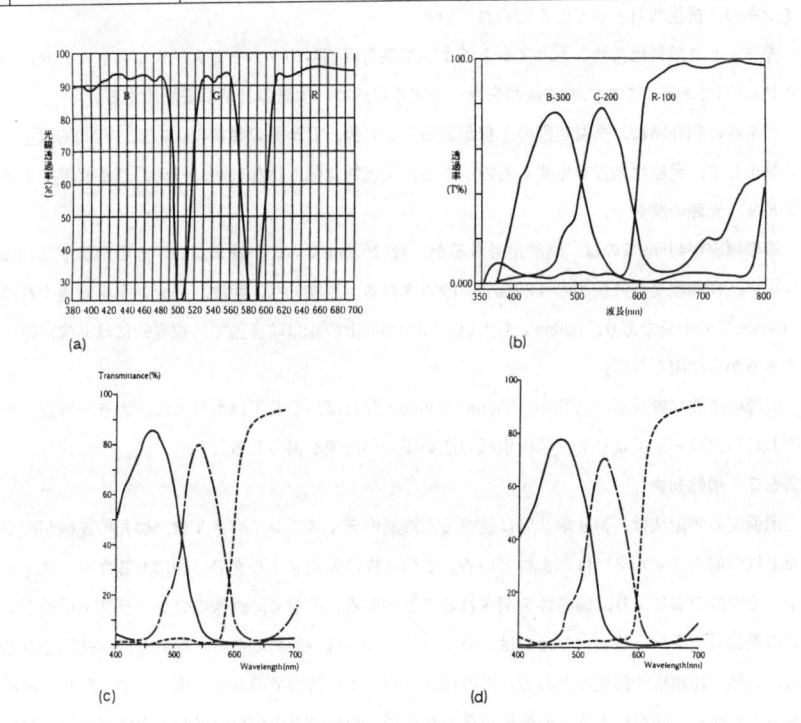

図10 各社のカラーフィルタの分光特性

(a)ミクロ技術研究所(薄膜干渉系のフィルタ)、(b)東京応化(顔料分散法)、(c)大日本印刷(新印刷法)、(d)大日本印刷、日本石油の共同開発(電着法)

消偏現象は，波長により異なる。また，細かく顔料を分散すると改善される。ガラス基板へのフィルタ素材のコーティング方向により，また，ガラスの洗浄法にも影響する。染色法では，染料が単分子分散状になっていて，消偏効果も少なく，優れている。ただし，染料溶液をガラス板上に流すと，流した方向に染料分子が配向するので，ゆっくりと乾燥して，染料分子がバラバラの方向に並ぶようにする。

2.6 おわりに

各社のカタログに記載されたフィルタの分光透過特性を図10に示す。また，好ましい分光特性のフィルタと，現在の3波長蛍光燈光源との組み合わせを図11に示す。とにかく，輝線を利用し，望ましくない波長を吸収させることである。そして，緑や赤の輝線の，波長が改善された場合は，その新しい輝線と，フィルタの分光吸収とを，マッチングさせて3原色光を作ればよい。この主要な目標新輝線は，2.5.2項に述べたように，435nm，530nm，630nmであり，図12に示す。これらの3色光源と組み合わせて，主宰波長がこの3波長となり，輝度純度の高い色の得られるフィルタを作るのが目標となる。

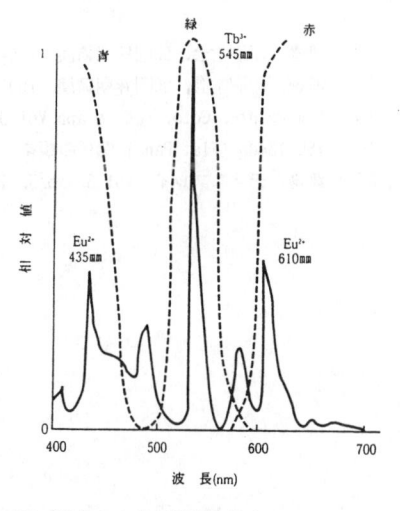

図11 現在の3波長型蛍光燈とマッチさせると望ましいフィルタ

480nm，570nmの輝線は有害

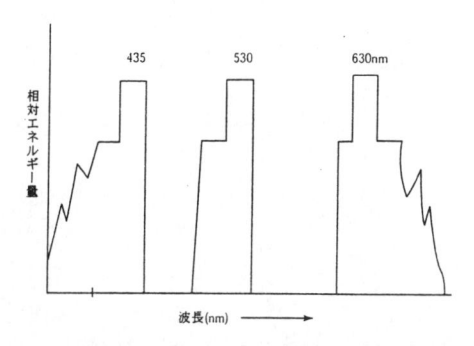

図12 色再現域を改善させる3波長型蛍光燈の輝線の位置

（波長は主宰波長nm）

文　献

1) 渡邊，印刷学会，89回秋期講演，1992.Nov.
2) 渡邊，印刷学会，90回春期講演，1993.June
3) M.R.Pointe, Color res. & app. Vol.9, No.3, 1980
4) ISO-13406 (Flat Panel 関係の規格)
5) 渡邊，ディスプレイ，Vol.3, No.5, 1997.5

第2章　カラーフィルター形成法とケミカルス

1　染料溶解法

古川忠宏*

1.1　はじめに

ラップトップパソコン，カーナビゲーションなどの携帯端末の普及は著しいものがあり，インターフェースとなるLCDは主要なデバイスとなってきた。

また，表示内容のわかりやすさや情報の多様化に対応するためカラー化が進み，その表示品質の一層の向上が求められている。LCDの色再現に重要な役割を果たしているのがカラーフィルターであり，当社では色材に染料を用い，その染料をポリイミド樹脂に溶解するという独自方式のカラーフィルターを製作している。

当初撮像管のカラーフィルターを染色法により開発してきた経緯をもとに，LCD用カラーフィルターへの展開を行ってきた。従来から染料を用いたカラーフィルターには，感光性を付与したゼラチンなどの透明樹脂パターンを後から染める染色法が採用されていた。しかし，LCD用カラーフィルターではその上部へITO成膜や配向膜の焼成が必要であり，耐熱性が要求される。また，基板を大型化し均一に大面積を着色する必要もある。そこで，耐熱性のあるポリイミド（前駆体）に染料をあらかじめ溶解した着色液とフォトリソグラフィー手法を組み合わせてカラーフィルターを作製することで，これらの問題を解決した[1～3]。

以下にカラーフィルターの製造工程，カラーフィルターの特性，従来染料の欠点とされてきた耐光性の問題，染料の特徴を活かした反射型LCD用カラーフィルターの開発について詳述したい。

1.2　製造方法

染料溶解法カラーフィルターの製造方法は概略以下のとおりである。工程の概略は図1に示す。

(1) 色材塗布

染料，添加剤を溶解したポリイミド前駆体（ポリアミック酸）溶液を基板上にコーティング。

(2) 色材プレベーク

ポリアミック酸が部分的にイミド化する温度（140～170℃）でベークする。

---

*　Tadahiro Furukawa　共同印刷㈱　技術本部　研究第二部

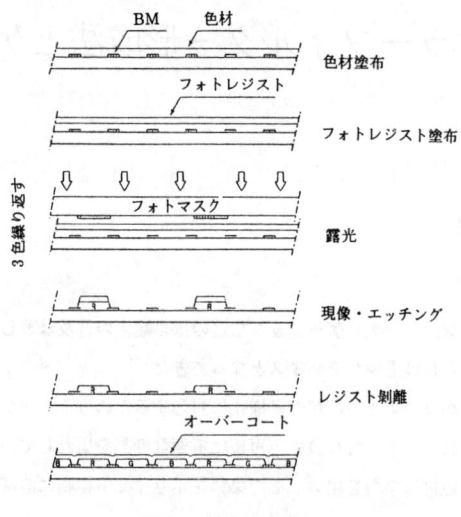

図1 製造工程図

(3) フォトレジスト塗布

アルカリで現像ができ、解像度の良いポジレジストを塗布。

(4) 露光・現像

アルカリ水溶液を用いて、ポジレジストの現像と色材のエッチングを同時に行う。一般的に顔料レジストで発生するといわれる顔料の残渣がないため、現像エッチングで残渣処理は必要ない。

(5) フォトレジスト剥離、ポストベーク

フォトレジストを剥離し、色材樹脂を完全にイミド化するためにポストベークする(200℃以上)。

(6) 3色繰り返し

染料はポリイミドに溶解している状態で化学結合などはしていない。そのため、次色着色液の溶剤がNMPのみの場合は、下地パターンの染料が溶出

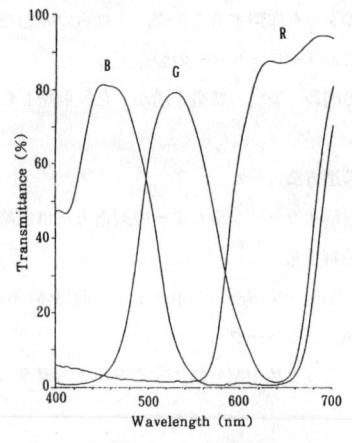

図2 分光透過率

してしまう。しかし，次色の着色液の溶剤組成を工夫することで下地の染料の溶出を防止することができる[4]。また，部分イミド化状態でヘキサメチレンジアミンなどのジアミン溶液に浸漬して染料の固着化を行うこともできるが[5]工程が増える。

(7) **オーバーコートを塗布**

必要によりオーバーコート層を形成する。これを省略し，ITOを直接カラーフィルター上に形成することもできる。しかし，配向膜用のポリイミドの溶剤にNMPを用いた場合にはパターンエッジの部分よりNMPが浸透しカラーフィルターが侵されてしまうが，着色液の場合と同じような溶剤組成にすれば問題はなくなる。

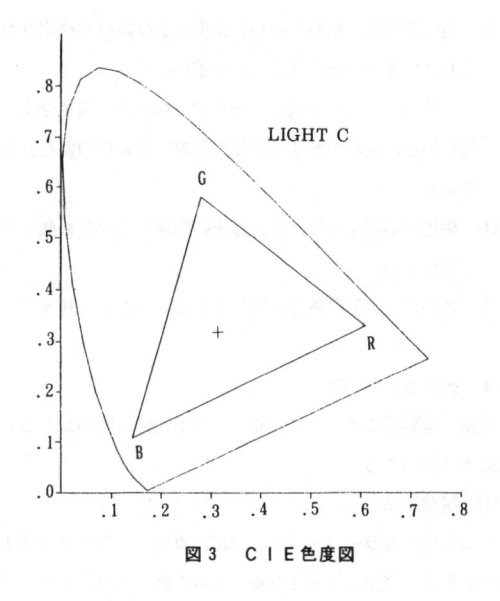

図3　CIE色度図

1.3 カラーフィルターの特性

(1) **分光特性およびコントラスト**

標準的なカラーフィルターの分光特性および色度を図2，図3に示す。このデータからはわからないが，カラーフィルターの重要な特性としてコントラストがある。通常コントラストは，カラーフィルターを2枚の偏光板で挟み，これらを平行にしたときと垂直にしたときの透過光量の比で表す。当社のフィルターと顔料レジストで作ったフィルターのデータを比べると[6]，特に偏光板を垂直にしたときの黒レベルが顔料に比べ染料のほうがよいためコントラストがよくなる。この原因は，顔料粒子による散乱がないためである。このような現象は，測定装置を使わなくても顕微鏡の透過光を照射したときに対物レンズの外側から照射面を観察しても見ることができる。顔料分散カラーフィルターでは照射エリアが白濁して見え，染料ではほとんどその現象が起こらない。

(2) **染色フィルターとの差について**

染料を用いたカラーフィルターには染色法があるが，以下にこれとの差について説明する。

① ポリイミドを主体とした安定なベース樹脂に染料を溶解しているため，耐熱性は染料を用いるものとしては高く，220℃を確保している。色によっては250℃以上も可能である。

29

② 色の濃度は，樹脂と染料の比率および膜厚で決定されるため，染色のように工程中で濃度を制御するのと異なり管理しやすい。
③ 2種以上の染料を用いて染色する場合は，染色速度が個々の染料で差があり色度の制御が難しいが，染料溶解法では樹脂に対する染料の混合比率のみで決定され，色度の制御が容易である。
④ 使用可能な染料は，染色性との関係がないため酸性染料，塩基性染料および油溶性染料など幅が広い。
⑤ 色の調合，濃度管理が容易であることから，種々の色調に対応しやすい。

1.4 耐光性について

通常，染料系のカラーフィルターは耐光性に問題があるとされてきたが，この点を改善したので以下に説明する。

(1) 試験方法

ＬＣＤ用のカラーフィルターでは，ガラスとガラスに挟まれ液晶が充填された状態で使用されるため酸素が完全に遮断される。このため，耐光試験サンプルはカラーフィルター上にＩＴＯを形成するか，もしくはカラーフィルター上にホットメルト接着剤でガラスを張り合わせるなどし

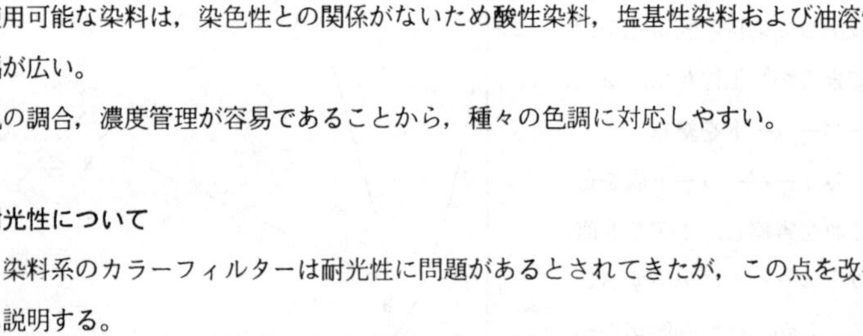

置換基は3位

図4 Solvent Blue 25

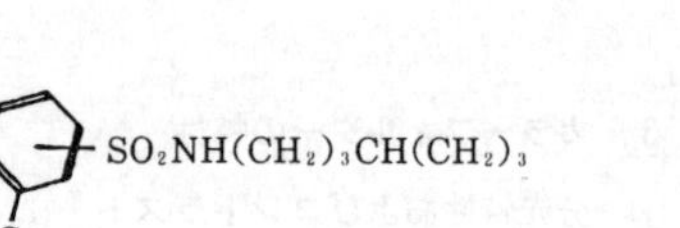

て，酸素遮断状態のものを作製する。これをカーボンアークフェードメーターで光を一定時間照射し，照射前後の変化で評価した。数値として取り扱う場合は試験前後の色差（ΔE^*ab）で評価する。以下の耐光試験は特に断らない限り，この方

図5 NK-529

法で評価したものである。

(2) 染料の構造と耐光性の関係

染料の光退色は，励起一重項酸素の影響が大きいことがよく知られている。しかし，ここで問題となるような酸素遮断下ではこの影響は除外されるため，染料の耐光性は一般的に知られている知見とかなり異なる点がある。その最たる例を以下に紹介する。

Solvent Blue 25(図4)は，通常耐熱・耐光性がよいとされているフタロシアニン骨格をもつ染料である。一方，NK-529(日本感光色素) (図5)は，光で変化を起こしやすいシアニン染料である。これらの染料をポリイミドに溶解して着色膜を形成し耐光性を調べると，酸素を遮断していない状態でSolvent Blue 25にカーボンアークで光照射しても強い耐性を示すのに対し，NK-529は室内放置の環境でも数時間で退色が進行してしまう。この結果は一般的に知られている知見と一致する。しかし，酸素遮断下においてはこれが逆転する。Solvent Blue 25はカーボンアークの耐光試験で簡単に変色(退色ではない)してしまうのに対し，NK-529は100時間照射でもほとんど変化が見られない。このような酸素遮断の環境下で良好な耐光性を示す染料構造としては，トリフェニルメタン，アントラキノン，キサンテン，アジン，一部のアゾ(特に金属錯体)や一部のシアニン染料などがあげられる。

(3) 濃度と耐光性の関係

色の濃さや染料濃度は，耐光性に影響を及ぼす場合がある。以下にAcid

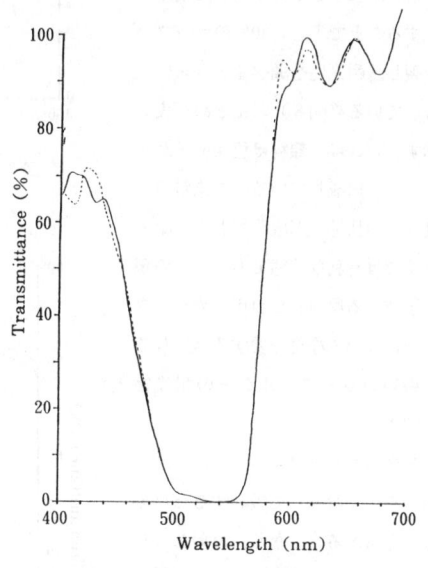

図6 Acid Red 87 耐光性 (濃色)
0時間−25時間

表1 濃度と耐光性

	強くなる ←←← 耐光性 →→→ 弱くなる		
色濃度	濃色		淡色
染料濃度	濃度大		濃度小

31

Red 87を例にして説明する。Acid Red 87をポリイミドに溶解して可視域の透過率の最小値（以下T_{min}）が1％以下のサンプルを作製し，耐光試験を行うと25時間ではまったく変化しない（図6）。同じ着色液で膜厚を薄くしてT_{min}を30％のサンプルを作製し，100時間耐光試験を行うと耐光性が弱くなってしまう（図7）。また，着色液の染料の添加率を1／4にして膜厚を厚くすることでT_{min}30％のサンプルを作製し，耐光性を調べるとさらに弱くなっている（図8）。まとめを表1に示す。ちなみに，顔料は色素分子が集まり粒子を形成しているので染料の「濃度大」の状態を形成しており，耐光性のうえでは有利な状態である。この現象は，後述する反射LCD用のカラーフィルターについて注意を要する点になる。

(4) 染料カラーフィルターの耐光性向上

高耐光性のカラーフィルターは，(2)と(3)の内容をよく吟味して設計するだけで可能な場合もある。しかし，反射LCD用のように色の薄いものであるとか，色の高純度化も要求されるため，耐光性を実使用上問題のないレベルで若干犠牲にする場合がある。図9のGreenの耐光性は，偏光板付き100時間で色差3〜5程度，偏光板がない場合は10〜15程度である。この Greenの色純度をよくするために染料の種類を変えると，耐光性は 100

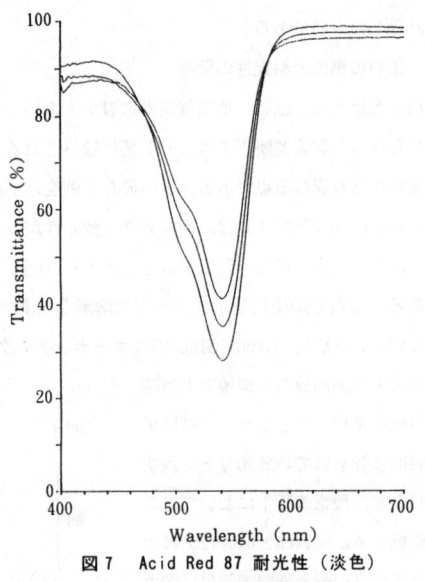

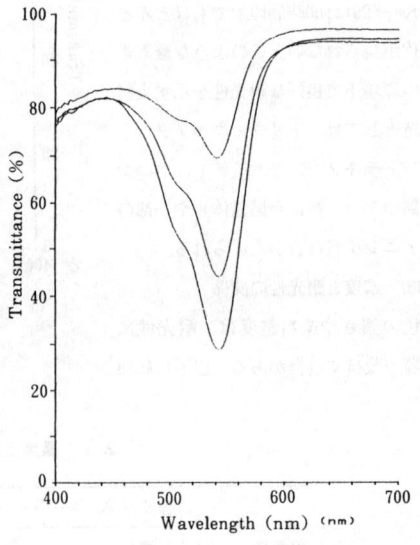

図7　Acid Red 87 耐光性（淡色）
0時間－25時間－100時間

図8　Acid Red 87 耐光性（淡色　染料濃度1／4）
0時間－25時間－100時間

時間で偏光板なしで色差約20と弱くなる（図10）。しかし，この染料の組成である工夫をすると耐光性が改善される（図11）[7]。耐光性は100時間，偏光板なしで色差3と従来のものよりかなり強く，顔料に比べても遜色のないものである。また，この工夫は反射LCD用のカラーフィルターにも応用可能で，顔料についても同様の効果のある場合も確認されている。

1.5 反射LCD用のカラーフィルターへの応用

前記のような特徴を生かして，反射LCD用のカラーフィルターを開発した。反射LCDをカラー化する方法は種々あるが[8]，ペーパーホワイトで広い色再現範囲を目指した反射LCDにはカラーフィルターを用いる方式が有利になっている。

このカラーフィルターに対する要求としては，バックライトの代わりに自然光を用いること，またパネルの構造から光が入射と反射の2回カラーフィルター内を透過するため，かなり明るい（色が薄い）カラーフィルターが要求される。さらに，その要求される明るさの中でできるだけ色純度のよいことも要求される。反射LCD用のカラーフィルターを評価するには，フィルター内を光が2回透過した場合の色特性評価が重要である。

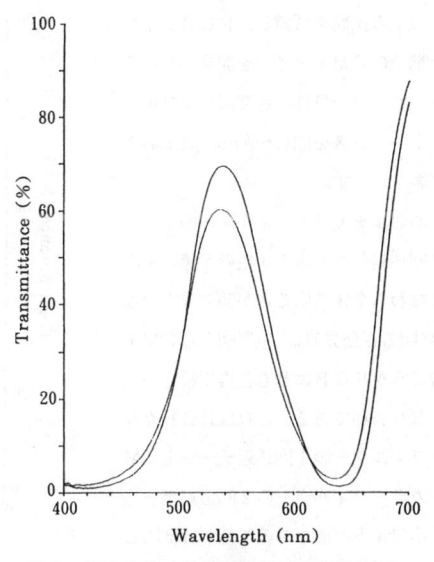

図9 従来GREEN耐光性（偏光板なし）
0時間－100時間

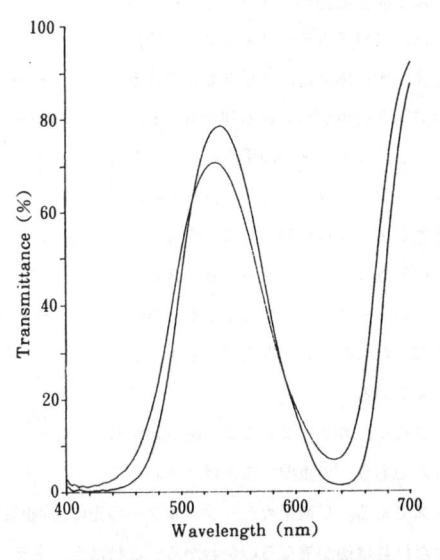

図10 色純度改良GREEN耐光性（偏光板なし）
0時間－100時間

以上の課題を考慮し，RGBタイプと補色のCMYタイプを開発した。それぞれの分光特性，色度図およびホワイトバランスを図12～図15，表2および表3に示す。

おおよそカラーフィルター内を光が2回透過したときの3色のY値の平均，すなわち全体の明るさが50％以上の場合(明るさ優先)は，色度図からCMYのほうがRGBよりも色再現範囲が広くなり有利である。これはRGBカラーフィルターの1回透過データとCMYカラーフィルターの2回透過データのホワイトバランスのY値がほぼ同じとなるので，比較すればCMYカラーフィルターはRGBのカラーフィルタより演色範囲が大きいことがわかる。また，CMYカラーフィルターで原色を表示する場合は，2ピクセルで行うので明るい色が得られる利点もある。しかし，3色のY値の平均が濃い場合はRGBカラーフィルターのほうが色再現範囲が広くなり有利になる。すなわち，CMYカラーフィルターとRGBカラーフィルターではターゲットとする特性を異なったものとして捉える必要があると考えている。

さらに，カラーフィルターを設計するうえでもう一点重要なことは3色のバラ

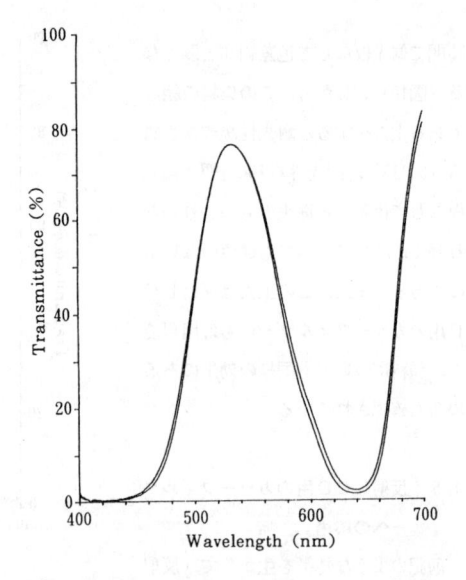

図11 耐光性改善GREEN耐光性（偏光板なし）
0時間－100時間

表2 反射型RGBカラーフィルター
　　　ホワイトバランス

	x	y	Y
W．B．1回透過	0.308	0.317	61.9
W．B．2回透過	0.307	0.323	44.8

表3 反射型CMYカラーフィルター
　　　ホワイトバランス

	x	y	Y
W．B．1回透過	0.310	0.317	72.9
W．B．2回透過	0.318	0.316	60.5

ンスである。CMYカラーフィルターの光の透過回数が1回と2回のホワイトバランスを見ていただければ値が異なるのがわかる。これはライトテーブル上，透過光でカラーフィルターを観察した場合と，白い反射板を下に敷いて反射光でカラーフィルターを観察した場合の色調の差で

あり、この差を無視できない場合がある。前記2つの現象で重要な要素は、T_{max}の値である。最適とされる領域で例をあげると、T_{max}の値が1回透過では90％，80％であった場合は2回の透過では81％，64％となり、その差が倍近くになるのに対し、T_{min}の値が1回透過で20％，10％であった場合は2回透過で4％，1％とその差が1／3になる。すなわちT_{max}の値が見かけ以上に重要になる。一般に着色材は吸収波長の長波長側の透過ピークの高いものは得やすいが、短波長側の透過ピークを高くすることは難しい。それゆえ2回透過のホワイトバランスは赤の方向にずれやすい。当社のCMYフィルターでは、特に難しいマゼンタの短波長側のT_{max}の値を90％以上確保している。

また、ホワイトバランスの色度は各色の濃度を変化させてもあまり動かない。例として表4にGとBを固定しR

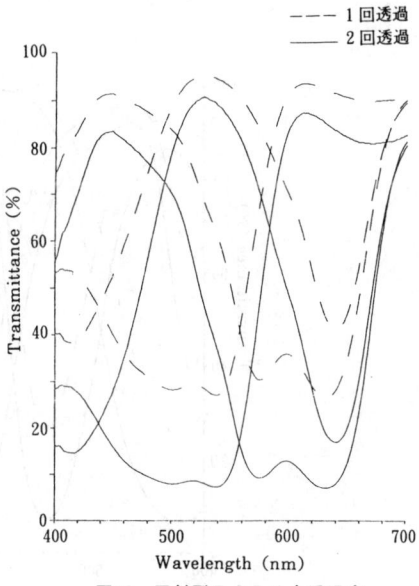

図12 反射型RGB分光透過率

表4　REDの濃度変化とホワイトバランス

RED	W．B．2回透過		
T_{min}(％)	x	y	Y
35	0.305	0.322	46.6
27	0.306	0.323	44.8
21	0.307	0.324	43.4
15	0.306	0.325	42.0

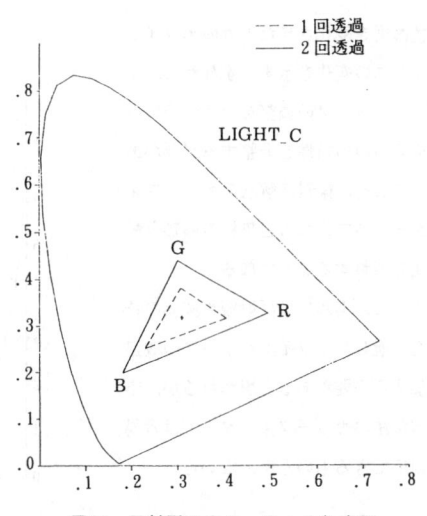

図13　反射型RGB－CIE色度図

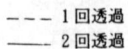

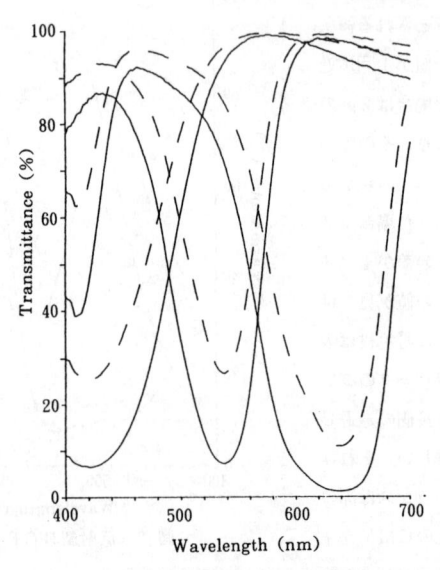

図14 反射型ＣＭＹ分光透過率

の色濃度を変化させたときのホワイトバランスの変化を示す。すなわち，ホワイトバランスの調整を行うためには色そのものの特性を調整する必要がある。これを，染料溶解法のカラーフィルターにあてはめると染料の種類と配合比を調整することになる。

さらに，実際には反射板や液晶の特性を考慮してホワイトバランスの改良を加える必要があると思われるが，染料溶解法のカラーフィルターでは容易に対応できるものと考えている。

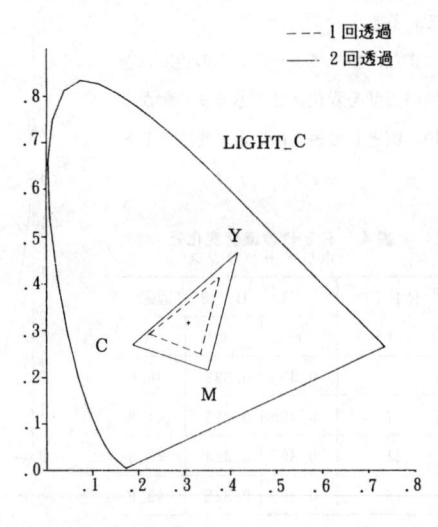

図15 反射型ＣＭＹ－ＣＩＥ色度図

1.6 最後に

現在,カラーフィルターの製法では顔料を色材に使用したものが多くを占めているが,染料の欠点といわれた耐光性についても改善ができることがわかった。さらに,染料のよいところを生かして他のカラーフィルターでは対応し難い分野への応用をこれからも開発する予定である。

文　献

1) 特許第2132715号
2) 特許第2003130号
3) 特許第2082540号
4) 特許第2082552号
5) 特許第2005756号
6) 佐藤,古川,月刊ディスプレイ,Vol3, No3, 48 (1997)
7) 特許出願中
8) 電子ディスプレイフォーラム'96講演集

2 印刷法

渡邊 苞*

　フォトレジストを用いる顔料分散法のフィルタと異なり，フィルタ画素の必要な部分にのみ，着色材インキを載せるので，材料の利用率も高く，製造工程が簡単で，設備投資も少なく，耐熱性，耐候性の優れている印刷法は価格的にも優れている。しかし，問題点もある。すなわち，顔料を細かく粉砕するのが困難なことである。また，表面の平坦性が不良であり，エッジやフリンジのきれや，20μm以下の細線が困難である。かつては，ステンドガラスの代用として，ガラス板などにカラー印刷をしたことがあった。液晶カラーフィルタを印刷法で作るとして公知されたのは，昭和59年2月の根本特殊化学の実用新案出願が最初であろう。この装置を図1に示す。液晶用カラーフィルタの製造にオフセット印刷を利用した発想である。

　印刷方法には，スクリーン印刷，オフセット印刷，グラビア印刷，凸版印刷，凹版印刷，フレキソ印刷などがあるが，CFに用いられているのは平版オフセット印刷（以降オフセットと略す）と，グラビアオフセット印刷の2つの印刷法である。スクリーン印刷は200μmより小幅の線の印刷が困難である。また，ガラスにインキを転写するのに，硬い版でガラスをおすとガラスが割れるので，弾力性のあるゴムのブランケットが使用される。

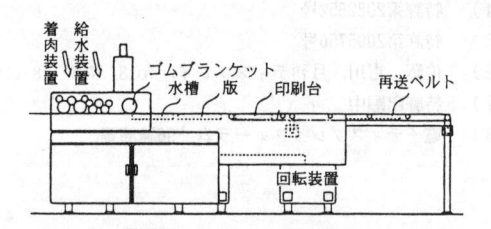

図1　印刷法でカラーフィルタを製作する最初の実用新案のオフセット印刷機

（根本特殊化学：1984年2月）

　各種の印刷法のうち，主な方法を図2に示す。

2.1 平版オフセット印刷（オフセットと略）の製造工程

　図3に示すごとく，①基板用ガラスの受け入れ，②インキの製造，③製版の3分野の工程が合流して印刷が行われる。

＊ Shigeru Watanabe　東京工芸大学

	凸版	凹版	平版（オフセット）	スクリーン印刷
版の型式	版の凸部にインキをつけてガラスへ転着 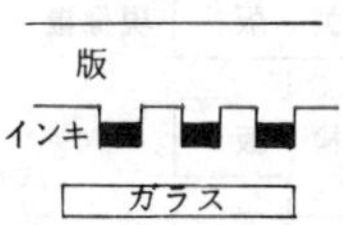	版の凹部にインキをつけてガラスへ転着 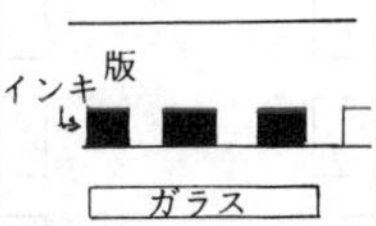	版は平で親油部にインキをつけブランケットで転写 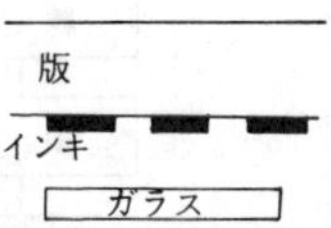	微細な孔を通してインキが通り抜ける 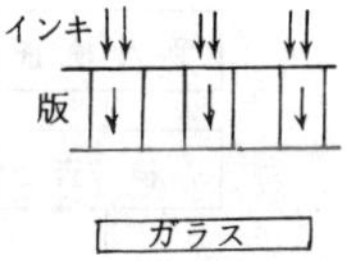
印刷方法	フィルタ印刷には不適	凹版オフセット／版のインキをブランケットでガラスへ転写 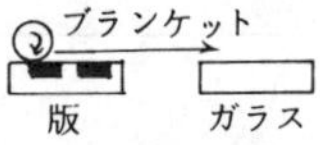	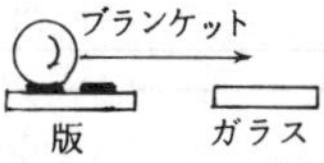 版のインキをブランケットでガラスへ転写	幅 $200\mu m$ 以下の細線困難

図2　各種印刷法の概略

2.2　ガラス基板受け入れ

梱包して送られてきたガラスは，まず掃除機などでその梱包の表面に付いたゴミやほこりなどを落とす。その後，開梱室でガラスを取り出す。ガラスはサイズ，厚み，平面性，傷，ごみ，ガラス切り粉，角の直角性，表裏のマークを検査する。

使用するガラスにはソーダライムガラス（パーシベッション）とノンアルカリガラスとがある。パーシベッションとは，ガラスの表面に酸化けい素膜をつけ，ガラスからのアルカリ特にナトリウムイオンが浸出するのを防止することである。主に受け入れ検査する項目は次のようである。

① 板　　厚

全数を厚み計で，検査することは可能である。しかし，製品価格の安い低品位のＣＦの場合は，重量を計って検査することもある。ＳＥＡＪ（日本半導体製造装置協会）では厚みは1.10 ± 0.1mmまたは0.7mmを提案している。

② 外角寸法

最近は550mm×650mmのガラスが主となっている。長辺，短辺ともに±0.4mmである。現在は次第にガラスは，収率のよい大型サイズとして，600×720mm，650×830mmなどが採用されるようになるであろう。

③ 直角度

ガラスサイズにより，規格はかなり違う。測定法としては図4に示すごとく，角度で表さずに，長辺と短辺とを延長させた線を基準線とし，他方の角からの垂線と，基準線との交点のズレδで

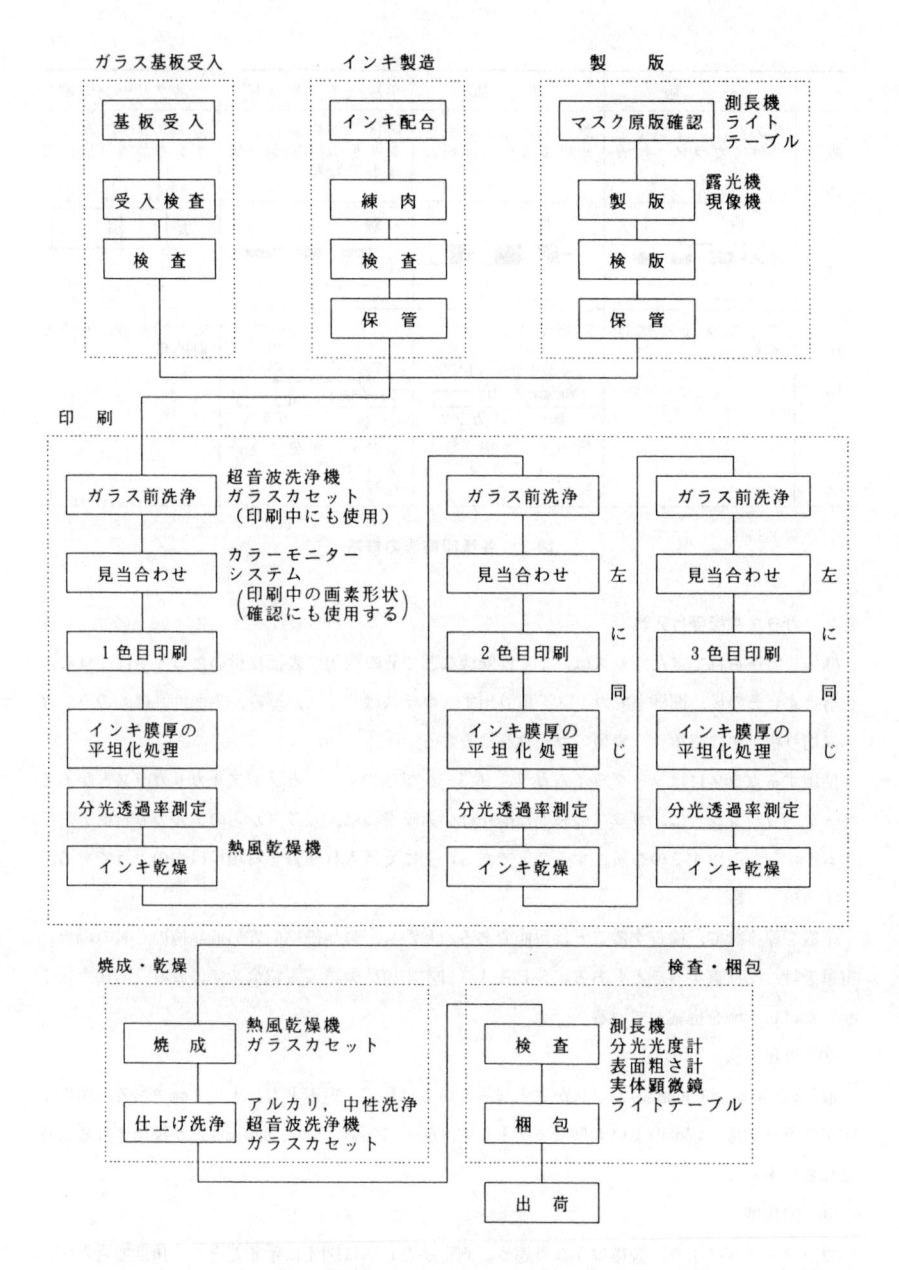

図3 印刷法によるCF製作の工程全図

表示することを，ＳＥＭＩで提案している。

③　反　り

　水平定盤にガラスを置き，ガラスの浮き上がりの高さを測定する。ＳＥＡＪでは0.4mmとしている。ニュートンリング測定用の平板の上で測定することも可能であるが，単に凹凸レンズ面のようでなく，ねじれて鞍型になったガラスもあるが，高さで一応決めることにしている。

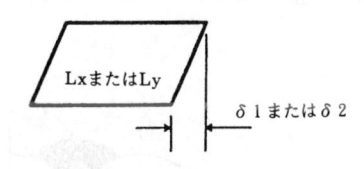

長辺基準 δ1 : ±0.55mm
短辺基準 δ2 : ±0.65mm

図4　ガラス基板の直角度の基準

④　面取り

　ガラスの４つの縁辺の切断部の形状で，Ｒ面取りが通用している。0.05～0.3mm程度である。ラディサスエッジは用いない。

⑤　コーナーカット

　ガラス板の４つの角の中で，１つの角は異なった形にカットし，ガラスの表裏がわかりやすいようにすることである。

　矩形ガラスではこのコーナマークが手前の右にくれば，ガラスの上面は表面になる。

⑥　平坦度

　能率よくガラス全面の平坦度を測定するのは困難である。

⑦　欠　陥

　ガラス内の泡は0.2mm以下，キズ異物，カレット付着のないこと，ハマカケは基準ピンの印が印刷される位置では0.3mm以下，基準ピン位置以外では，奥行2mm以下，長さ4mm以下程度なら許容できる。

2.3　インキ製造

　色料の顔料または染料，ビヒクル，助剤を混合する。色料は１色のインキに，２種類の色料を混合することが多い。助剤としては，炭酸バリウム，シリカを混合する。一般の印刷インキの基材のビヒクルは天然の油脂，ワックスを用いるが，ＣＦ用はすべて合成品である。

　溶剤はダイヤドールを精製して加える。これはＣ13とＣ15のアルコールが略50％ずつの混合物である。

　その他，添加されるものはガラス板への接着性の改良印刷後のガラス面でのインキの平面性改良のレベリング材，インキの熱硬化促進剤などである。詳細は第３章１節で述べる。これらの素材は図５のようにローラーの並んだ３本ローラーあるいは４本ローラーで混練りする。練

る際に，試料温度の制御が重要である。温度が低いと長時間かかる。高いと溶剤が飛ぶが，顔料の粉砕はよい。60〜70℃程度で手早く潰すのが適している。できたインキは，分光特性，L型粘度計で粘度や降伏点，インコメータでタッキネスなどを測定する。測定法は3章1.2で述べる。

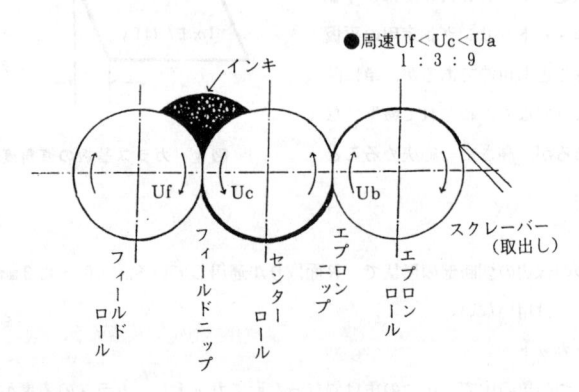

(1) 連鎖混練分散工程

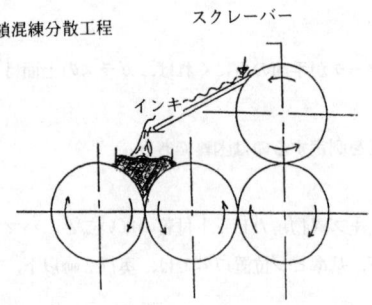

(2) 取り出し工程

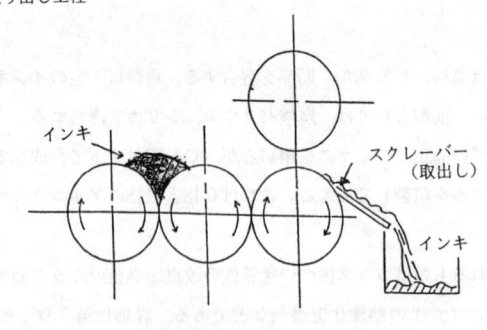

図5　インキ混練用の3本および4本ローラー

2.4 製版

一般には、10mm厚み程度のガラス基板上にITOなどを蒸着する。さらにフォトポリマを塗布する。これにフィルタのパターンを焼き付けて現像処理する。フォトポリマの除去された部分のITOをエッチングしフィルタ画素のパターンを作る。これをマスク原版という。このマスク原版の像をPS版に露光し、現像処理をして印刷版を作る。

PS版には水ありPS版、水なしPS版、EGプレートの3種類がある。そして、それぞれネガ用、ポジ用がある。CF印刷に用いるのは、水なしPS版ポジである。水ありPS版は印刷時に、湿し水を用いる。湿し水は、約pH5.5を保つ緩衝剤や、アルコールその他種々の塩類を含んでいる。印刷を続けると、次第にインキと湿し水が混ざる。このようなインキで印刷すると塩類がCFフィルタに混ざる。これは、セル組した後に、塩類が液晶層まで泳動し、悪影響を及ぼす。このため、水ありPS版は用いられない。また、水なしPS版の方が、解像力が優れている。EG版は、図6のように、PS版とブランケットを重ねたような構造である。このため、版に弾性がありブランケットなしで、ガラス基板に直刷りできる。少量なら印刷したパターンのエッジは優れている。しかし、使用中にアルミ基板は伸長しやすいので、パターンの形状が狂いやすく、使用できない。マスク原版は、電子産業の技術的な商習慣として、23℃60RH%で作られる。したがってPS版に、マスク像をプリントする際は、23℃に制御できるプリンタが必要である。

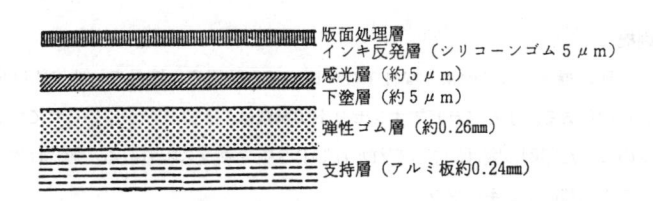

```
━━━━━━━━━━━ 版面処理層
░░░░░░░░░░░ インキ反発層（シリコーンゴム5μm）
▨▨▨▨▨▨▨▨▨ 感光層（約5μm）
░░░░░░░░░░░ 下塗層（約5μm）
∴∴∴∴∴∴∴∴∴ 弾性ゴム層（約0.26mm）
━━━━━━━━━━━ 支持層（アルミ板約0.24mm）
```

図6　富士東レ水なしEGプレート（Elastic Gravure)の層構成

グラビアオフセット印刷は、凹版であるからインキを版にのせ、ブレッドで表面を走査し、版の凹部以外のインキを除く。そして、ブランケットを介して凹部のインキをフィルタガラス基板上に転移させる。版材はガラス製の凹版が使用される。アルミ板が支持体になっているPS版と異なり、ガラス製であるので、繰り返し印刷に使用しても位置固定がよく、また伸縮もほとんどないのでPS版よりも優れている。しかし、簡単に種々のパターンを作れないのが不便である。凹版の製作法はフォトポリマをガラスに塗布し、パターン焼き付け、現像処理後にフッ酸処理

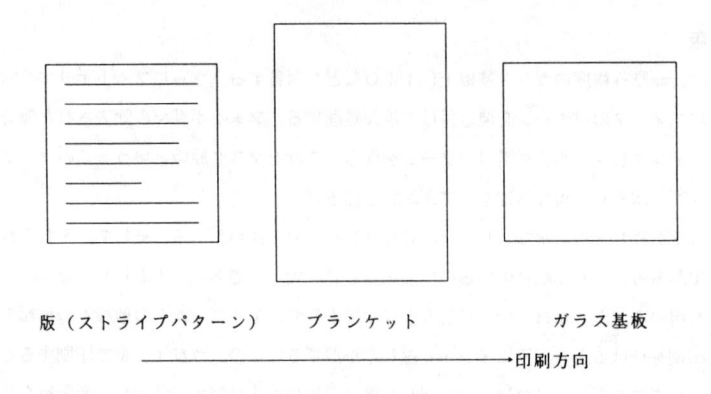

図7 凹版のブレード
製版のパターン，印刷の方向などは，すべて正確に，平行にさせる。

でエッチングする。版の深さは約10μmである。
　特開平3-71877にもあるがごとく，版を作る際のパターンや版上の余分なインキを除くためのドクタリングの刃の移動方向は，印刷ローラーの回転移動する方向に対し，図7のように極力平行性を保つようにすると，品質の良いパターンが印刷できる。

2.5 印刷機

　オフセット印刷機は，図8のような紅羊社の印刷機の転用や，液晶フィルタ印刷専用に開発されたLCD型がある。またグラビアオフセット印刷機は，ナカンのが用いられている。フィルタパターンのついた印刷の版は，それぞれ水なしPS版やガラス版である。形式は異なるが，いずれも版上の画線部のインキをブランケットに移し（オフし），さらにフィルタガラス上に転移（セット）させる。このフィルタガラス上に転移したインキの表面を，平坦にするためツブシ工程に入る。パターンを露光していない現像処理済のPS版を潰しローラーに巻き付け，そのローラーで圧して潰す。その後，約

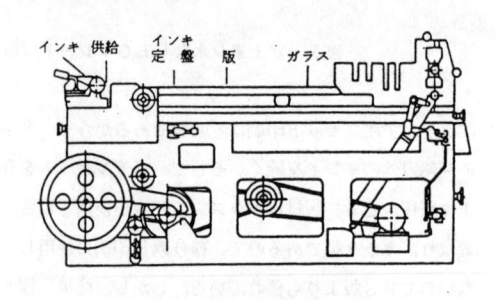

図8 紅羊社の印刷機の一例

180℃で熱乾燥をする。1色ずつ印刷後に潰す。これを3回繰り返し、最後に約230℃の高温で、完全に乾燥し、インキ樹脂を固化させる。

2.6 ブランケットの表面平坦化

　版上のインキは、いったんブランケットに移し、さらにフィルタガラスに転移させる。ブランケットには多くのピンホールがあり、このまま印刷すると、ピンホールがＣＦパターンに現れ欠点になる。このブランケットのピンホールや、小さな凹凸は修正して使用せねばならない。ブランケットの表面に、シリコーン系かウレタン系の樹脂や天然ゴムＳＢＲニトリルゴム、ブチルゴムなどをコートする。特開昭62－85202によれば、特に、シリコーンゴムはインキの剥離性がよい。このため、版上のインキからの転移性は劣るが、ガラス基盤への転移性は優れているのみならず、印刷パターンの形状も優れている。コート法としては、特開平2－241795のように、樹脂溶液にドブ漬けするか、あるいはまた、印刷機を用いて平滑化のための軟らかい紫外線硬化樹脂をインキ定盤で練り、この樹脂をインキ代わりとして、ブランケットで別に印刷面に置いたブランケット上に印刷する。軟らかい樹脂は流動性がありレベリングしやすく、平面になる。その後、紫外線照射して硬化させて作る。

2.7 印圧の均一化

　ガラス基板全面に、ムラなくインキをのせてＣＦを作るためには、ブランケットを巻き付けたローラーが変形することなく、ガラス基板上を転がらねばならない。印刷する際にローラーが進んでくる方向から見たローラーの状態を図9aに示す。ＣＦガラス基板のみが、単に印刷台上にあり、ローラーが転がってくると、ローラーの両端は下がり、中央部はやや上がり、印圧は小さくなる。当然、中央部はインキの色濃度は小さくなる。これを防ぐためには、図9bのごとく、ガラス基板の周囲にもガラス基板と同じ厚みの板を置き、ブランケットローラーが変形せずに転がるようにすれば、ガラス基板全面に均一な印圧がかかり、色ムラがなくなる。

　1色または、2色のＣＦパターンが印刷されたガラス基板は、インキののった部分は（1.0

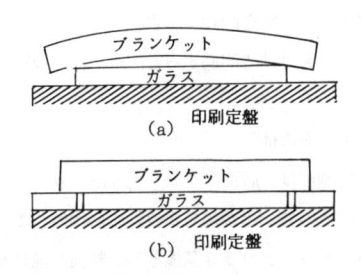

図9　ブランケットが進む正面の方向から眺めたブランケットの形状

(a)両端が下がり、中央が上がる。
(b)ガラス基板の横にガラスと同じ高さの板を置き印刷する。

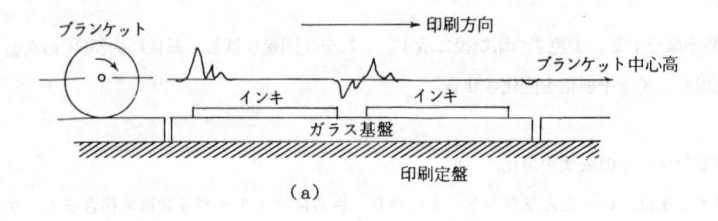

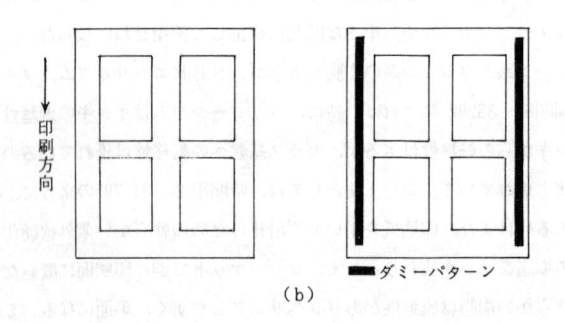

図10

(a) 2色目以降はインキ厚みのために，横から見るとブランケットローラーはダンプする。
(b) CFパターンの横に，ダミーのパターンを付けると，ブランケットローラーの中心は一定の高さを保つ。

〜2.5μm）インキ分だけ厚くなる。ブランケットローラーの挙動を横から見ると，このインキのついたCFパターン部をブランケットローラーが転がると，ローラーは上下に揺れ，ダンピングする。これを図10に示す。これを防ぐには，CFパターンの横に図10bに示すようなダミーパターンを付けて印刷すると，ローラーの躍りを防止できる。

2.8 その他

印刷法は，版面，ブランケット，ガラス上などでインキを介して，面同士が着いたり，離れたりするので，ほかのCFの製法に比較して，静電気の発生の機会が多い。版とブランケット，ブランケットとガラス基板との接触面が離れる際に曳糸性インキが切れてインキのミストができる。インキのミストが空中に飛散後，再びガラス基板に付着し欠陥となる。このため，印刷法では，静電気中和のために，他のCF製法より強力な静電気中和用の電荷風を送るための，イオナイザーが必要である。

印刷法は，青，緑，赤の3色を順次に1色ずつ印刷していくが，各色のパターンの位置合わせ

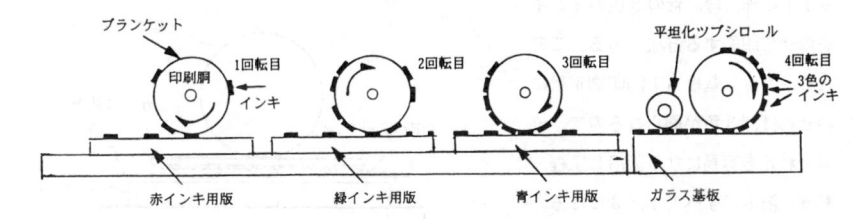

図11 光村印刷の3色同時印刷機

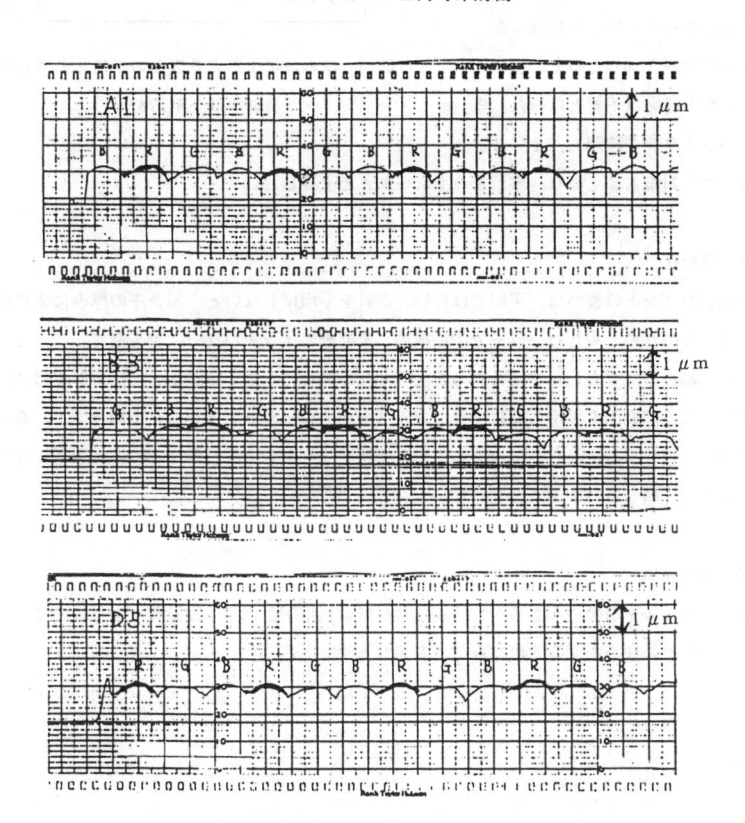

図12 印刷法によるCF表面の平坦性

や，各色の厚みの揃った平坦な面を作るのが困難である。光村印刷では図11のような，3色同時印刷法を開発した。1台の印刷機を用いる。1色ごとにインキ転移をさせずに，1枚のブランケ

ット上に赤, 緑, 青の3色のインキをのせて印刷する方法である。このため, ガラス基板も1回印刷定盤にのせれば, 3色が刷られるので, 位置合わせも容易になる。潰し工程, 熱硬化浴も, すべて1／3になる。その結果, 平坦性は, 従来方式の±0.3μmから±0.15μmになった。平面性が良好となったので, 従来用いていた保護層は不要となった。また, ハンドリング時間も, 1／3となり, ゴミ対策もよくなり, 歩留まりも80〜90％と上昇した。

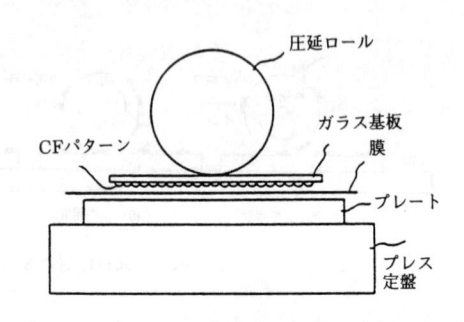

図13 印刷法によるCF表面の平坦化の潰しの例
（特開平3－61578）

2.9 平坦化

印刷したインキの表面は, 平坦ではない。これを平坦にしないと, インキの厚みにより濃度が異なる。このため, 潰しローラーで印刷後の, 未乾燥のインキパターン上を潰す。

3色印刷後の, 完成したフィルタの表面の凹凸を図12に示す。特開平3－61578 では, 図13に示すごとく, 印刷面を平坦な膜に当て, ガラス面からローラーでプレスし平坦化する。潰しによる以外に平坦化の方法として, フィルタの表面研磨法もある。凹凸が±0.05μm以下になるので, 表面の平坦化層をコートする必要がない。

2.10 おわりに

種々のフィルタの製法があるが, 印刷法は材料の利用率が高く, 設備費も少ないので, 細かいパターン作りの技術を開発すれば非常に有力な方法である。

3 顔料分散法

松嶋欽爾[*1], 泉田和夫[*2]

3.1 概　要

　情報コミュニケーション社会のなかで人との情報インターフェイス部分として意志伝達を果たす電子ディスプレイの役割は，情報の高度化とともに重要になってきている。なかでも，カラー液晶ディスプレイは薄型，軽量，低消費電力，など優れた特徴を有しており，カラーノートパソコンを中心にフラットディスプレイの中心的役割を果たしている。さらに，大型化，高精度表示機能などの特徴を活かしその用途を拡大しつつある。

　カラーフィルターはカラー液晶ディスプレイのなかで重要な部品のひとつであり，要求される内容も高精度，高品質，耐久性など品質，性能を向上させると同時に低コスト化が大きな課題となってきており，品質，性能を維持しながら低コスト化を図る各製造法が提案されている。

　ここでは，現在主流となっている顔料分散法カラーフィルターについて述べる。

3.2 カラーフィルターの基本構成

　液晶ディスプレイは表示部の構成からＴＦＴを中心としたアクティブタイプと，ＴＮ，ＳＴＮのパッシブタイプがある。カラーフィルターの構成および必要性能も若干異なるが，代表的なＴ

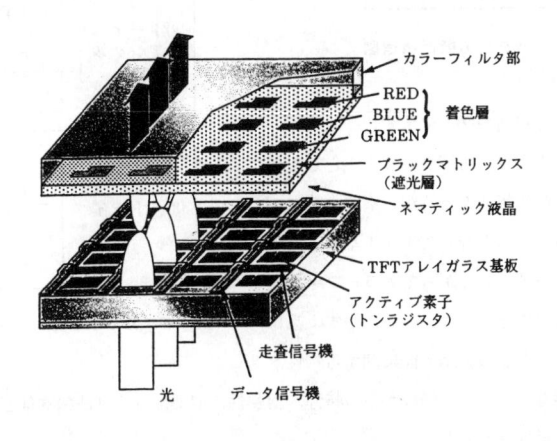

図1　ＴＦＴ－ＬＣＤの構造

[*1] Kinji Matsushima　大日本印刷㈱　ＦＤＰ事業部　ＦＤＰ研究所　所長
[*2] Kazuo Senda　大日本印刷㈱　ＦＤＰ事業部　ＦＤＰ研究所　部長

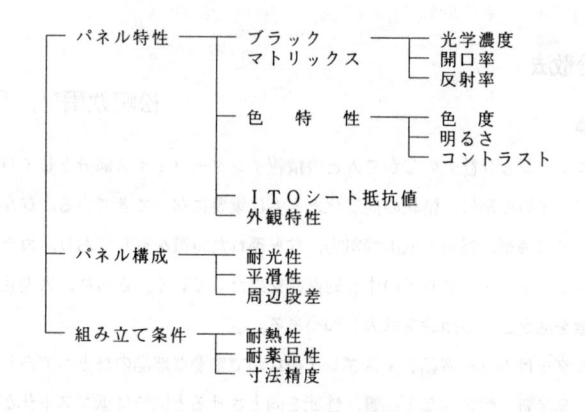

```
                ┌─ パネル特性 ─┬─ ブラック    ─┬─ 光学濃度
                │              │  マトリックス  ├─ 開口率
                │              │               └─ 反射率
                │              │
                │              ├─ 色 特 性 ─┬─ 色 度
                │              │             ├─ 明るさ
                │              │             └─ コントラスト
                │              │
                │              ├─ ITOシート抵抗値
                │              └─ 外観特性
                │
                ├─ パネル構成 ─┬─ 耐光性
                │              ├─ 平滑性
                │              └─ 周辺段差
                │
                └─ 組み立て条件 ─┬─ 耐熱性
                                 ├─ 耐薬品性
                                 └─ 寸法精度
```

図2　カラーフィルターの必要特性

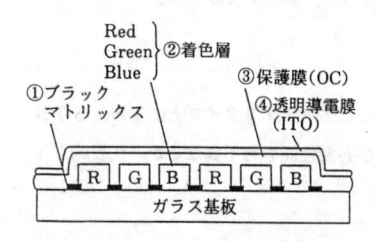

図3　カラーフィルターの断面構造図

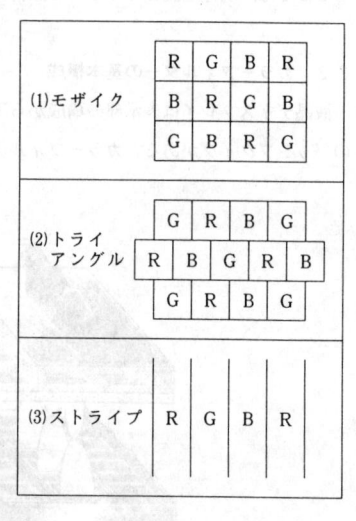

図4　カラーフィルターの平面構造図

FT表示パネルの構造を図1に示す。

　カラーフィルターは色分解フィルターとして各画素に対応した配置構成をとるが，構造上液晶パネルの前面に液晶材料を介してTFT基板と対向して貼り合わされる。したがってカラーフィルターに要求される特性としては，図2に示すように，分光透過率，色度などの表示性能に関する特性，耐光性，平滑性などのパネル構成からの特性，耐熱性，耐薬品性，寸法精度などパネル組み立てからくる特性が要求される。

　カラーフィルターの基本構造を図3に示す。構造はガラスに代表される透明基材上に，光遮断用のブラックマトリクス（BM）部，カラーフィルター部，カラーフィルター保護部（OC），駆動電極用透明導電膜（ITO）の4部材から構成されている。

BM部は金属クロムが低反射，ガラスとの密着性から主流となっており，より低反射のための多層の複合膜形成BMが実用化されている。

また，低コスト化の要求から樹脂中に光吸収材（カーボン，酸化チタンetc）を分散した黒色顔料分散型のBMも開発がさかんであり，最近では電気特性を利用した用途展開も図られている。

カラーフィルターはTFT側の画素に対応してR，G，B層が形成されており，表示画素配列から，ストライプ，トライアングル，モザイクのRGBパターンがある。図4に各種RGBパターンを示す。

3.3 顔料分散法カラーフィルター

着色材として顔料を用い，アクリル，ポリミドなどのバインダ樹脂中に顔料を分散させた着色樹脂を用いることから顔料分散法と呼ばれる。

顔料の歴史は古く，アルタミラの洞窟壁画の絵の具として使用されていた。日本には聖武天皇の頃中国から渡来され，顔の化粧に用いられていた。

樹脂中に分散された顔料は従来，塗料，印刷インキ，化粧品，絵の具などに用いられており基材の表面に塗布し着色被覆層を形成する。

一方，カラーフィルター用では，着色透過層を形成するため，顔料粒子による散乱のための透過光減衰という現象を考慮して顔料の分散が行われる。

顔料分散法は，製造法により印刷法，電着法，転写法も含まれ，それぞれの特徴を生かした製

表1 顔料分散形態とパターニング法

分散形態	パターニング法	製造法の名称
樹脂中へ顔料分散 →インキ化	高精度印刷	印刷法
樹脂中へ顔料分散 （ポリイミドなど）	フォトリソグラフィ →樹脂エッチング	顔料分散法 （エッチング法）
①感光性樹脂へ顔料分散 ②→フィルムに塗布してその後ガラス面転写	フォトリソグラフィ	顔料分散法 （着色感材法）
	フォトリソグラフィ	転写法 （着色感材法）
電着樹脂中へ顔料分散	①ITO膜パターン （フォトリソグラフィ） →電気泳動電着	電着法 （電極選択法）
	②レジストパターン （フォトリソグラフィ） →電気泳動電着	電着法 （電極マスク法）

表2　LCD用カラーフィルターとしての顔料の必要特性

必要性能	顔料としての機能
1. 色特性　色度座標値 　　　　　透過性 　　　　　コントラスト	単色での分光透過率 コントラスト測定値 （構造，結晶形，粒子径）
2. 耐熱性 　　耐光性	構造，結晶形，粒子径
3. 分散性	一次粒子の大きさ 分散安定性
4. 樹脂との相性 　　水溶性樹脂 　　油溶性樹脂	 親水処理 親油処理

造法開発がさかんに行われ，実用化に至っているが，ここではフォトリソグラフィで行う着色感材法とエッチング法の代表的な2方式について示す。

顔料分散法をパターニングを含めて分類すると表1のようになる。またLCDカラーフィルターとしての顔料の必要特性を表2に示す。

3.3.1 着色感材法

着色感材法は，透明な感光性樹脂に超微粒化した顔料を均一に分散させた着色感材を材料とし，これを塗布－露光－現像とR，G，Bを3回繰り返してパターンを形成する方法である。LSI形成フォトリソグラフィと原理は同一であり，パターン精度に優れている（図5）。

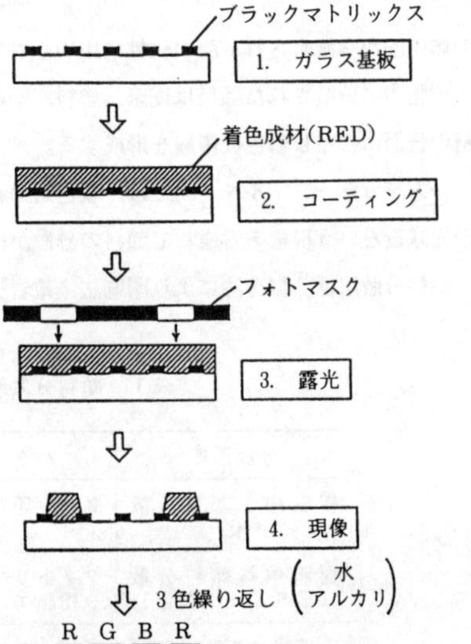

フォトリソグラフィでの感光性樹脂は，露光工程にて着色感材中の顔料による光吸収による感度低下を補うため，高感度の感光性樹脂および露光装置の光源の選択などが必要不可欠となる。

高感度感光樹脂としては，光重合型のアクリル系，光架橋型のポリビニルアルコール（PVA）

図5　着色パターン形成工程顔料分散法（着色感材法）

系が実用化されている。

光重合型のアクリル系は二重結合の光重合反応を用いる系が通常で，光重合開始剤と光重合性モノマーである多官能アクリルモノマー（またはオリゴマ）と膜物性を調整するためのバインダ樹脂を主成分としている。

図6および表3に顔料分散の構成概念と代表的な材料と役割を示す。

紫外光の照射による反応は次頁のとおりである。

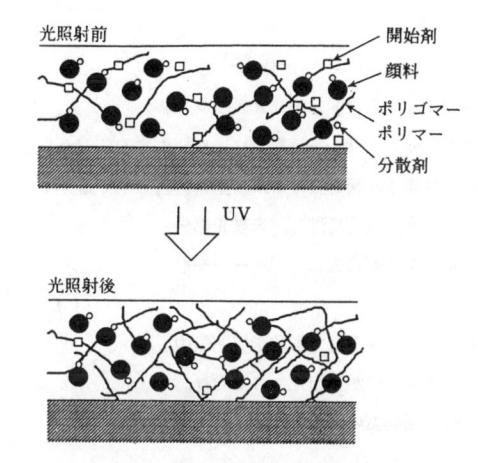

図6 顔料分散法型の構成概念図

表3 顔料分散法の主材料成分と役割

構　成	代表的な材料	役　割
①顔料	・アゾレーキ系　　　　　　・不溶性アゾ系 ・縮合アゾ系　　　　　　　・フタロシアニン系 ・キナクリドン系　　　　　・ジオキサジン系 ・イソインドリノン系　　　・アントラキノン系 ・ペリノン系　　　　　　　・チオイン ・ペリレン系　　　　　　　・これらの混合系	色純度　濃度 耐候性 分光特性
②オリゴマーポリマー	・アクリル酸　　　　　　　　　・メタアクリル酸 ・アクリル酸エステル系　　　　・メタアクリル酸エステル系 ・ポリアクリル酸系　　　　　　・ノボラック型フェノールエポキシ樹脂系 ・ノボラック型クレゾールエポキシ樹脂系・多官能ポリエステルアクリレート系 ・ポリイミド系　　　　　　　　・多官能ポリオールアクリレート系 ・ポリビニルアルコール系　　　・多官能ウレタンアクリレート系 ・これらの混合系	光硬化　硬度 耐熱性　耐薬品性
③開始剤	・1-ヒドロキシ-シクロヘキシル-フェニル-ケトン ・2-ヒドロキシ-2-メチル-1-フェニル-プロパン-1-オン ・2-メチル-1-〔4-（メチルチオ）フェニル〕-2-モンフォソノプロトリン-1 ・2-ベンジル-2-ジメチルアミノ-1-(4-モルフォリノフェニル)-ブタノン-1	感度　重合時間 硬度
④分散剤	・ポリオキシエチレンアルギルフェニルエーテル系 ・ポリエチレングリエールジエステル系 ・ソルビタン脂肪酸エステル系 ・脂肪酸変性ポリエステル系 ・3級アミン変性ポリウレタン系	均一性　膜分布
⑤その他	・シランカップリング剤　etc.	増感剤　密着助剤

$$PI \xrightarrow{h\nu} R\cdot$$
$$R\cdot + monomer \rightarrow polymer$$

（ＰＩ：光重合開始剤，R・ラジカル）

　光重合型のアクリル系は露光により発生するラジカルが空気中の酸素により不活性化するため，露光時に酸素遮断膜を設けるか，窒素雰囲気中で露光するのが一般的であった。また，現像工程はアルカリ水溶液で処理し，未露光部分の着色樹脂を溶解除去し，パターンを形成する。

　近年，ラジカル重合でも酸素雰囲気中で露光可能なものが実用化されており，また，化学増幅型の材料も報告されている。

　後者は光により触媒作用のある酸を発生させ続いて熱処理によって樹脂の構造変化を起こさせる。光エネルギーは酸触媒生成のみに用いられ，パターン形成に必要な反応は熱処理によって進み，工程は増加するが高感度化が達成できる。

　光架橋型は，ＰＶＡに感光基としてスチルバゾル基を導入したものである。1982年に工業技術院，大日本印刷，ザ・インクテックと水系樹脂を用いた光架橋型の顔料分散法の共同開発を開始し，最初の顔料分散法として確立された技術である。図7にその反応式を示す。

　ＰＶＡ-スチルバゾル系の感光性樹脂に光を照射すると，感光基であるスチルバゾルの2重結合が開いてシクロブタン環を形成し架橋反応が起こる。図8のように感光基の構造により最良感度が得ら

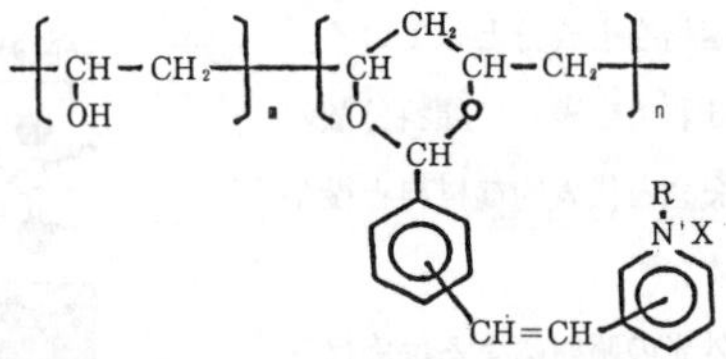

Structural formula of PVA-SbQ

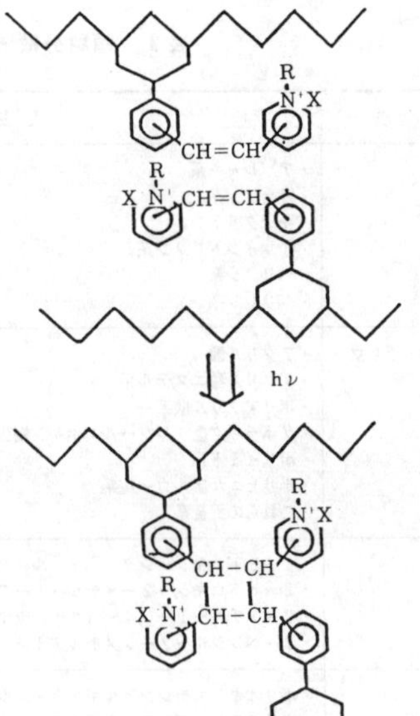

Photosensitive reaction of PVA-SbQ

図7　顔料分散法

（水系樹脂を用いた光架橋反応）

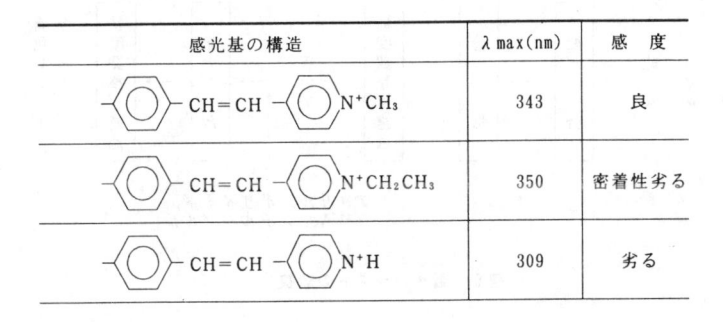

感光基の構造	λmax(nm)	感度
−⟨◯⟩−CH=CH−⟨◯⟩−N⁺CH₃	343	良
−⟨◯⟩−CH=CH−⟨◯⟩−N⁺CH₂CH₃	350	密着性劣る
−⟨◯⟩−CH=CH−⟨◯⟩−N⁺H	309	劣る

図8 感光基の構造による感度

れる。

露光感度は数十mJ／cm²と，光重合型が10〜20mJ／cm²に比べて若干劣るが，水溶性のため現像工程には水系が使用でき，環境保護の面で有利である。

3.3.2 顔料の微粒化と分散

R，G，Bの色層を形成する顔料は分光透過率特性，耐熱性，耐光性，樹脂への分散，およびその安定性が考慮される。顔料構造はモノアゾ，ジアゾ，アントラキノン，フタロシアニン系など種々あり，おのおの異なった特性を有し，LCD製品機能，プロセス面から単一の顔料系では，色特性の面で要求特性を十分に満足することは難しく，通常混合系として使用されている。

この選択された顔料は，結晶あるいは2〜3個の強固な結合粒子（一次粒子）の凝集体（二次粒子）である。これを一次粒子に近い状態へ分散して，かつ安定した状態に保つ技術である。

この分散を左右する要因として，

① 顔料の種類→粒子径，形状

　　　　　　→一次粒子の結合力，表面性状

② バインダ，溶剤の種類

③ 添加剤の種類，錬磨方法

④ 分散機能

があげられる。

着色感材（レジスト）の調整方法を図9に示す。

最終的に得られた分散状態で，微粒化された顔料の平均粒径は分光透過率に大きな影響を及ぼし，平均粒径として0.1μm以下が必須条件である。図10にフタロシアンブルーの平均粒径と分

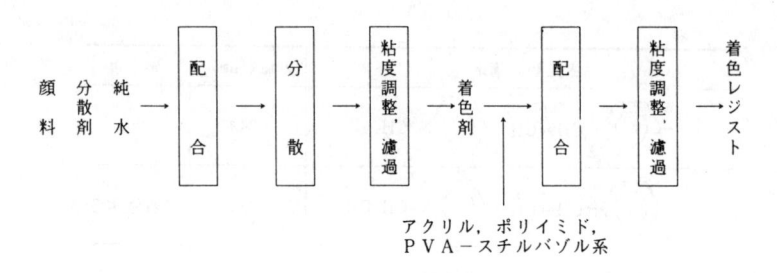

図9 着色レジストの調整

(アクリル, ポリイミド, PVA-スチルバゾル系)

光透過率の関係を示す。

高感度感光性樹脂と顔料の微粒化および分散技術によって可能となった顔料分散法カラーフィルターは,色特性も実用レベルとなり,優れた耐光性を特徴に,また解像度も10μmL/Sも可能となってきている。図11に染色法と比較した顔料分散法の耐光性を示す。

3.4 今後の展望

液晶ディスプレイの今後のさらなる市場拡大活性化に向け,カラーフィルターは品質,性能の向上と低コスト化に継続対応していかなければならない。ここでは品質,性能向上について述べる。

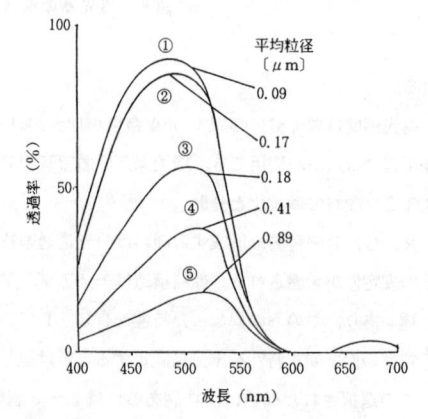

図10 フタロシアニンブルーの粒度と分光透過率の関係

3.4.1 品質,性能向上への対応

LCDパネルの大画面化,高精細化および携帯性の向上に伴い,カラーフィルターに求められる特性課題として,

① BMの材質改良による低反射化
② 着色材の改良によるコントラスト向上
③ ガラス基板の薄板化とBMパターンの細線化
④ マルチメディア対応用ディスプレイとしてのより高純度で高透過率な色特性の要望

などがあげられる。

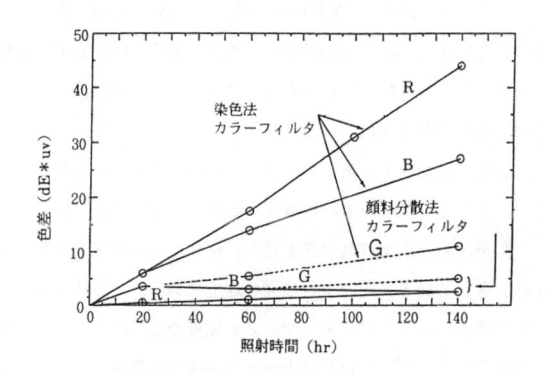

図11 顔料分散法と染色法カラーフィルターの耐光性比較

表4 カラーフィルター品質・性能課題

品質・性能の課題	技術対応の内容		カラーフィルター改善項目	
①BMの低反射化	新BM材料の開発		多層クロムの実用化 樹脂BMの実用化	
②高精細化 　高画質化	パターン微細化 高位置精度 高色純度化	透過性の向上 コントラストの向上	露光・エッチング技術向上 トータルピッチ精度向上	色材の改良 光散乱性改善
③携帯性の向上 　省電力化	薄板ガラス化 高開口率化		0.7mmtプロセス確立 BMパターンの細線化	

　①に関しては別章にて論議されているが、新たな材料、製法により低反射化が実現されてきている。
　②の着色材の改良も日々進歩しており、コントラスト比で1200を超える改善品も実用化されてきた。
　③では携帯性を考慮し、ガラス基板の薄板化 (1.1mmt→0.7mmt→0.5mmt) による軽量化、バックライト光源の省電力化による光量保持に対応したBM細線化カラーフィルターによる高開口率対応などさまざまな改良が進められている。表4に品質、性能対応課題の一覧を示す。

3.5 まとめ

　LCD市場はノートパソコンを中心に市場を拡大しており、すでに13型の実用化からさらに大型の20型以上の製品発表がなされている。

ＴＦＴフルカラーのＸＧＡ（1024×768画素）～ＳＸＧＡ（1280×1024画素）の実用化が始まっており，モニタ仕様のＵＸＧＡ（1600×1200画素）の実用化も間もないと予想される．

　このような市場ニーズから，今後のＬＣＤ用カラーフィルターは高品質化への対応と低コストの両面を実現できる供給体制を要求されている．

　ＴＦＴの製造技術・駆動方法も次々と新しい技法が発表されており，カラーフィルターへの要求性能も変化し，まったく新しい構成のものに進化する可能性も残されている．

　カラーフィルターの製造法も，次々に低コスト化を目指した方式が提案され，品質特性の見極め，および実用化が検討されている．このような開発途上にあるＬＣＤ技術において，ＴＦＴラインの各世代ごとに製品性能，コストパフォーマンスを見極めたなかで，常に高品質，高性能のカラーフィルターを提供することが，われわれカラーフィルター専業メーカーの務めである．

文　　献

1)　喜多真一，化学増幅を用いたカラーフィルター用顔料分散レジスト，応用物理学会（1996年10月）
2)　植木俊博，512表示10.4サイズＴＦＴ－ＬＣＤ用カラーフィルター第7回色彩工学コンファレンス（1990年10月）

4 電着法・ミセル電解法

倉田英明*

4.1 はじめに

カラーLCDが市場に出てから約10年ほどになるが、この間様々なカラーフィルターの製造法が検討されてきた。

当初は色材として染料が使われ、その後、熱安定性などの要求から顔料が使われるようになっている。製造手法でいえば、半導体同様のフォトリソ工程を多用する染色法よりも、工程数が少なく、低コスト化が容易な手法としての電着法、印刷法などが注目を浴びた。

最大サイズ10インチ程度で、VGA仕様が中心であった1991〜93年頃は、これらの手法による製品も多く使われた。ところがその後、市場が急速にSTNからTFTへ移行すると同時に、あまりにも早く高画質化、高解像度化、さらには大画面化が進んだため、これら低コスト法の技術開発が追いつかなかった。そして結果的に市場が選択したのはフォトリソを多用する顔料レジスト法であった。

しかし、カラーフィルターの供給が比較的安定している現在、LCDへの厳しいコストダウン要求から、カラーフィルターも技術革新なくしては第4期以降のLCDラインは考えられないところまできている。コストダウンの重要な鍵は、いかにフォトリソ／アライメント工程を減らすかにあるといっても過言ではない。このような観点から新技術を使った製造法が再び注目を浴びている。

ここでは最初に種々の文献を参考に電着法カラーフィルターをレビューするとともに、当社のミセル電解法について解説する。

4.2 電着法カラーフィルター

4.2.1 電着法の原理

電着法は、ITO電極のパターン加工だけでRGB各色とブラックマトリックスを、アライメントなしで形成できる優れた技術である。

電着液は、ポリエステル／メラミン系樹脂の中和塩を用いたアニオン型高分子と顔料を水中に溶解・分散させて作られる。電着の原理は以下のとおりである（図1）。

① 基板間に直流電圧を印可する（数十ボルト以上）。
② 強力な電場によりアニオン型高分子が顔料とともに陽極へと引き寄せられる。
③ 同時に陽極で、水の電気分解により生じた水素イオンにより、アニオン型高分子が中和・

---

* Hideaki Kurata 出光興産㈱ 研究開発部

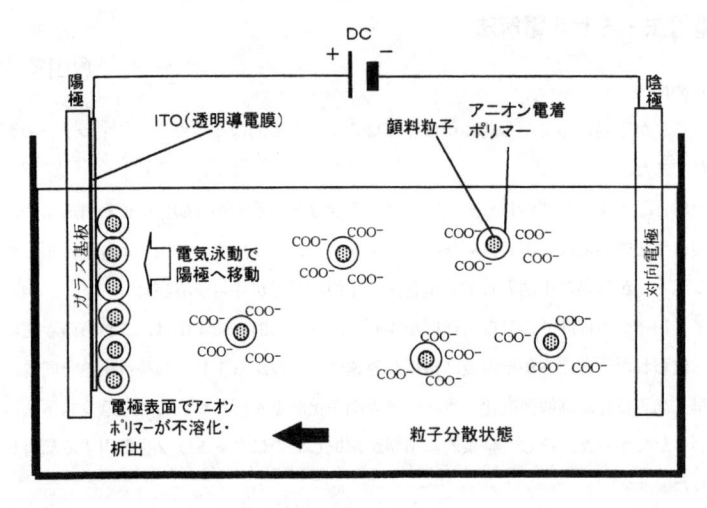

図1 電着の原理

不溶化し，顔料とともに電極上へ析出する。
④ 電着膜は導電性が低いため，膜厚が厚くなると自然に電流は流れなくなり，電着は終了する。したがって膜厚は電着条件を合わせればいつも一定にできる。

カチオン型高分子を用いたカチオン電着法も塗装業界では用いられているが，ＩＴＯ電極に直接色づけするカラーフィルター向けには，アニオン電着法を用いる必要がある。なぜなら酸化物であるＩＴＯを陰極に用いると，電解還元によりＩＴＯ自身が劣化・変色するからである。

4.2.2 電着法製造プロセス

図2に電着法カラーフィルターの製造フローを示す。

① あらかじめストライプ状にパターンしたＩＴＯ電極を用い，導電性ペーストによって第1色め（赤）の電着用電極を接続する。
② ＩＴＯ電極を赤色電着液中に浸漬し，電着を行う。この際，電着液の温度，ｐＨ，分散顔料の凝集沈降状況，さらには液の循環などの管理がきわめて重要であり，データやノウハウの豊富な蓄積が必要である。
③ 基板を水洗し，電着膜を熱処理により乾燥・予備硬化させる。これにより電着膜は，ほぼ完全な絶縁膜となる。したがって第2色めの電着において，第1色めの電着膜上に再度電着が起こることはなくなる。
④ 同様に2色め（緑），3色め（青）を色づけする。

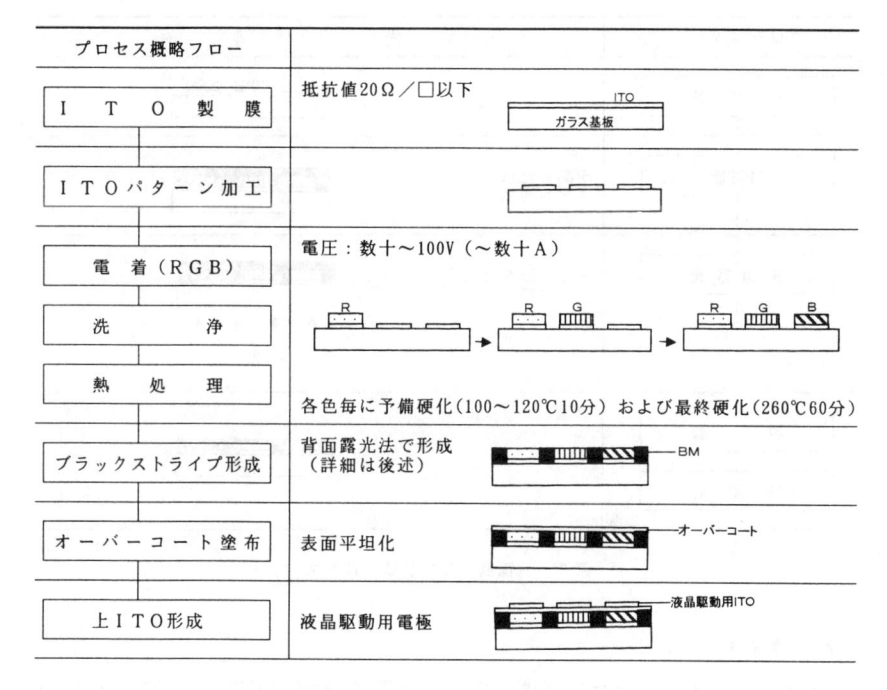

プロセス概略フロー		
ＩＴＯ製膜	抵抗値20Ω／□以下	
ＩＴＯパターン加工		
電着（ＲＧＢ）	電圧：数十～100V（～数十Ａ）	
洗　　　浄		
熱　処　理	各色毎に予備硬化（100～120℃10分）および最終硬化（260℃60分）	
ブラックストライプ形成	背面露光法で形成 （詳細は後述）	
オーバーコート塗布	表面平坦化	
上ＩＴＯ形成	液晶駆動用電極	

図2　電着法カラーフィルター製造プロセス

⑤　感光性黒色ネガレジストを全面に塗布し，基板の背面より露光し，ＲＧＢストライプの間にブラックストライプを形成する（図3）。

　ＲＧＢ膜をマスクとして用いるため，顔料の選択と露光光源波長とのマッチングが重要である。

⑥　オーバーコート塗布

　平坦化，ＲＧＢ膜の保護および不純物などの溶出防止を目的として，通常はオーバーコート膜を形成する。

⑦　液晶駆動用ＩＴＯを成膜・パターニングする。

4.2.3　電着法の特徴

①　すべてセルフアライメント方式で，マスクはＩＴＯパターン用1枚ですむ。
②　解像度は電着用ＩＴＯの精度に依存し，高い精度を実現している。
③　電着時間は数十秒と短く，生産性が高い。

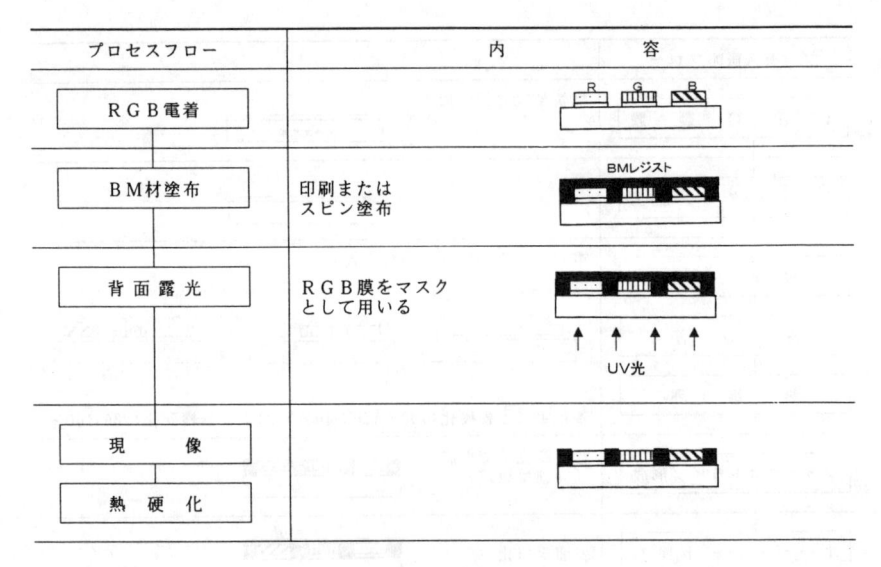

プロセスフロー	内容	
RGB電着		R G B
BM材塗布	印刷または スピン塗布	BMレジスト
背面露光	RGB膜をマスク として用いる	↑ ↑ ↑ UV光
現　　像		
熱　硬　化		

図3　背面露光BM製造プロセス

4.2.4　電着法の課題

これまで述べたように，プロセスの簡便性という点で，顔料分散法に比べて優れた手法である。しかし，遮光用ブラックおよびRGB画素がストライプ配列もしくはそれに近い配列に限られるため，高画質を要求されるTFT-LCDには使いにくい。特にブラックは今やSTN-LCDにおいても格子（マトリックス）状が一般的である。

そこで，近年はレジストダイレクト電着法や電着転写法など，フォトリソ法を一部取り入れてRGBおよびブラックの配列の自由度を増した手法が検討され，実際に商品化されている。

4.3　出光ミセル電解法カラーフィルター

4.3.1　基本原理

通常，界面活性剤は，溶媒中でミセルと呼ばれる集合体を形成することが知られている。

佐治らはミセルの形成・離散を電気化学的な酸化・還元可能により，可逆的に制御できる界面活性剤を見いだした。

この界面活性剤を用いて，顔料などの疎水性微粒子を水中に分散させると，わずかな電解電圧により，電極上へ均一に分散粒子を析出・製膜することが可能である。当社は，この原理をカラーフィルター製造へ応用すべく開発を行ってきた。図4にその基本原理を示す。以下にその概要

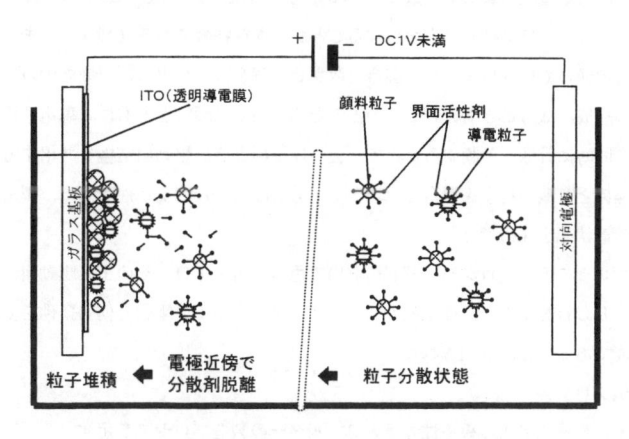

図4 ミセル電解製膜の原理

を述べる。
① 微粒子分散液中で，ITO基板を陽極，適当な金属板を陰極として，両極間に0.3～1.0V程度の直流電圧を加える。
② ITO電極近傍において，界面活性剤が電気化学的に酸化（電子を失う）される。
③ 酸化された活性剤は，親水・疎水バランスが崩れるため，それまでの界面活性能力が著しく低下し，微粒子表面から脱離する。
④ 結果として微粒子がITO電極上へ凝集製膜される。

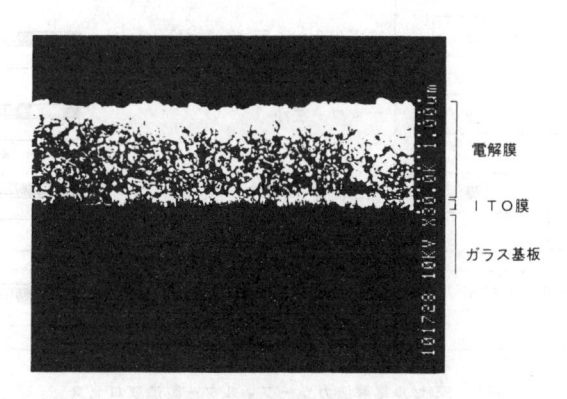

図5 ミセル電解膜の断面SEM写真

63

このときに流れる電流は最大でも数μA／cm²程度と小さい。生成する膜中には，バインダーに相当する成分はなく，ほぼ粒子のみからなることが大きな特徴である（図5）。また性質の異なる微粒子（有機顔料や無機粒子）を，混合分散させ電解を行った場合，分散液中の粒子組成が，そのまま膜の組成になることも確認している。そこで当社は顔料とともに，導電性粒子（ITO粉末など）を同時に分散・製膜することで，色づけ電極と液晶駆動用電極を共用することを提案してきた。無機と有機の粒子を混合した場合でも分散液は比較的安定性が高く，製造から1カ月以上初期の分散状態を保持できる。

ファインプロセステクノロジー'97展において色づけ用ITOをそのまま駆動用に使った4インチSTN-LCDを試作し，従来のカラーフィルター上ITO駆動と何ら条件を変えることなく表示が可能であることが証明された。

4.3.2 製造プロセス

図6にミセル電解法による導電性カラーフィルターの製造プロセスを示す。

① ITO基板

電解で流れる電流がきわめて小さいため，100Ω／□以下のITOを用いれば，36インチサイズ

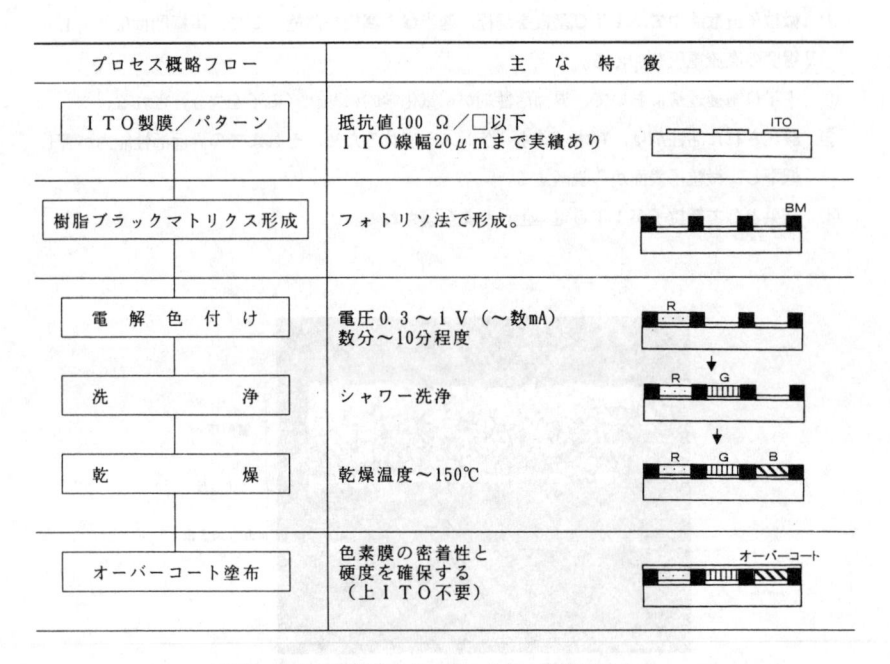

プロセス概略フロー	主 な 特 徴	
ITO製膜／パターン	抵抗値100 Ω／□以下 ITO線幅20μmまで実績あり	ITO
樹脂ブラックマトリクス形成	フォトリソ法で形成。	BM
電 解 色 付 け	電圧 0.3～1V（～数mA） 数分～10分程度	R
洗 浄	シャワー洗浄	R G
乾 燥	乾燥温度～150℃	R G B
オーバーコート塗布	色素膜の密着性と 硬度を確保する （上ITO不要）	オーバーコート

図6 ミセル電解法カラーフィルター製造プロセス

でも，ストライプパターンの一方の端から給電するだけで，全面にわたって均一な製膜が可能である。

② ブラックマトリックス

通常は市販の絶縁性黒色レジストを用いている。最近は，絶縁性と遮光率を高いレベルでバランスさせた製品が多く市場に出回っており，材料の入手は容易である。

③ 電解色づけ

ＩＴＯ基板を陽極に，適当な金属板を陰極にして0.3～1.0Ｖの直流電圧を加えると，ＩＴＯパターンに忠実に，色素膜が形成される。色づけ終了後，基板を水洗し，100～150℃程度で乾燥する。同様の操作をＲＧＢ各色で繰り返す。

④ オーバーコート

本工程の主な目的は，先の色素膜の密着強度を上げることである。コート材は，コーティング直後に色素膜中へ浸透し，ガラス基板にまで達する。したがって熱処理などによりコート材を硬化させた後の色素膜は，その後の液晶製造プロセスおよび信頼性試験に十分耐えうる強度をもつ。

ここで，コート材の膜厚は，色づけ用ＩＴＯ（下ＩＴＯ）を液晶駆動用に共用するため，できるだけ薄くし，駆動への負担をかけないようにする必要がある。

図7にカラーフィルターの分光特性の一例をあげる。

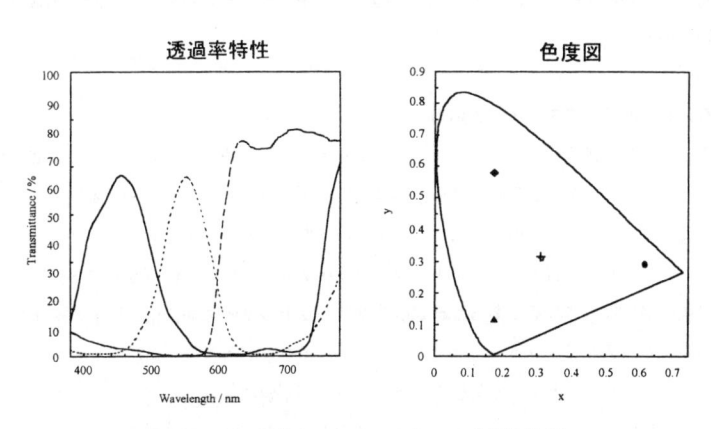

図7　ミセル電解カラーフィルターの分光特性例

4.3.3　ミセル電解カラーフィルターの特徴

ミセル電解法によるカラーフィルターはその独特の原理を利用するために，他法にはないメリットを有する。

① 容易な調色と幅広い色再現性

顔料は基本的に市販品を用いるが，種々利用可能であり，色濃度（すなわち膜厚）も，電解時間を変えるだけで容易に変更できる。したがって従来法に比べて調色が容易であるとともに，その範囲も広い。

② 容易なスケールアップ

基板サイズの大型化や枚数が多くなっても，基本的に分散液を入れる槽のサイズを，基板に合わせて大きくするだけでよいことがわかっている。電解の際に液を撹拌する必要もなく，電源設備もきわめて小さくてよい（数ワット程度）。

③ 低いランニングコスト

顔料分散液の消費量として，色づけ後，分散液中から基板を引き上げる際，基板に付着して系外へ持ち出される分散液の量が，10インチサイズガラス当たり数CC程度ある。これはカラーレジストをスピン塗布する場合に比べて1／5以下の量である。

④ 低い設備コスト

従来の顔料レジスト法と同じ生産能力で比較すると，設備の設置面積で約半分，製造ラインの投資額で約6割程度ですむとの試算がある。

⑤ 電解工程はすべて水系であるため，有機溶剤対策が不要。

⑥ 液中で色づけするため，ゴミの混入に強いことをカラーフィルターメーカーから指摘していただいている。

4.4　C／F on TFTアレイへの応用

液晶ディスプレイは今やTFT方式が主流になりつつある。現在当社ではミセル電解法を用いて，カラーフィルターをTFT画素電極上へ直接形成するカラーフィルター・オン・アレイ方式を提案している（図8）。この手法には次のような画期的なメリットがある。

① カラーフィルター製造時のフォトリソ／アライメント工程が一切不要となる。
② 今後市場に投入されるであろう超高解像度（ピクセルサイズ50μm□以下）ディスプレイにおいても，アライメントを必要としないため歩留まりが落ちにくい。
③ カラーフィルターとアレイ基板のアライメントが不要になる。
④ カラーフィルターとアレイ基板のアライメントマージンが不要になるため，開口率が大きくとれる。
⑤ 従来のカラーフィルターとアレイ基板を張り合わせる方式での製造歩留まりは，両基板の歩留まりのかけ算であったが，アレイ基板のみの歩留まりですむことになる（図9）。

このように，当社のミセル電解法は，他の手法にはない優れた可能性を持っている。すでに複

数のメーカーにより，TFTを介して画素電極上へカラーフィルターを形成できることが確認されており，当社自身でも'97エレクトロニクスショーにて紹介した。今後はセルでの評価を実施していただく予定である。

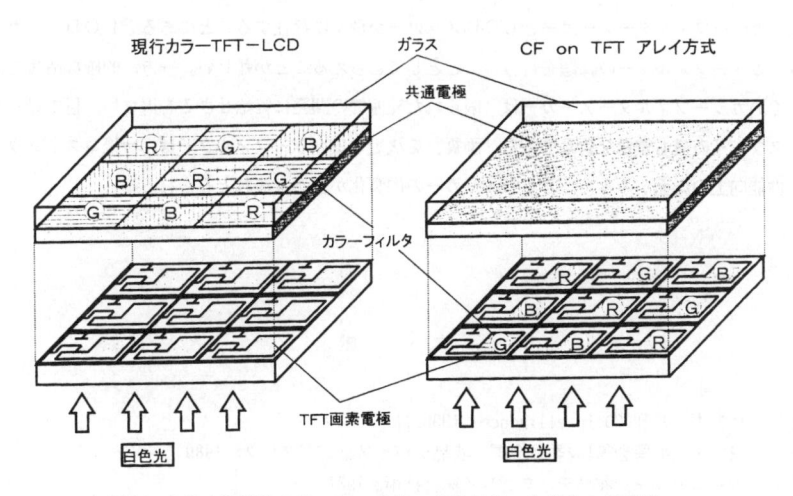

図8　ミセル電解法カラーフィルターのTFT－LCDへの応用

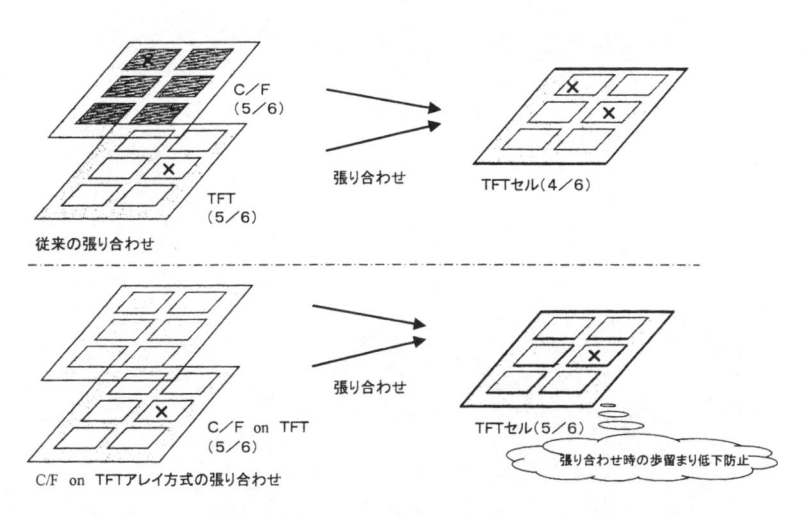

図9　C／F on TFTアレイのメリット

4.5 おわりに

　液晶ディスプレイにおいて，カラーフィルターは最も高価な部品の一つとして以前よりコストダウンの必要性が叫ばれてきた。しかし，現在も最も高価な部品としての地位は揺らぎそうにない。これはカラーフィルターメーカーが努力を怠っているわけでは決してない。その原因の一つは，カラーフィルターメーカーとLCDメーカーが別々に存在することにある。LCDメーカーは，カラーフィルターの課題を自らのこととしてとらえることが難しい。一方，的確な情報を得にくいカラーフィルターメーカーは，限られた範囲での開発に終始せざるを得ない。目で見るディスプレイの最も重要な要素である「画質」を決定するカラーフィルターは，今後コストダウンと性能向上の両面からみて，LCDメーカーの内製化が自然な流れとみられる。

文　　献

1) 林幹夫，月刊LCD intelligence, 1996.11
2) 日本学術振興会第142委員会編，液晶デバイスハンドブック，1989
3) シーエムシー，液晶ディスプレイ総合技術，1987
4) K.Hoshino, T.Saji, Electrochemical formation of an organic thin film by disruption of micelles, *J. Am. Chem. Soc.*, 109, 5881 (1987)

5 着色フィルム（ドライフィルム）転写法

佐藤守正[*]

5.1 はじめに

カラーLCD普及への期待が高まりつつある現在，今後カラーLCDが成長するためには種々の技術的要因を一つ一つ解決していかなければならない。

その中でも，マイクロカラーフィルタは，TFT方式であれ，STN方式であれ，あるいは強誘電液晶方式であれ，LCDのカラー化あるいは多色化には必須のパーツであり，特に重要視されている。

一方，カラーフィルタ作製システムには現在，染色法，顔料分散液塗布法，印刷法，電着法などの種々の方式がある[1~3]。いずれの方式も技術的には未完成で種々の問題点を抱えているが，現在，顔料分散塗布方式が主流になりつつある。

しかし，特に，高精細なカラーフィルタをLCDメーカーの将来的な希望価格で作製可能なイメージングシステムは既存システムの延長では得られないのではないかと危惧されているのも事実である。

このような背景のもと，われわれはクッション効果を利用したトランスファー・プロセスによる新規な高精細カラーフィルタ作製システム（商品名：TRANSER）を開発した。

本システムでは，あらかじめ準備された「感光性の顔料分散着色フィルム」を，まずガラス基板上にラミネートし，露光後，弱アルカリ水で現像し，1色目の着色画像を作製する。その後，これらの工程を各色繰り返すことにより，安定で，生産性よく高精細カラーフィルタを作製することが可能になる。以下，TRANSERシステムについて述べる。

5.2 TRANSER転写材料

図1にはレッド（R），グリーン（G），ブルー（B）およびブラック（K）の各感光性転写材料の層構成を示した。

75μmのPETベースに，まず弱アルカリ可溶性の熱可塑性樹脂層（クッション層）を約15μmの厚みで設け，その上に酸素遮断層を厚み1.6μmで設ける。さらに，その上に各種顔料により着色された光重合性樹脂層を設け，最終的にはポリプロピレンのカバーフィルムを圧着する。また，剥離帯電による塵などの付着を防止する目的で裏面に電子伝導性の帯電防止層（$10^{8.5}$〜$10^{9.5}\Omega/Sq$）を設けてある。

---

[*] Morimasa Sato　富士写真フイルム㈱　富士宮研究所

5.3 作製プロセス

図2にはTRANSERを用いた高精細カラーフィルタを作製するプロセスを示した。次に個々の工程について述べる。

(1) ラミネート工程

まず，1色目の赤色（R）感材のカバーフィルムを剥離しながら，専用ラミネーター（図3）により，100℃に予備加熱された洗浄済みのガラス基板（コーニング社製＃7059F）上にロール温度：130℃，ラミネート圧：8 kg/cm，ラミネート速度1.0 m/分の条件でラミネートする。

(2) 仮支持体剥離工程

次いで仮支持体のPETフィルムを剥離する。

(3) 露光工程

PET剥離後，マスクアライメント露光装置により，大気下20mj/cm^{2}のパターン露光を行う。

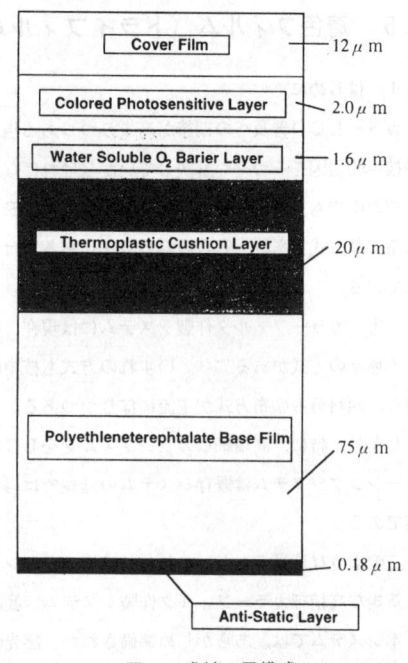

図1 感材の層構成

(4) 現像工程

次に，弱アルカリ水処理液（富士写真フイルム㈱製，商品名：TPD）の10倍希釈液によりシャワー噴霧処理し，クッション層および酸素遮断層を除去する。その後，弱アルカリ水処理液（富士写真フイルム㈱製，商品名：TCD）の10倍希釈液により未露光部分の着色層を溶解除去し，その後さらに純水で洗浄し，ガラス基板上に膜厚2.0 μmのRレリーフ画像が形成される。この後，必要に応じてポスト露光やポストベークなどのプロセスを行う。

以下同様に，G，Bの感材をラミネート，露光および現像を繰り返し，ガラス基板上に厚みが約2.0 μmのR，G，およびBのレリーフ画像を形成する。

(5) ブラックマトリックス作製

次に，K感材を用い，上記と同様にラミネートする。その後，ガラス基板裏面より全面露光（100mj/cm^2），現像し，各画素の間隙にブラックマトリックスをセルフアライメント法により作製する。

最後に，220℃，1時間のバーニング処理を行い，カラーフィルタが完成する。

上述の各工程においてTRANSERシステムにおける「キー技術」は，「薄膜を表面凹凸に追従してラミネートすることを可能にした技術」および「セルフアライメント方式によるBM形成」であることがわかる。以下，個々について述べる。

5.4 凹凸追従性

図4には，本システムにより作製されたカラーフィルタの拡大写真を示した。この結果からガラス基板と各画素の間に気泡もなく，ガラス基板と画素の密着性も良好であることがわかる。

通常，LCD用カラーフィルタは，基板間のセルギャップの狭さから高度な平坦性が要求される。そのためには，カラーフィルタ作製後，その上に平坦化層を設けるにせよ，各画素の厚みは同じであることが望まれる。

しかしながら，たとえば厚み$2.0\mu m$の微細な着色レリーフ画像を有する凹凸表面のガラス基板上に，同じ厚みの感光性着色層の薄膜をラミネートしようとすると，通常，転写不良が発生したり，あるいはラミネートの際に感光層とガラス基板の間に気泡が残り，現像時画像部の「欠け」や出来上がり品の密着不良の問題などが生ずる。

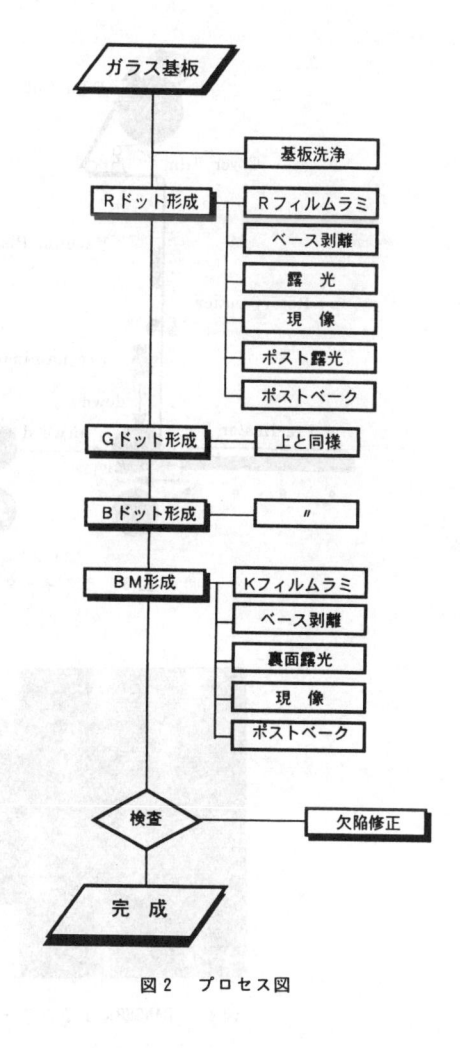

上述のクッション層を設けた光重合性顔料分散着色フィルムを用い，間隙のあるモザイクパターンのレリーフ画像を形成させた後，全面に他の光重合性顔料分散着色フィルムをラミネートし，フィルム剥離後，全面露光により感光層を光硬化させ，次に現像液により水溶性酸素遮断層までを除去し，着色層のみを全面に残したサンプルを作製した。

図2　プロセス図

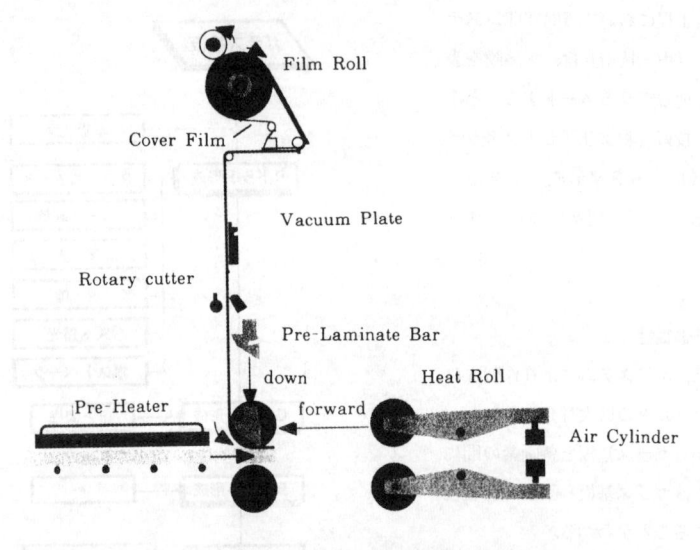

図3 ラミネーター概略図

図4 TRANSERによるカラーフィルタ顕微鏡写真

　このサンプルの表面形状を走査型レーザー顕微鏡により測定した結果を図5に示した。
　この結果から2.0μmの厚みの微細な凹凸表面の間隙に、同じ厚みの感光性着色層がその表面凹凸に追従しつつラミネートされている様子が観察される。
　すなわち、これを模式的に示せば図6に示したように、光重合性感光層が熱ラミネート時に表面凹凸に追従し、レリーフ画像のある凸部の感光層は熱により軟化したクッション層中にシャー

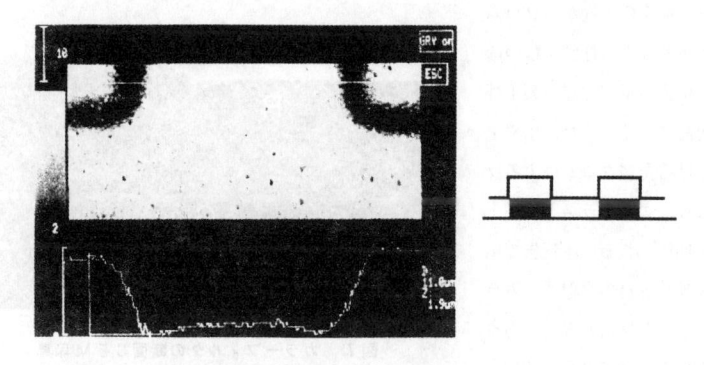

図5 凹凸追従性（表面形態）

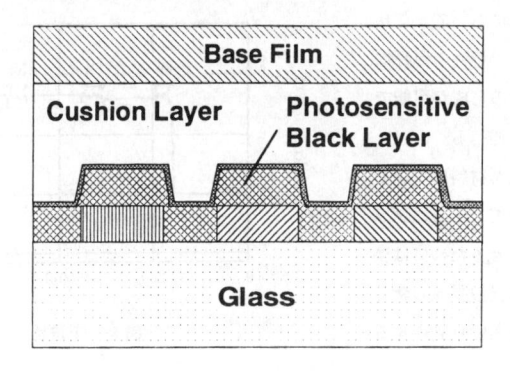

図6 クッション効果

プに潜り込み，その凹凸の境界領域では感光層は若干の変形を起こし傾斜部を形成していると推測される。

本システムにおいて，1μm程度の微少な間隙にも気泡の巻き込みはなく，転写可能であり，複雑な凹凸パターンにおいても追従性は良好である。

5.5 セルフアライメント法によるブラック画像の形成

図7に裏露光方式により作製された本システムのカラーフィルタの断面写真，図8には作製されたカラーフィルタの平坦性を示した。

これらの結果より，裏露光方式により光学濃度2.3〜3.5以上の高濃度な樹脂ブラック画像の形成が可能であり，かつ平坦性およびプロファイルの良好なカラーフィルタの作製が可能である。

すなわち，従来の工程からクロムブラックマトリックス作製工程の除去，保護膜による平坦化層作製工程の除去が可能になる。また，出来上がり品における金属クロムによる反射がなくなり，コントラスト比が上がることが期待される。本報告で用いた黒色（K）感材の反射率（ガラス面から測定した場合）5％であり，金属クロムのそれ（55％）と比較してかなり小さい。

次に，本システムにおいて，なぜ「裏露光方式による平坦性の良好な，高濃度樹脂ブラックの形成が可能であるのか」を以下に述べる。

(1) 黒色感光性転写材料について

裏露光方式において，十分にブラック感光層を硬化させるためには裏面からのブラック感光波長域の紫外線が膜表面までできる限り到達する必要がある。

図9には，本システムの黒色層と従来のカーボン単独の場合の黒色層の分光スペクトルを示した。

この結果より，可視部の透過率がほぼ同じでも，分光感度領域の350nmから400nmの紫外線領域の透過率が本報告の黒色層のほうが大きいことがわかる。

図10には，両黒色感光性材料を用いた場合の裏面露光感度曲線を示した。

この結果より，カーボン単独系に比べ，本システムの黒色系は低露光領域での感

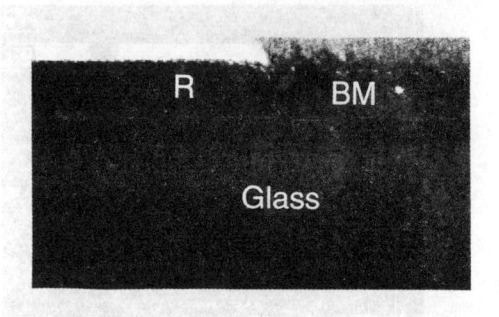

図7　カラーフィルタの断面SEM写真

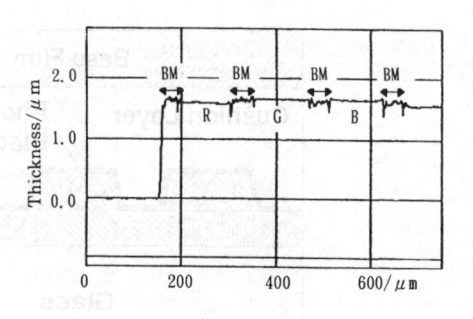

図8　平坦性

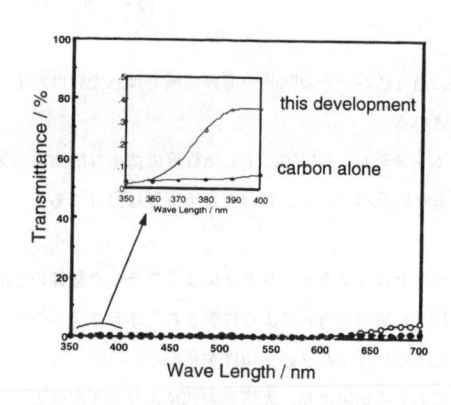

図9　各黒色層の分光スペクトル

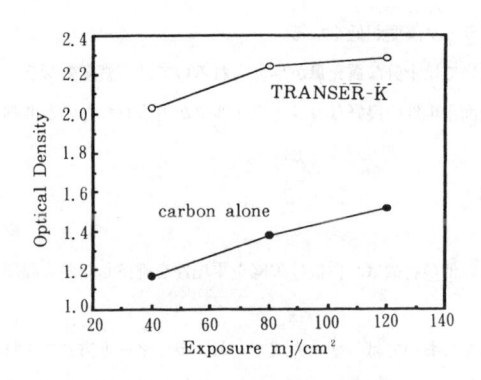

図10 各黒色材料の裏面露光感度

度が高く，高透過性の効果が現れている。

これらの効果は，複数の顔料を混合した結果であり，われわれは，各種顔料を混合した場合に365nmの透過率が高く，色調は無彩色点に近く，光学濃度は2.3以上となる混合比率を式(1)に基づくコンピュータシミュレーション（波長範囲350nm～700nm）により算出した。

式(1)

$T_{mix} = A \cdot T_a \times B \cdot T_b \times C \cdot T_c \cdots$

T_{mix}：混合系黒色材料の透過スペクトル

A，B，C，……：各顔料の混合係数

T_a，T_b，T_c，……：各顔料の透過スペクトル

(2) RGB画素の紫外線遮蔽性

裏露光方式において，黒色材料の紫外線透過性のほかのもう1つのポイントは，あらかじめ形成されたRGB画素のフォトマスクとしての機能であり，約350nmから400nmの波長の紫外光を効率よく遮蔽する必要がある。本システムのRGB画素には耐熱性のUV吸収剤を，着色感光層において365nmの透過率が1％以下となるように添加してある。

表1には添加系および未添加系での裏露光方式によるRGB画素上に残膜が残らない最大裏露光量，およびそのときのブラックマトリックスの光学濃度を示した。未添加系では裏面露光によりRGB各画素上のブラック感光層が一部感光し，残膜を発生するため，裏面露光量を少なくする必要が

表1　最大裏露光量と達成BM－OD値

UV Absorber	Max. Exposure (mj cm^{-2})	OD
Absence	20	1.10
Add	100	2.3-3.5

あり，結果としてブラック濃度が低くなる。
　一方，添加系においては十分な露光量が与えられるので，高濃度のブラックマトリックスが得られ，結果として表面平坦性の良好なカラーフィルタが得られたものと推測される。

5.6 その他の特徴
(1) 欠陥修正法
　本報告のシステムの他の特徴は，白抜け欠陥を平坦性を維持しながら簡便に修正することが可能であることにある。
　カラーフィルタ作製においては，塗布方式であれ，ラミネート方式であれ，仮に感材自身に異物や欠陥がなくても，プロセス中のゴミにより突起状異物や白抜け欠陥が発生する。特に突起状異物故障はフィルタとして致命的な故障（セル組立て時のショートなどの発生）であり，顔料分散スピンコーター法であれ，印刷法であれ，異物検査後の研磨工程が必須で，この工程がカラーフィルタ作製の得率低下の大きな要因となっているといわれている。
　一方，本報告のシステムによるカラーフィルタ作製においては，着色フィルム作製時に異物をなくしておけば，プロセス工程では致命的となる突起状異物がほとんどなく，白抜け欠陥となって現れることが実験的に確認されている。
　そのうえ，ＲＧＢ画素の白抜け欠陥が生じた場合には，裏面露光方式によるブラックで自動的に修正され，仮にブラックに白抜け欠陥がある場合にはブラックのみを修正すればよい。
　また，本報告のシステムにおいては，より高濃度のブラック画像を得るために，マスクを用い表露光によるブラックマトリックス形成も可能であり，その場合には，必要に応じてＲＧＢＫの修正が望まれることになる。
　しかし，いずれにしても白抜け欠陥が発生している個所に，その色の感光性着色フィルムの小片のカバーフィルムを剥離し，感光層を熱接着し，ガラス基板面から全面に裏露光し，その後，現像・水洗を行うことにより欠陥が修正される。
　裏面露光方式によりブラックで自動的に修正された状態の拡大写真を図11に示した。
　これらの結果は，前項で述べたようにＲＧＢ画素がフォトマスクとして働き，欠陥部のみが光硬化するためであ

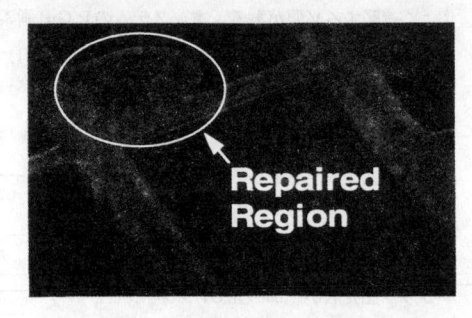

図11　欠陥修正部ＳＥＭ写真

る。

すなわち，クッション効果を利用したトランスファープロセスのシステムにより，致命的となる突起状異物故障がほとんどなく，かつ簡便な欠陥修正法が可能となり，簡便な作製システムと相まって得率向上が期待される。

(2) 大サイズ化が可能

スループット性の向上，トータル材料費の低減という観点からは，大サイズガラス基板を用いてより多くの多面取りをすることが有効である。

Chemical Vapor Deposition（ＣＶＤ）装置や露光機などの進歩を待たねばならないが，ラミネート適性からは550×650mm（厚み：1.1mm）のガラス基板対応も可能であることが実験的に確認されている。

(3) その他の性能

本報告のシステムにより作製されたカラーフィルタの，各色の分光特性を図12に，色度特性を図13に，耐熱性，耐光性および耐薬品性を表2，表3および表4にそれぞれ示した。

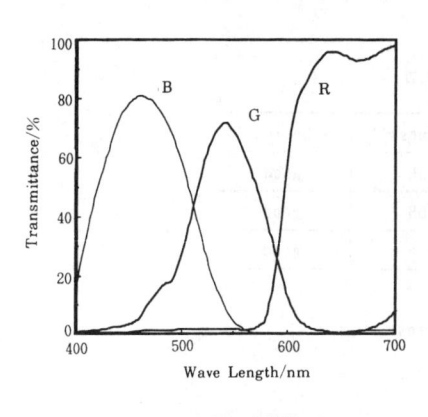

図12　各色分光特性　　　　　　　図13　ＣＩＥ色度図

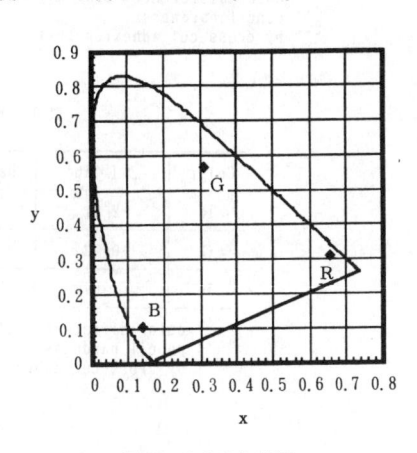

これらの結果は，従来の顔料分散スピンコーター法により作製したカラーフィルタの性能とほとんど同じであった。使用した感光性顔料分散着色層の成分が両システムともにほとんど同じであることから，妥当性のある結果と考えられる。

5.7　最後に

クッション効果を利用した，感光性着色フィルムを用いた，TRANSERシステムより，ガラス基

表2 耐熱性

	Color	Post Baking Temp. / ℃				
		220	230	240	250	260
ΔE*ab*	R	0.22	0.46	0.79	1.46	1.70
	G	0.22	1.00	1.56	2.74	4.45
	B	0.57	1.89	3.43	5.34	11.47
Hardness**	R	5H	5H	5H	5H	5H
	G	5H	5H	5H	5H	5H
	B	5H	5H	5H	5H	5H
Adhesion***	R	Good	Good	Good	Good	Good
	G	Good	Good	Good	Good	Good
	B	Good	Good	Good	Good	Good

* color difference (CIE).
** pencil hardness.
*** by cross-cut adhesion test.

表3 耐光性

Color	ΔE*ab*	Hardness**	Adhesion***
R	2.27	5H	good
G	0.92	5H	good
B	1.07	5H	good

* color difference (CIE).
** pencil hardness.
*** by cross-cut adhesion test.

板に転写する方式による，簡便でかつクリーンな環境で新規カラーフィルタ作製が可能となった。本システムにより，従来の顔料分散塗布方式の性能を維持したうえで，裏露光方式による高濃度樹脂ブラック形成化，平坦化のための保護膜形成工程の除去，酸素遮断膜形成工程の除去，さらにガラス基板の大サイズ化対応，フィルタ作製において致命的となる突起状異物の大幅な減少と簡便な欠陥修正法を可能にした。

　これらにより，従来の顔料分散塗布方式に比べ，トータル材料費の低減，スループット性の向上，および歩留まりの向上による大幅なコストダウンが期待される。

表4 耐薬品性

	Color	solvents and chemicals****						
		NMP	Bu-Lac	IPA	ECA	MeCel	18%HCl	18%NaPH
ΔE*ab*	R	0.14	0.03	0.05	0.18	0.17	0.61	1.48
	G	0.27	0.14	0.13	0.28	0.38	0.24	4.16
	B	0.45	0.16	0.10	0.24	0.05	0.59	0.32
Hardness**	R	5H	5H	5H	5H	5H	5H	5H
	G	5H	5H	5H	5H	5H	5H	5H
	B	5H	5H	5H	5H	5H	5H	5H
Adhesion***	R	Good	Good	Good	Good	Good	Good	Good
	G	Good	Good	Good	Good	Good	Good	Good
	B	Good	Good	Good	Good	Good	Good	Good

```
   *  color difference (CIE).
  **  pencil hardness.
 ***  by cross-cut adhesion test.
****  NMP : N-methylpyroridon, Bu-Lac : butyllacton, IPA : isopropylalcohol,
      ECA : 2-ethoxyethyl Acetate, MeCel : 2-methoxyethanol.
```

文　献

1) 畑島光久：フラットディスプレイ'92，日経ＢＰ社，pp. 201-204（1991）
2) 根本四郎，谷端仁：フラットディスプレイ'91，日経ＢＰ社，pp. 129-134（1990）
3) 田野崎芳夫，澤田豊明：フラットディスプレイ'93，日経ＢＰ社，pp. 179-182（1992）

本報告と関連のある特許

1) 富士写真フイルム㈱，特開平4-208940
2) 同上，特開平6-59119
3) 同上，特開平7-28236

6 次世代カラーフィルター形成法

郡　浩武[*1]，新居崎信也[*2]

6.1 はじめに

　LCDの低価格化および高性能化にとって，その主要部材であるカラーフィルタの役割は重要である。現在一般的に実施されているカラーフィルタの製法は前章までで述べられているが，これらの製法においてもなお種々の改良が計られている。一方，飛躍的なコスト低減を目指した種々の製法が新たに提案され，その一部は市場での評価を受ける段階にあるものもある。以下にその代表的な手法について記す。

6.2 カラーフィルタ・オン・アレイ法

　カラーフィルタ・オン・アレイ法は，TFTなどのアクティブ素子側にカラーフィルタを形成する手法である。本法では，貼り合わせの誤差よりくるブラックマトリックス（BM）のマージンを必要としないため高開口率にでき，また貼り合わせ工程の作業効率も向上するなどの利点がある[1]。このため，LCDメーカーを中心に種々の提案と検討がなされている。特に，アクティブ素子をスイッチング素子として，画素電極上に電着法でRGB膜を形成するという方式の特許は多数出願されている[2]。この場合，素子の耐電圧と電流容量に対応した電着液の検討が重要である。また，電着法では電着用の透明電極があるものの，液晶に有効に電圧を印加しようとすると，画素透明電極を新たにRGB膜上に形成するか，RGB膜に導電性をもたせる必要がある。
　一方，最近のカラーフィルタ製法の主流である顔料分散法は，TFTプロセスでもよく使われるフォトリソグラフィが基本の技術であり，TFT基板作成工程に導入しやすい技術である。とはいうものの，顔料が分散されたレジストで，欠陥やむらのない膜を作るのは特殊なノウハウを必要とする技術である。透明画素電極はRGB膜形成工程後に形成される。当然，BMもアレイ上に形成しなければならないが，一般的にBMはLCDの電気・光学特性に影響を与えるため，その構造，材質ともに工夫を要する。カラーフィルタ・オン・アレイ技術の優劣は，BMオン・アレイ技術の優劣によって決まるともいえる。この重要な要素技術である，TFT基板上へのBMの形成について以下に述べる。
　BMオン・アレイはまず顔料分散型の黒色樹脂を用いて検討されたが[3]，その例について報告する。金属BMで信号線を覆うと，BMを介し信号線と画素電極が結合し，TFTの電気特性が変わるなどの問題が起こる。したがって，アレイ基板上に形成するBM材料は絶縁体であるほう

---

* 1　Hiromu Kori　エスティーアイ テクノロジー㈱ 営業開発部　部長
* 2　Nobuya Niizaki　エスティーアイ テクノロジー㈱ 主幹

が好ましい。この例では，ネガ型感光性樹脂に6種類の顔料を入れている。顔料の混合比は透過率の観点から最適化し，また，感光性モノマーとアクリルベース樹脂の混合比も最適化するなどの工夫がなされている。光学濃度は2μm厚で2であり，反射率は金属クロムの半分以下である。信号線，補助容量電極とBMの3次元的配置を行い，開口率の大幅な向上が確認されている。

上記の例の光学濃度2では，十分なコントラストを得ることができないともいわれている。材料面では，最近，絶縁タイプのカーボンを用いたブラックレジストの開発が進んでいる。この結果，絶縁性と高光学濃度を兼ね合わせたBM材料での検討が各所で行われている。1996年の国際会議で，①樹脂BMを信号線上に直接形成後，配向膜を形成，②配向膜形成，ラビング後にBMを形成，③BM形成後，透明な有機物で平坦化処理し，透明画素電極および配向膜形成，の3方式で検討した結果が報告されている[4]。

①は樹脂BMのパターン端部の肩の傾きを70°以下にしたにもかかわらず，液晶の配向不良部が生じる。②は配向性には問題がなかったものの，ラビングされた配向膜がBMの現像液にさらされるため，信頼性試験でLCDの光透過－印加電圧曲線の変動が起こっている。③は光漏れもなく，高コントラストと駆動電圧の低電圧化がみられた。これは，平坦化により，セルギャップの局所均一性が増した結果であろう。さらに，画素電極とBMの端部重ねが実現できるため，高開口率が得られている。

平坦化では，図1に示すように，前述の方法③とは逆に，透明平坦化膜を先に形成する方法が最近報告されている[5]。工程としては，透明低誘電率平坦化膜を形成後，透明画素電極をつけ，これをマスクとして平坦化膜をエッチングし，この部分にBMを形成する。このBM材も絶縁タイプのカーボンを用いた樹脂レジストで，膜厚1.2μmでのシート抵抗値は10^{11}～10^{13}Ω／□，光学濃度は2.7である。また，混入顔料がカーボンブラックであるため，反射率も4％と低い。カラーフィルタ基板側には，BMはない。貼り合わせの容易化，高開口率化，平坦化によるラビングの容易性，正面入射光がある場合での暗電流の低減などの効果がみられている。

以上述べたように，カラーフィルタ・オン・アレイを実現するためには，まずBMオン・アレイの技術を実用レベルで完成することが前提条件である。次に完全なカラーフィルタ・オン・アレイの完成へと進めていくことになる。この場合，プロセス適合性を考慮した，高歩留まり

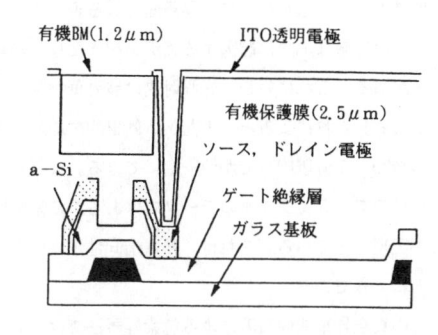

図1　平坦化BMオンTFTの構造[5]

のカラーフィルタ工程の開発を行うなど，材料，装置，製造技術等が一体となった開発が必要であり，今後の課題は多いものと思われる。

6.3 イオンプレーティング法

イオンプレーティングは，簡潔にいえば，真空蒸着とプラズマを組み合わせた技術である[6]。ある意味では蒸着にスパッタの現象が加わっており，蒸発原子の一部はプラズマ中を通過する際，イオン化されて基板に入射する。このとき，蒸発原子はプラズマにより活性化され，基板への付着強度が増すと同時に，膜質の改善などが行われる。本技術のカラーフィルタへの応用に関しては，透明導電膜ＩＴＯの成膜では実用化に近く，ＲＧＢ膜の形成については精力的に研究がなされている。ここでは，この順序で述べる。

プラズマを発生させる手段としては，高周波励起と直流励起に大別される。高周波励起にはＲＦコイルを利用した誘導性結合による方法（高周波磁界により励起）と，グリッドを用いた容量性結合による方法（高周波電界により励起）がある[7]。直流励起は圧力勾配型プラズマガンを用いる方法で装置化が図られている[8,9]。後者のプラズマガンを用いる方法は，ＩＴＯの蒸発とイオン化，励起を一つのガンで行い，磁場の設計によりビーム形状を制御している。

イオンプレーティング法により成膜されたＩＴＯの抵抗値は，スパッタ法によるものより通常若干小さくなる。基板温度300℃のデータではあるが，グリッド法で，抵抗率$0.95 \times 10^{-4} \Omega \cdot cm$の値が報告されている[7]。プラズマガンの例では，常温でも$3 \times 10^{-4} \Omega \cdot cm$程度の値が得られている[9]。成膜速度は，ＲＦ法はスパッタより若干遅いが，プラズマガン法は約１桁以上速い[8]。透過率，密着性，表面粗度も実用上問題ないようである。

次に，カラーフィルタ色素膜（ＲＧＢ膜）の形成について述べる。色素膜の成膜を行うには，真空中での蒸着現象を起こすのが先決である。そこで，真空昇華成膜法について記す[10]。有機物の昇華を通常のボート型抵抗加熱式で行うと，昇華対象物質（色素）の下面からの熱伝導による加熱となる。したがって，昇華面となる表面の加熱が有効にできないばかりか，加熱治具との接触部の急激な加熱に起因する突沸が起きたり，過剰加熱となり，昇華対象物が分解，変質することがある。これに対し，光照射式は被昇華物質の上方からの光照射により加熱し昇華を行う方法である。これによると，表面から効果的に加熱でき，過剰な加熱を防げ，昇華立ち上がり時間を短時間（５分以内）でかつ一定にできる。まだＬＣＤ用で求められている大型装置は完成していないので，５インチφのデータではあるが，膜厚ばらつきは基板内で±３％，バッチ間で±７％が実現できている。これは，昇華指向性がよいことと成膜レートの制御が十分に行われていることによっている。

この真空昇華成膜装置による色素昇華法では，$0.5 \mu m$の厚みで十分な色度が得られる[10]。密

着強度は実用上問題なく，耐光性は良好で，耐熱性，耐溶剤性なども問題ないようである。パターン形成はリフトオフ，ドライエッチングで実現できている。RGBの色素膜は実現できているが，BMに使用可能な高光学濃度の黒色系は，現状では有機顔料での実現は困難であり，今後の開発を待たなければならない。色調調整は色素を複層にすることによっても可能である。ファインパターン対応可能ということで，CCDやビューファインダ用LCDなどの用途から実用化されていくのではないかと期待されている。

　イオンプレーティング法は，新技術事業団の委託開発課題「高周波プラズマ法による有機系カラー薄膜の製造技術」で，開発がなされている[11]。本法では，マトリックス材となる有機系原料モノマーと蒸発させた顔料を独立に制御しながら導入する。複数の蒸発物を気相状態で混合し，高周波励起によりプラズマ化し，直流電圧で加速し基板に供給し，同時気相蒸着を行う手法が提案されている[11,12]。本技術では，次の効果が期待されている。①乾式法により，機能性，膜物性に優れた有機系複合薄膜の形成が可能になる。②低温下(150℃以下)での製膜であるため，膜材質，基板材質の適用範囲が広い。③化学反応の促進と物理エネルギーの付与により，光学特性，密着性，平坦性などに優れるカラー薄膜の形成が可能である。④膜硬度が高いため，硬質膜を保護膜として形成する工程の省略，製膜と同時にパターン形成を行う技術の確立などにより，カラー薄膜の製造工程の大幅な短縮と自動化が期待される。このように，克服すべき検討課題はあるものの，将来的に期待できる技術の一つといえる。

6.4　インクジェット法

　インクジェット法の特徴としては，色素材料の使用効率がよい，フォトマスクが不要，工程を短縮できる点などがあげられる。このため，低コストで多品種生産に適する方法として注目されている。本方式は，ヘッド方式で分類すると，静電引力形，圧電形，バブル形に分けられる。画素の形成方法については，BMの開口部に直接インクを付与する方式と，基板表面にインク受容層を形成後インクを付与する方式に分類される。

　図2に直接インク付与式の概略の工程図を示す。基板上に樹脂，金属などでBMを形成し，BMの上部表面はインクが反発する表面状態にしておく。BMの開口部にインクを滴下し，加熱などの手段で硬化させる。インク受容層方式の概略工程

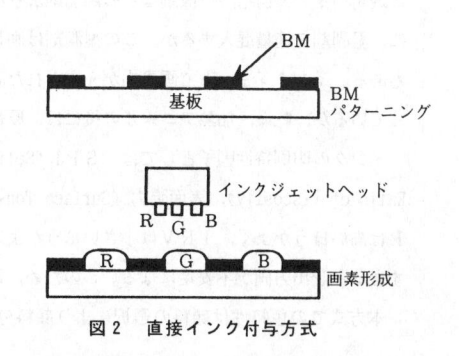

図2　直接インク付与方式

を図3に示す。基板上にインク受容層を形成し、光照射によりインクの吸収性を低下させ（逆の場合もある）、インク吸収性のある部分にインクを付与して画素を形成する。BMをマスクとして背面露光を行い、インク吸収性をもたせる方式も提案されている。

直接インク付与式では、圧電形ヘッドを用いて実現された例がある[13,14]。この例では、ヘッドのノズル径は35μm、インク滴下最大周波数は4kHzで、滴下インク量はピエゾ素子の印加電圧で制御されている。ヘッドには複数個のノズルが配置され、X方向に動き、Y方向は基板を搭載しているステージが動く。液滴インク量と画素内に何個滴下するかは、画素配列と要求色相より決定される。BM上にインク反発層を薄く塗布し、BM材とともに露光現像する。高品質のRGB画素を形成するためには、この反発層とインクの特性が重要である。

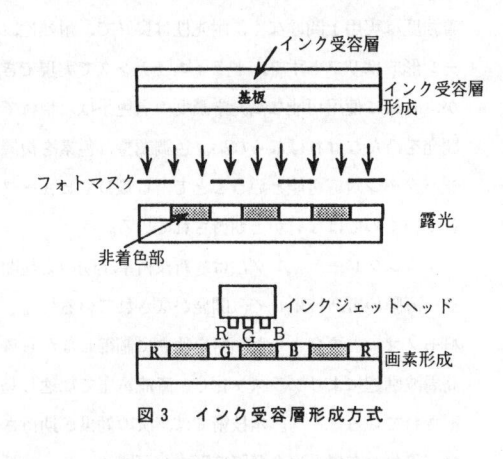

図3 インク受容層形成方式

インク反発層の評価はインクに対する静的および動的な接触角で行うことができる。静的接触角が大きければインクがはみ出さない。さらに、動的接触角も大きければ、塗布時にBM上に一部はみ出し付着したインクが、適正な画素部分の中に入り込む。インクが付着すべきBMの側面とガラス面の接触角は小さい必要がある。実験では、動的接触角のほうが、より効いているとの報告である[13]。

インクに関しては、圧電形用への要求仕様は、静電形および熱（バブル）形用ほど厳しくない。このため、通常の顔料分散レジスト用の顔料が使用可能である。インク組成は、通常、有機顔料と透明バインダ樹脂、分散剤などの添加剤よりなる。インク吐出の長時間安定性を維持するために、湿潤剤を適量混入するが、この湿潤剤は画素内のインクが乾燥したときの平坦性を増す効果もある。インクジェットで画素内が充填された直後には、インクは10μmほどの高さで盛り上がっているが、乾燥、加熱アニールの後には、厚さ約1μm程度の所定の平坦な膜になる。

インクの印刷特性因子としては、ＳＰＲ(Self-Redispersal Performance)、ＩＲＶ(Increase Ratio of Viscosity)、表面張力（Surface Tension）が装置面から重要である。一般的に、ＳＲＰは高いほうがよく、ＩＲＶは小さいほうがよい。表面張力が低いとＳＲＰは大きくなるが、低すぎると吐出方向が不安定になる。このため、適度な値が必要であると報告されている[14]。

本方式での色特性は顔料の選択により顔料分散法とほぼ同等にできると考えられる。耐熱、

耐光性とも実用上問題ないものと思われる。実際に12.1″ＭＬＡタイプのＳＴＮＬＣＤを組み上げてみた結果、色特性、コントラストなどは通常のカラーフィルタと同等であると報告されている[13]。

インク受容層方式としては、バブルジェット（ＢＪ）のヘッドを用いて実現した例が報告されている[15]。プロセスとしては、ＢＭを形成し、約１μｍのインク受容層をスピンコータなどで塗布し、プリベーク後、ＲＧＢの着色を行い、230℃前後でベークする。

ＢＪのノズル径は50μｍで、10kHzで滴下可能で、1400個のマルチノズルを搭載したヘッドを用いているとのことである。ＢＪの動作は、ヒータ素子を加熱することにより、インク中に微小気泡が発生、成長し、気泡の突沸が起こりインク液滴の吐出が起こる。この後、毛管現象でインクが充填され次の吐出に備える。このＢＪをカラーフィルタに適用するには、ＢＪの着弾点精度および着色材の量精度の向上を計る高精密のＢＪ液滴コントロール技術が必要になる。また、色特性だけでなく、耐熱、耐光性などを含んで、実用上問題のないインクの開発が重要で、それに用いる樹脂、色材の開発、最適化が期待されている。

本製法で製作されたカラーフィルタの特性の詳細は明らかにされていない。発表では[15]、染料を用いているため、高コントラスト（モジュール組をした結果、顔料分散法の1.3〜1.5倍）、高透過率である。耐熱性は、瞬時ではあるが、ＢＪヒータの最高温度の350℃に耐えているので、ＴＦＴレベルでは問題ない。耐光性は、その目的でも受容層樹脂および染料を開発したため、問題ない。平坦性、基板との密着性も実用上問題ない、とのことであるが、今後実用化に向けたさらなる開発、改良が期待されるところである。

6.5 レーザおよび焼き付け法

レーザなどの熱を利用して、フィルム上に形成してある色素層を転写する方法は、各社より多数の特許が出願されている。現在も各所で鋭意検討は進められており、注目技術の一つではあるが、まだ製品レベルとして市場に出てきているものはない。

まず、フラッシュランプとフォトマスクを用いる例より述べる[16,17]。受容層形成型のインクジェット法と類似で、ガラス基板上にスピンコータなどで薄膜の色素吸着層を塗布形成しておく。一方、昇華性色素の被膜を塗布した透明キャリアフィルムを準備しておく。受容層が塗布されているガラス基板の上に、色素層を対面させてキャリアフィルムを適度な間隙をとって置く。さらに、その上部に画素のパターンが形成されているフォトマスクを配する。ここで、その上からできるだけ短い時間に大きなエネルギーを発生するランプ、通常、フラッシュランプを瞬間的に点灯する。すると、光が照射された個所のフィルム上の昇華性色素が色素吸着膜に転写される。色素として、ＣＭＹ系でなくＲＧＢ系を用い、基材が紙でなくガラスであること、また若干色素吸

着層の材料が異なる点などの相違はあるが，基本的には昇華型のプリンタと同じである。

本方式では，分布がよく，平行度のよい反射機構を含むフラッシュランプの光源系の設計が必要ではあるが，大面積基板を一度に転写できる。また，受容層塗布ベーク以外には，RGB工程においての塗布現像工程がないなどの特徴がある。このため，工程が短く，生産性はよい。色素は昇華性のある染料，顔料系に限られるが，最も数が少ないGについても単体で100種以上にのぼる候補がある。BMについては，重ね転写でも形成できるが，光学濃度は高くない。したがって，CrOx／CrなどによるBM形成を行う方法も提案されている。BMを別途形成しておくと，プロキシ露光光学系および転写時による画素周辺のμmオーダのぼけも隠すことができるなどの利点も考えられる。

次に，レーザ転写法について述べる[18]。キャリアフィルム上に黒色アルミナ等よりなる光から熱への変換層を形成し，その上に色素層を作る。この色素層の色素は顔料でもよく，バインダ成分を含んでいてもよい。色素層と光熱変換層の間に転写時の剥離性が容易になるように補助層を入れる場合もある。また，色素層と反対のフィルム表面には，レーザ光による干渉が起こらないようにアンチリフレクション膜をつける。このフィルムをガラス基板に接触させ，レーザで描画する。レーザは通常のYAGレーザが使用可能で，数10μmのスポット径の場合，出力は数Wで，掃引速度は数10m／sとなる。レーザ光は光熱変換層で熱になり，色素層が溶融し，ないしは発生ガスの急激な体積膨張によって色素層が剥離し，ガラス面に転写される。このような方式のため，ガラス面上の受容層はなくてもよく，また通常の顔料分散用の顔料が使える可能性が高い。

本方式によるカラーフィルタそのものは未発表のため推定ではあるが，以下のことが予測される。色素については顔料が使用できるため，色特性，耐熱，耐光性ともに顔料分散法とほぼ同等の特性は得られるであろう。パターン精度はレーザ光学系と操作方法の確立に負うところが多いが，画素周辺でのμmオーダの精度の達成が課題となるであろう。一般に膜転写法では空気の巻き込みが起こりやすく，その防止策が課題となる。BMを樹脂で先に形成している場合は，BMとの境界で起こりやすい傾向がある。生産性については，RGB膜に関しては，本工程のみで形成できるため，工程は極端に短い。また，パターン変更はレーザ装置のデータを変えるのみであるので，多品種生産に向いている。しかしながら，レーザビーム1本当たりでのタクトは10分を超えるといわれている。したがって，量産用としては，複数本のビームを同時に用い，多数の画素を同時に処理することのできる装置の開発が課題となる。

以上，日進月歩である新規カラーフィルタの製法について概観したが，詳細は各文献を見ていただきたい。新規手法の開発には，構造，プロセスを含んだ方法そのものの確立，それを実現する装置の開発，およびその手法に適した材料の開発と三位一体の開発態勢が重要である。

文　　献

1) 特開平4-253028
2) 特開昭60-5531；特開昭61-23104；特開平5-257137，ほか
3) 植木俊博ほか，"BMオン・アレイ技術を初めて搭載"，日経マイクロデバイス，1994-6
4) J.H.Kim et al., "Fablication of Black Matrix on TFT-Array with High Aperture ratio", AM-LCD'96, Nov.1996
5) C.W.Kim et al., "Planalized Black Matrix on TFT Structure for TFT-LCD Monitors", SID 97, May, 1997
6) 村山洋一，"イオンプレーティング"，新素材，1991-5
7) 松村光雄ほか，"機能性透明導電膜"，東洋大学工学部研究報告，30号，1994
8) 粟井清，"透明導電膜（ITO）の新しい成膜装置"，信学技報EID96-58，1996-11
9) 木曽田欣弥，"高イオン化薄膜製造装置と大型ディスプレイへの応用"，月間ディスプレイ，1996-9
10) 浅見博（神港精機㈱），"光照射式真空昇華法"に関する私信，1997-11
11) 新技術事業団報，第583号，1992-6
12) 特開平5-181007，特開平5-181008
13) Y.Nakano et al., "Development of Color Filters by Pigment Ink Jet Printing (1) (Fundamental Technology)", '97 IDRC, Sep.1997
14) N.Ishimaru et al., "Development of Color Filters by Pigment Ink Jet Printing (2) (Production Technology)", ibid.
15) 鷹取靖，"インクジェット法によるカラー・フィルタ"，液晶ディスプレイ・セミナー97，1997-10
16) 特開平5-53006
17) U.S.Pat. No.5229232
18) PCT／US95／06130

第3章 カラーフィルター形成用
ケミカルスと色素

1 印刷法用ケミカルス

渡邊 苞*

1.1 インキの製造

一般の紙などに用いる商業印刷物用のインキは，プロセスインキという。その構成は，顔料，ビヒクル，レジューサ（溶剤），その他の添加剤としてレベリング剤，乾燥促進剤，体質顔料などである。印刷法CFに用いるインキも，構成はほとんど同じである。しかし，CF基板はガラスなのでインキを吸い取らないし，印刷された基板は，そのあと 200℃以上の高温や，真空チャンバー内でITO蒸着の工程を通る。これらの条件に耐えるため，プロセスインキと異なる特性も必要である。

① 顔料および染料

フィルタの色は青，緑，赤で，黒も用いることがある。LCDフィルタ製造の初期には，種々の染料や顔料が検討された。現在は染料を用いたインキは使用されていない。また顔料も各社はほとんど同一品である。そしていずれも2種程度の顔料を混合している。次に混合使用例を示す。

- 青インキ　ε タイプCuフタロシアニンブル

　　この顔料には結晶系が，α，β，ε とあるが，ε 系が，最も分光特性が優れている。

　PV 23
- 緑インキ　PG 36

　　PY 83

　　200℃以上になると，熱分解して発癌性物質を作る可能性あり。
- 赤インキ　PR 177

　　PY 83

である。これらの顔料は，色の分光特性や耐候性，耐熱性が優れていなければならない。しかし，CF用としては，微細に粉砕しやすく，透明性も重要な特性であるが，最大の重点は，偏光性の少ない顔料であることである。

---

* Shigeru Watanabe　東京工芸大学

着色材としては染料も用いられる。主に有機溶剤に可溶の染料を用いるが，水溶性の染料も用いられる。染料は溶解すると，単分子分散状となり，分光吸収カーブは鋭く，鮮やかな色が得られる。一般に水溶性にするには有機酸基を有するアニオン系染料を骨格としカチオン系活性剤と結合したものが多い。しかし主に油溶性染料が用いられる。油溶性染料は，酸性染料，アゾ染料である。多くの場合，基質により耐候性が異なるので，改善のため，紫外線吸収剤を併用する。

油溶性染料も水溶性染料も，市販品の染料は分散剤，均染剤，媒染剤，塩析剤等が混合してある。これらの添加剤を除去して精製した染料を使用する。水溶性染料の精製は困難が多い。油溶性染料や分散性染料にはビヒクルによく溶け精製しやすくこれを使うのが一般である。油溶性染料あるいは分散性染料の精製法の概略を示す。染料をフラスコに取り，アルコールを加えて溶解する。無機塩類は沈殿する。この液をろ過し，ろ液を蒸発乾固する。これと水とを混合し，十分に振とう洗浄する。水をろ別し，再びアルコールに溶かす。ロータリーエバポレータで乾燥すると，染料は結晶化して析出する。再結晶を2～3回繰り返せば，実用可能に精製できる。再結晶にはアルコールの替わりに，メチクロを使用する方が，能率よく結晶化して析出する。

使用する油溶性染料は，ビスアゾ，トリスアゾ等のアゾ染料，酸性染料，分散性染料が使われる。反応性染料は，使いにくく，ＵＶ吸収剤と併用しなくても，アゾ系染料は堅牢である。

② ビヒクル

バインダーともいう。インキの主成分となるポリマーである。プロセスインキでは，天然の油脂を用いるが，ＣＦ用は不純物を除去して精製した原料から合成している。

広く用いられているビヒクル用のポリエステル樹脂の合成例を，特開平１－168775より記す。

無水トリメリット酸	128重量部
アジピン酸	18.5
ネアペンチルグリコール	312
キシレン	10

以上を1lの4口フラスコにて混合し，220℃で150分加熱すると，酸価14～17の樹脂が得られる。この後 150℃まで冷やして無水トリメリット酸64部加えて90分間攪拌したのち，ダイヤドール55部加えて70℃まで放冷し，ヘキサメトキシメチロールメラミン 200部，高級アルコール（ダイヤドール）110部を加える。酸価40～45のポリエステル樹脂を得る。

ポリエステル樹脂のほかには，メラミン樹脂，エポキシ樹脂，あるいはこれらの混合樹脂が使われる。溶剤蒸発による硬化型のビヒクルは，パネル製造工程中に，溶剤で溶けるので使えない。3次元構造に結合する熱硬化型樹脂を用いる。

③ 溶　剤

レジューサーともいう。Ｃ13とＣ15の直鎖アルコールが略等量混合している物が使われている。

市販品としては，三菱化学のダイヤドール135が有名である。これは，商業印刷用のプロセスインキでもインキの粘度，硬さのコントロールに用いている。ＣＦ用では，購入したそのままで使用はできない。必ず減圧蒸留で精製して使用する。さもないと，溶剤中の不純物は熱で黄変し，特に青の部分の光透過率が低下する。眼で見ると，黒味を帯びている。緑および赤の部分では影響は少ない。

④ その他の添加剤

1) インキ転移性向上剤

チキソトロピー性を与えて，インキの転移性の改善に有効なものである。酸化ケイ素，沈降性硫酸バリウム，炭酸カルシウムなどである。光学屈折率が，ビヒクルに近いものが好ましい。差が大きいと，白濁してＣＦの光透過率が低下する。堺化学の硫酸バリウム，信越シリコーンのアエルジル，東レダウコーニングシリコーンのシリコーン化合物が一般化している。

2) 分散助剤

インキ中に粉砕分散した顔料の再凝集防止，チキソトロピー性の低下やインキ粘度を低下させる。それにより，塗膜の表面の平滑性を向上させるが，5%以下の添加量である。顔料粒子の大きさは0.3μm以下で用いるので，2次凝集防止には界面活性剤がよく使われる。

3) 硬化促進剤

インキの熱硬化を促進する，低分子量アミン化合物，メラミン樹脂，有機酸無水物が用いられる。その他は，しゅう酸，トリアジン系ｐトルエンスルフォン酸などである。

4) ガラス密着剤

表面をＳｉＯ$_2$処理したソーダガラスと，ノンアルカリガラスでは，インキ樹脂の種類により，ガラス基板との密着性が異なる。そのためビヒクルを選択せねばならないが，さらにガラスとインキの密着性を高めるものである。チタネート系ポリマー，シリコンシリカカップリング剤が使われる。

⑤ インキの混練

顔料，樹脂，添加剤などの混合には，第2章2節図5のような3本あるいは4本ローラーが使用される。この装置には，必ずローラーの1本に恒温水を通してローラーの，温度コントロールができるようにする。閃断力で顔料粒子も，潰しながら練るので熱がでる。昇温すると溶剤は飛び，熱重合も起きるのでこれを防止するためである。インキは低温では，混練りに時間がかかる。60〜70℃が適切な温度である。

1.2 インキの検定

混練の終了したインキは，検定してから使用する。主な検討項目について述べる。

一般の平版インキや凹版インキの試験法はＪＩＳ　Ｋ　5701で規格化されているが，ＣＦ用インキは，これには記載されてない特性も要求される。しかしどのような特性が必要か，未検討の項目も多い。

① 粘　度

インキの粘度測定用には種々の粘度計がある。ＣＦ用のインキの測定には，Ｌ型粘度計が最適である。製版をはじめ，印刷機の運転などすべての工程は，周囲の温度を23℃で行うので，粘度測定も23℃で行う。Ｌ型粘度計で，粘度と降伏値とを，図1のようなＪＩＳ　Ｚ　8809の図で算出する。Ｌ型粘度計は一定のすき間を持ったリングとロッドの間に，インキ約2ｇを満たしロッド

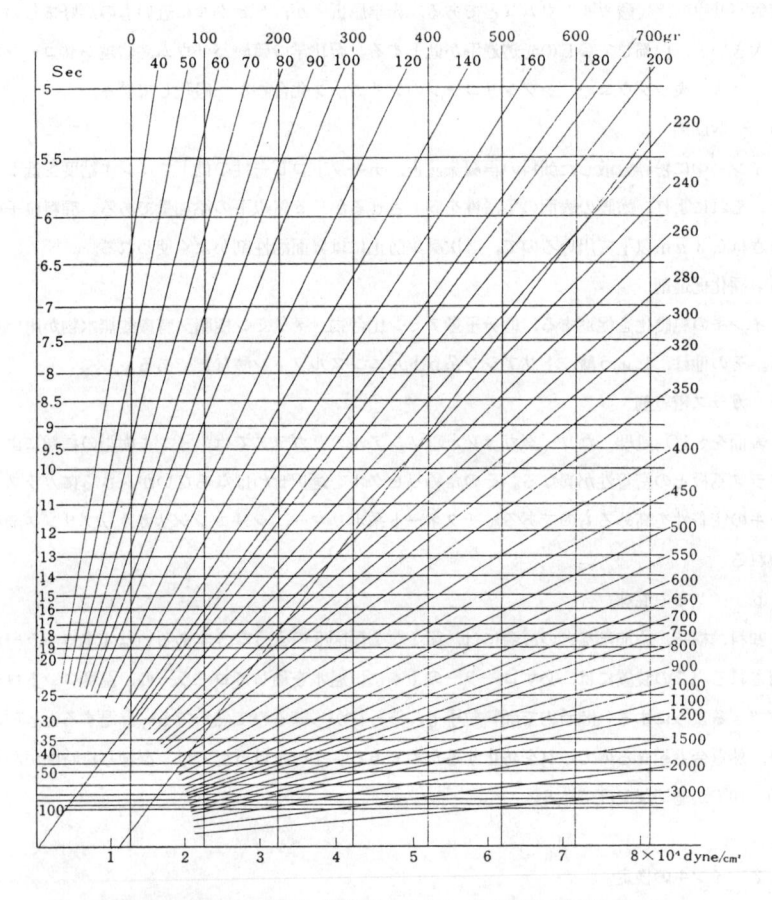

図1　Ｌ型粘度形による粘度，降伏値（ＪＩＳ　Ｚ　8809）算出用グラフ

を自然の重力で押し下げる。その移動時間から，粘度値を知る。粘度計は使用していると次第にリングとロッドが磨耗するので標準粘度液により，適時に補正する必要がある。粘度計校正用標準液はJIS Z 8809で定められている。これにしたがって調整された標準液も市販されている。

② タッキネス

インキの粘着性（タック）や曳糸性である。インコメータにより，経時的なインキの特性の変化がわかる。インコメーターは印刷機の各ロールの機能をモデル化し，印刷時の各ローラーに表れるインキのタックを測定する装置である。ロールの直径，回転数も変えられる。JIS K-5701に定めてある。

③ 顕微鏡観察

顔料がうまく分散しているか，否かは，50倍の顕微鏡で観察する。

④ 耐熱性およびガスクロマトグラフ

フィルタの上にさらに平滑化のオーバーコート，ITO蒸着，ポリイミド系の配向膜や，セル組での，液晶層のシールなどの工程で，熱を加えることが多い。加熱により，CF素材から，蒸気や分解物が発生し，製造装置内を汚染することがある。印刷法のフィルタに用いるインキは，

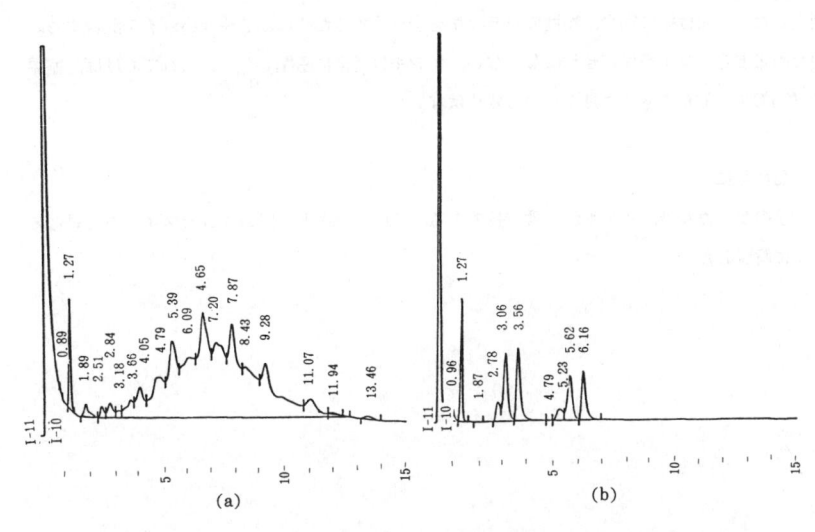

図2 (a)プロセスインキと，(b)フィルタ印刷用インキのガスクロマトグラフ
横軸は経時，すなわち温度の上昇を，縦軸は含有物の相対量を示す。

紙印刷などのインキと異なり，熱分解性の少ないことが重要である。一般印刷のプロセスインキと，フィルタ用インキのガスクロ特性を図2に示す。紙などに印刷するプロセスインキと異なり，CF用のインキは，表示パネル製造工程中にはITOの蒸着，その他の高温，低圧の工程に曝される。もしもこれらの工程で，インキから分解物や，蒸気などが出ると製造装置の内部を汚染する。このためCF用のインキは，フィルタ印刷終了した完成品から有害蒸気が出てはならない。ガスクロマトグラフにより，昇温しても安全なことを確認しておく。

図2の両インキの熱特性は，高温域で差があるプロセスインキは昇温すると次々と分解物やその他の蒸気が発生する。分解物や，蒸気が発生すると，装置内の汚染のみならず，フィルタの膜厚も変わる。このためCF用インキは，フィルタの焼成温度の220℃で，ほとんど分解物などの発生をおさえねばならない。

ITOの製造条件も，かつては230℃，10×-5トールであったが，現在では10×-3トールより緩く，温度もSTN用で250℃，1h，TFT用では200℃，2h程度であるが，160℃以下の試作も行われている。ITOを蒸着する際に，顔料が熱分解し，発癌性物質を生ずることに留意せねばならない。熱に対する強度は，熱衝撃性も強くなければならない。

EIAJでは表示パネルの熱衝撃試験や，温度サイクル試験や高温保存試験の方法を決めてある。製造工程から適切な規格を立案することが必要である。

⑤ 保 存

製造したインキは組成物や，物性のバラツキを少なくするために，2〜3バッチを混合する。このため未混合インキを保存せねばならない。インキは完全に密閉した缶に入れておけば，室温保存（25℃±2℃）でも6カ月ぐらいは変化はない。

1.3 おわりに

印刷法のケミカルは，インキが一番特長である。このインキと一般のプロセスインキと異なる点を主に解説した。

2 顔料分散法用ケミカルス

板野考史[*1], 飯島孝浩[*2], 根本宏明[*3]

2.1 はじめに

軽い，薄い，低消費電力などの優れた特徴によって，液晶ディスプレイ（LCD）市場はノートPCなどのOA用途を中心に急拡大を遂げている。加えて，大画面を有するモニター用途，さらには携帯情報端末，カーナビゲーションなど中小型LCD市場へとその市場は拡大している。LCDの構成の中でカラーフィルター（CF）は，カラー表示品質を直接左右する基幹部品の一つであり，LCD市場の伸長にCFの高性能化は重要な役割を果たしている。CFの製造法には，染色法，顔料分散法，電着法，印刷法，転写法などがありそれぞれに特徴があるが，TFT-LCD用CFの製造には主に顔料分散法が採用されている。

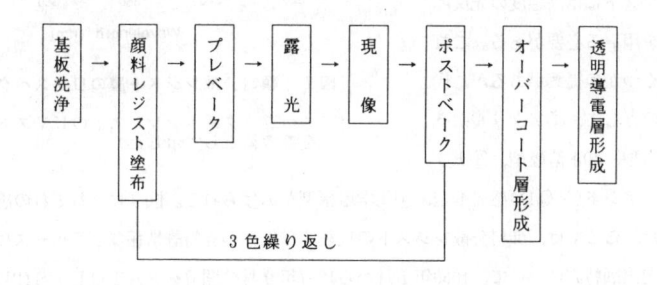

基板洗浄 → 顔料レジスト塗布 → プレベーク → 露光 → 現像 → ポストベーク → オーバーコート層形成 → 透明導電層形成

3色繰り返し

図1　顔料分散レジスト法によるCF製造プロセス

顔料分散法には大きく分けてエッチング法と顔料分散レジスト法がある。前者は，例えばポリアミック酸に顔料を分散した着色ペースト塗布膜を，ノボラック樹脂系ポジレジストパターンをマスクにエッチング加工することでカラー画素を形成する方法であり[1]，一方，後者は感光性を付与した顔料分散ペースト（顔料分散レジスト）を用い，フォトリソグラフィーでダイレクトにカラー画素を形成する方法である。後者のプロセスの方がよりシンプルであり，現時点では主流である（図1）。ここでは，代表的なタイプの顔料分散レジストにつき感光機構，構成について解説する。また，現在主流となっているアクリル系ラジカル重合型顔料分散レジストの材料設計

---

* 1　Koji Itano　JSR㈱　四日市研究所　ディスプレイ材料開発室
* 2　Takahiro Iijima　JSR㈱　四日市研究所　ディスプレイ材料開発室
* 3　Hiroaki Nemoto　JSR㈱　四日市研究所　ディスプレイ材料開発室　主任研究員

について，さらに詳細に説明し，今後の課題についてまとめた。

2.2 顔料分散レジストの種類

顔料分散レジストにおいて，通常露光源として用いられるＵＶ光に対する透過率は，固形分の30〜60％もの割合を占める顔料の強い光吸収・散乱により，半導体用途のノボラック系ポジレジストなどと比較して著しく小さい（図2）。このため，顔料分散レジストには高感度の光反応システムを用いる必要がある。これまでにいくつかの提案があるが，代表的なものとして，①アクリル系ラジカル重合型，②水溶媒型，③ナフトキノンジアジド（ＮＱＤ）感光剤型，④化学増幅型があげられる。図3にそれぞれの感光機構の例を示した。ここでは，顔料分散レジストの代表的な例につき特許情報などをベースに概説する。今回，国内出願特許について，1980年1月から1997年9月公開分をＰＡＴＯＬＩＳ（PATent On-Line Information System）にて検索した。

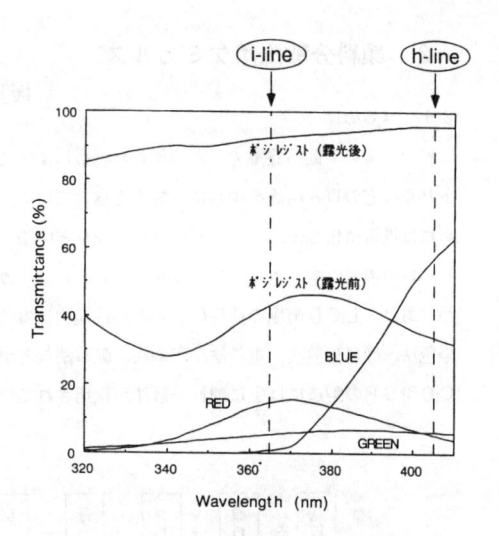

図2　顔料分散レジスト膜のＵＶスペクトル
（ノボラック系ポジレジストのＵＶスペクトルを参考値として示した）

(1) アクリル系ラジカル重合型

多価アクリルと光ラジカル発生剤を感光成分とするネガ型レジストで，高感度，材料の安定性，設計の多様性，安価な点などから現時点で最もポピュラーなタイプである。特許出願件数も最も多い（図4）。構成は，感光成分以外に顔料，バインダー樹脂，溶剤，添加剤であり，多種のバインダー樹脂，多価アクリル，光ラジカル発生剤が提案されている。いくつかの例を表1にあげる[2〜4]。

(2) 水溶媒型

このタイプは溶媒とともに現像も水で行えることから環境に優しいという利点がある。大日本印刷／繊高研によるＰＶＡ－スチルバゾール系がよく知られている[5,6]。スチルバゾール基がレジスト膜中で会合することにより，連鎖反応などを利用せずに高感度化を達成している（図3）。

また，水溶性のアクリル樹脂，アセタール樹脂などと水溶性アジド化合物，ジアゾ化合物とを組み合わせた例もある。感光メカニズムを(1)式に示す。構成成分例を表2に示す[2]。

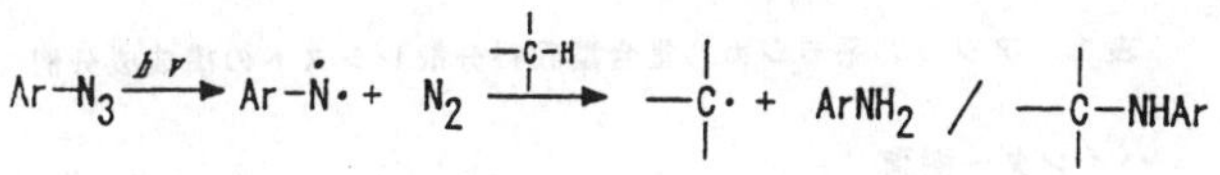

$$Ar-N_3 \xrightarrow{h\nu} Ar-\dot{N}\cdot + N_2 \xrightarrow{-\overset{|}{\underset{|}{C}}-H} -\overset{|}{\underset{|}{C}}\cdot + ArNH_2 \Big/ -\overset{|}{\underset{|}{C}}-NHAr \quad (1)$$

ラジカル重合型

水溶媒型

NQD感光剤型

化学増幅型

PAG（光酸発生剤） $\xrightarrow{h\nu}$ H$^+$

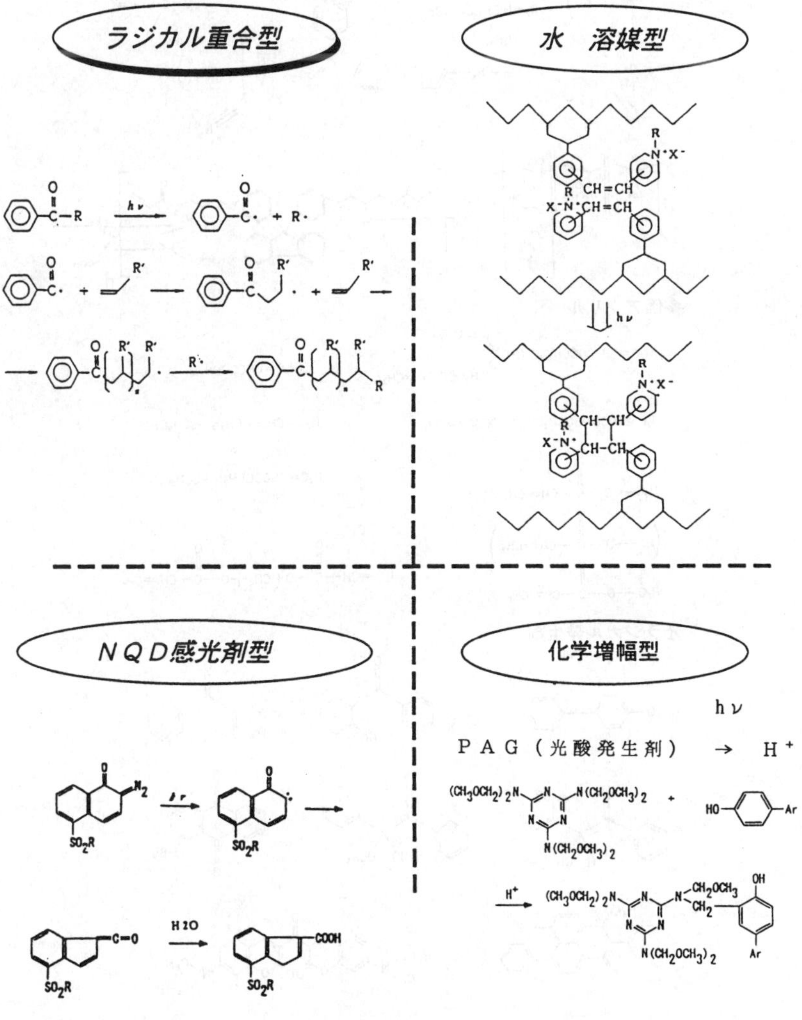

図3　顔料分散レジストの種類

表1 アクリル系ラジカル重合型顔料分散レジストの構成成分例

バインダー樹脂

多価アクリル

光ラジカル発生剤

表2 水溶媒型顔料分散レジストの構成成分例

バインダー樹脂

感光剤

(3) ナフトキノンジアジド（NQD）感光剤型

　このタイプは半導体用の高解像度ポジ型レジストの感光モードとして知られ，実用化されているが，顔料分散法としての報告は少ない。ＣＦ用に使用される顔料はＮＱＤ基の感光波長域に強い吸収を持つ。これまでに述べてきたようなネガ型レジストは，膜表面付近が現像液に不溶化すれば膜底部が必ずしも完全に不溶化していなくても良好なパターンが得られるのに対して，ポジ

型レジストは光反応を底部まで十分に起こす必要があるため，光吸収の強い系にはあまり向いていない。この系の報告数が少ない一因と思われる。

感光メカニズムは，図3に示したように，アルカリ現像液に不溶のNQD基が，露光によりインデンカルボン酸に変化して現像液に可溶となりポジパターンが得られるというものである。レジスト構成の例を表3に示す[2]。

(4) 化学増幅型

光酸発生剤を用いて，酸触媒で重合・架橋反応（ネガ型，図3）または解重合・保護基脱離反応（ポジ型）を起こすことにより像形成を行う。

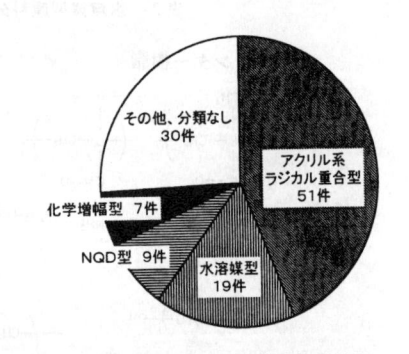

図4 顔料分散レジストの特許検索結果
（1980.1～1997.9公開分，添加剤，プロセス特許は除く）

表4に光酸発生剤／架橋剤の組み合わせによるネガ型顔料分散レジストの例を示す[2]。露光時に発生した酸は架橋反応で消費されないため，高感度が得やすい。ただし，酸触媒反応を促進させるために露光後ベイク（PEB）プロセスが必要となる点で不利である。

2.3 アクリル系ラジカル重合型顔料分散レジストの構成

(1) 顔料

顔料としては，三原色のRED, GREEN, BLUE顔料に加えて，調色用顔料としてYELLOW顔料，VIOLET顔料が添加されて用いられる。表5にCF用顔料の例を示した。

顔料の分散は透過率と色純度，コントラスト比といったカラー化特性に対する要求はもちろんのこと，顔料分散レジスト塗布時，とりわけスピンコート時の塗布ムラやヘソと呼ばれる基板中央部の盛り上がりなどの塗布異常を解消するうえで重要である。以上の要求に対して，顔料分散レジスト中で顔料粒子を安定に微分散する必要がある。顔料分散レジスト中で顔料は一次粒子がいくつか集まった二次粒子を形成しており，微分散のためには二次粒子をより小さくすることが重要となる。しかし，一度粗大粒子となった顔料粉末の粉砕，微粒子化した顔料の再凝集を防ぐ分散安定化といった問題があり，これを困難にしている。これまでに，バインダー樹脂の開発，顔料分散剤としてのアニオン系，ノニオン系各種界面活性剤の使用，顔料の表面処理[7]，分散プロセスの改良などによって，顔料粒子径0.1μmレベルの安定微分散を達成している。分散プロセスの改良とバインダー樹脂の変更により，塗布均一性を改良した例を図5に示す。

表3　NQD感光剤型顔料分散レジストの構成成分例

バインダー樹脂

感光剤

架橋成分

また，顔料は透過率と色純度，コントラスト比といったカラー化特性を向上させるうえでキーとなる成分である。カラーTFT－LCDのバックライト利用効率はわずか5％程度であり，C

表4 化学増幅型顔料分散レジストの構成成分例

バインダー樹脂

光酸発生剤

架橋成分

表5 CF用顔料の例

```
RED    : C I   Pigment Red 177, 同 Red 168
GREEN  : C I   Pigment Green 7, 同 Green 36
BLUE   : C I   Pigment Blue 15：6
YELLOW : C I   Pigment Yellow 83, 同 Yellow 139, 同 Yellow 154
VIOLET : C I   Pigment Violet 23
```

RT並みの高輝度化や低消費電力化のために，LCD構成要素中，偏光板についで低い透過率を有するCF（25％程度）の改良が重要技術課題の一つである。顔料分散レジストを用いて形成した画素の透過率と色純度，コントラスト比は，バインダー樹脂が十分透明であれば，顔料の種類

と粒子径によってほぼ支配される。顔料分散レジストを用いたＣＦの分光スペクトルとコントラスト比の一例を図6，表6にそれぞれ示す。一般にYELLOW顔料，VIOLET顔料といった調色用顔料は分散性が悪く，透過率，コントラスト比を下げる一因となっている[8]。最近，調色用顔料の微分散化，一次粒子径の微細化といった手法によって，透過率，コントラスト比を高める報告がなされており（図7）[9,10]，カラー化特性の進歩は著しい。

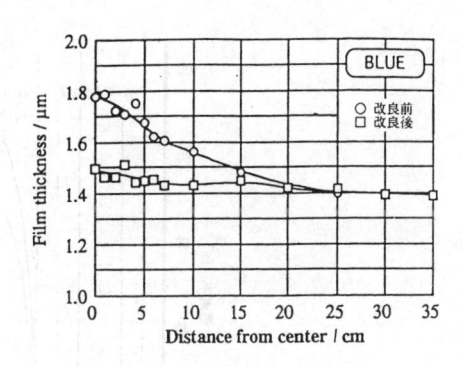

図5　顔料分散レジストの塗布均一性
（分散プロセス，バインダー樹脂による改良効果）

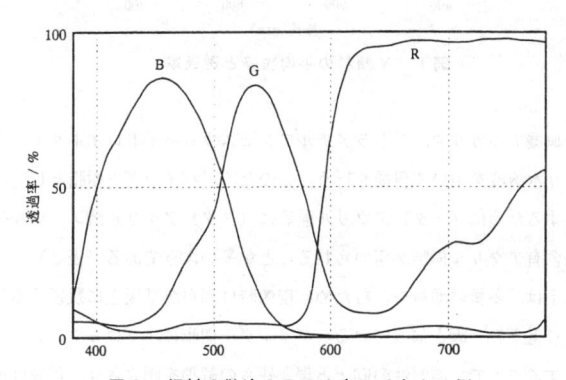

図6　顔料分散法ＣＦの分光スペクトル例

表6　顔料分散法ＣＦのコントラスト比測定結果

	RED	GREEN	BLUE
コントラスト比	800	800	1000

膜厚；2μm

(2) バインダー樹脂

バインダー樹脂は，顔料の分散性，顔料分散レジストの塗布性，現像性，耐久性などに影響を及ぼすキー成分である。顔料分散レジストでは，一般に炭酸ナトリウム，水酸化ナトリウム，水

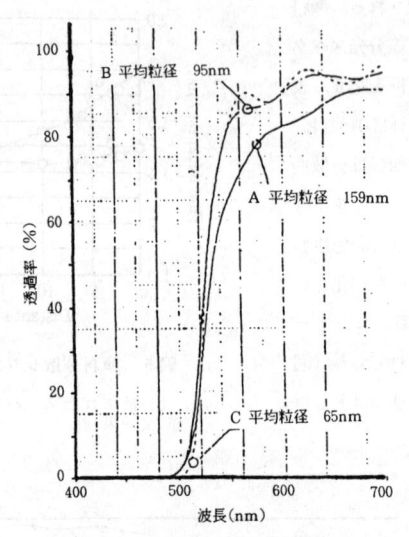

図7 Y顔料の平均粒径と透過率

(グラフ内ラベル: B 平均粒径 95nm / A 平均粒径 159nm / C 平均粒径 65nm / 縦軸: 透過率 (%) / 横軸: 波長(nm))

酸化カリウム等の無機アルカリや,テトラメチルアンモニウムハイドロオキサイド等の有機アルカリなどのアルカリ水溶液を用いて現像を行う。このため,バインダー樹脂として,アルカリ現像液溶解性を付与するために(メタ)アクリル酸等に(メタ)アクリル酸エステル等を共重合したカルボキシル基含有アクリル樹脂が用いられることが多いようである(表2)。

顔料分散レジストは,多量の顔料を含むために現像時に顔料が基板上に残留する現像残さが生じやすく,歩留まり低下の一因となっている。バインダー樹脂に,ブロック/グラフト共重合体を用いて多機能化することで,溶解性の向上と現像残さの解消を両立させ,現像性を向上した例を図8に示す[2]。バインダー樹脂と顔料との親和性が上がり,現像時にバインダー樹脂とともに顔料が溶け出し,また,再付着もしにくくなっているものと考えられる。

現像性以外にもバインダー樹脂を設計する際には,耐久性ならびに顔料の分散性や塗布性を考慮に入れる必要があり,総合的な設計が必要である。

また,バインダー樹脂として,側鎖に二重結合を導入した例もある[3,11,12]。その場合,二重結合の導入は,主にバインダー樹脂中のカルボキシル基,水酸基,グリシジル基等の官能基を介して行われている。ほかに,Cardo-typeの化合物を用いたバインダー樹脂の報告もある[4]。

(3) 多価アクリル,光ラジカル発生剤

顔料分散レジストではラジカル連鎖反応（図3）を利用して高感度を得ている。ラジカル重合型レジストの欠点としては，酸素による重合阻害に基づく感度低下を受けやすいことがあげられる。従来，プロセス面から酸素障害を防止するため，ポリビニルアルコールなどの酸素遮断膜をレジスト表面に塗布したり，窒素などの不活性ガス雰囲気下で露光することにより，実用感度を得ていた。今日では，感光成分である多価アクリルと光ラジカル発生剤の選択ならびにバインダー樹脂／多価アクリル／光ラジカル発生剤の比率を最適化することにより，酸素遮断膜等を使わずに 100mJ/cm^2（i線）程度の感度が得られている（図9）。

光ラジカル発生剤としては，ベンゾイン系，ベンゾフェノン系，チオキサントン系化合物やクマリン系化合物，ハロメチルトリアジンなどの含ハロゲン化合物などが用いられている（表2）。

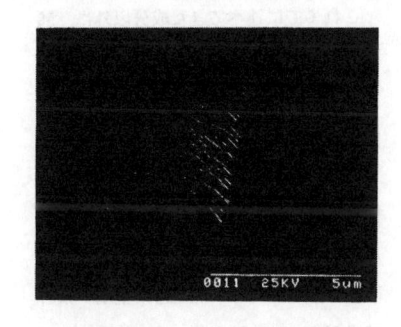

図8 顔料分散レジストパターンのSEM写真08（JCR GREEN）

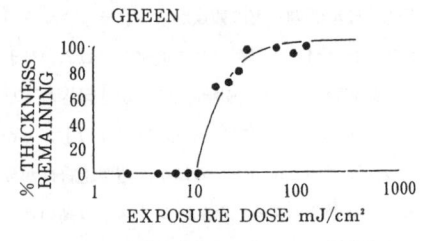

図9 顔料分散レジストの感度特性曲線（JCR GREEN）

パターン形成の役割を担う多価アクリルは，露光によりラジカル重合を行い，顔料やバインダー樹脂を取り込んだ形で現像液に不溶化する。表2に示したようにトリメチロールプロパン，ペンタエリスリトールなどの骨格に複数のアクリル基を導入した化合物が開示されている。

(4) 溶剤，各種添加剤

顔料分散レジストは通常，有機溶剤を含む形で用いられる。溶剤は顔料分散時の分散媒としての役割や顔料分散レジストの流動性や粘度の調整が主目的であり，不適当な溶剤を選択すると，顔料分散レジストの安定性に悪影響を及ぼす。一般に，芳香族系，アルコール系，グリコール系，エーテル系，エステル系，ケトン系の溶剤が適宜選択される。溶剤を選定するうえでは，顔料分散レジストの安定性のほかに，各構成成分の溶解性，塗膜の乾燥速度，安全性などにも留意する必要がある。

これまでに述べてきた成分以外に，顔料分散レジストには必要に応じて各種添加剤が用いられる。代表例としては，膜の平滑性を向上させるためのフッ素系，シリコーン系，炭化水素系界面活性剤，密着性向上のためのシランカップリング剤やチタネートカップリング剤，その他暗反応抑制のための熱重合禁止剤や紫外線吸収剤，酸化防止剤，消泡剤等があげられる。これらは顔料分散レジストの性能向上に少なからず役割を果たしている。

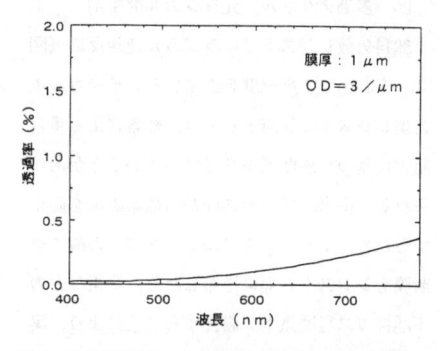

図10　BLACKレジスト膜（カーボンブラック系）の透過率

2.3.1　BLACKレジスト

最近，カラーフィルターの低コスト化，低反射率化，環境問題などの観点から，ブラックマトリクス（B／M）用材料として従来のクロムに代わってBLACKレジスト（樹脂BLACK）が注目されている。BLACKレジストには，高OD値（3以上／μm），高解像度（10μm以下）のほか，電気絶縁性が要求される場合もある。BLACK レジストは高い遮光性と高感度という相反する要求を満足しなければならない困難さがある。黒色顔料としてはカーボンブラック，グラファイト[13]，チタンブラック，酸化鉄などの金属酸化物，硫化ビスマスなどの金属硫化物，ペリレンブラックなどの有機顔料，有機（RGB系）顔料混合物などがあげられるが，遮光性，分散性等の点でカーボンブラックを用いることが多い。RGB系顔料については，調色用途や，UV領域の透過率を高めるために黒色顔料に添加して用いられることもある[14]。カーボンブラックを用いたBLACKレジストによるB／Mパターンの透過率を図10に，顕微鏡写真を図11に示すが，遮光性を高めるために大量の顔料を必要とすることやUV領域での透過率がきわめて低いため，RGBレジスト以上に高感度な感光システムが必要とされる。

図11　BLACK レジストパターンの顕微鏡写真

（20μmパターン）

2.4 今後の課題

　これまで提案されている種々の顔料分散レジストについて，特に現在主流のアクリル系ラジカル重合型顔料分散レジストの構成について説明した。顔料分散レジストに対する今後の課題としては，①カラー化特性の向上，②基板の大型化への対応，③低コスト化などがあげられる。

　①に関して，モニター用途向けの色純度と透過率の両立については，染色法に匹敵するところまで改良が進みつつある。市場を拡大していくうえで，CRTをターゲットにさらに色純度と透過率のレベルアップが重要である。また，反射型LCD用材料については加法混色タイプのRGBに加えて，減法混色タイプのYMC[15]への対応も必要となろう。

　②の基板の大型化への対応としては，塗布均一性の向上は言うまでもないが，基板が大型化するにつれて，ベーク，露光，現像等にかかわる工程条件が変動しやすくなる方向であり，種々のプロセスマージンの向上が今後ますます求められよう。

　また，③の低コスト化の意味合いから，材料の10％以下しか有効利用できていないスピンコート法に代わるカーテンコート，スリット＆スピン[16]といった少量塗布技術への対応や，樹脂BLACK化も重要な課題である。

文　　献

1) 桜井雄三ほか，*Polymer Preprints, Japan*, **40**, 10, 3724 (1991)
2) H.Nemoto *et al.*, Proceedings of Workshop on LCD Color Filters of Asia Display 95, 57 (1995)
3) T.Kudo *et al.*, *J.Photopolym.Sci.Technol.*, 9, 109 (1996)
4) K.Fujishiro *et al.*, *Proceedings of The 3rd IDW*, **2**, 337 (1996)
5) T.Komatsu, K.Ichimura, *J.Photopolym.Sci.Technol.*, **2**, 237 (1989)
6) 松井博之，*Polymer Preprints, Japan*, **40**, 10, 3730 (1991)
7) 特開平7-331102
8) T.Koseki *et al.*, *IBM J. RES. DEVELOP.*, **36** (1) 43 (1992)
9) 谷瑞仁，液晶若手研究会第2回講演会予稿集，81 (1995)
10) M.Sawamura *et al.*, *Proceedings of The 3rd IDW*, **2**, 313 (1996)
11) 特開平7-248627
12) 特開平9-114095
13) 坪井當昌ほか，日本印刷学会誌，**33**, 23 (1996)
14) 坪井當昌，日本印刷学会誌，**33**, 7 (1996)

15) 特開平7-209515
16) 木瀬一夫ほか,月刊LCD Intelligence, **4**, 66 (1996)

第4章 ブラックマトリックス形成法とケミカルス

1　Cr系BM形成法とケミカルス

戸田　誠*

1.1　概　要

　Cr系ブラックマトリックス（以下Cr-BMとする）は，カラーフィルターの表示機能を高めるべく，RGB画素間に遮光層を形成してよりクリアに見えるようにすると同時に，TFT素子の外光による誤動作を抑える役目がある。このためにBMは高い遮光性，寸法精度，シャープな断面形状および平坦性が求められている。また，このBM形成後にカラーフィルター工程がくることから，そこでの耐久性も求められている。

　Cr-BMはカラーフィルター用のBMとして量産が開始されてから，すでに6，7年経ているが，その遮光性および精度の良さおよび次工程とのマッチングが優れていること，また耐熱，耐薬品性もあることから，BMとしての主流を現在も占めている。種類も単層Crから，低反射Cr（二層Cr），超低反射Cr（三層Cr）へと品揃えされてきており，超低反射品では，樹脂BMに近づいた反射率も得られている。しかし最近ではさらなる大板化，コスト低減が求められており，品質面でもLCD画面の高精細化・高開口率化によりCrの線幅も，OA用で20μm以下の要求も出てきている。一方，樹脂BMや黒鉛BMも技術革新が進んでいるなかで，ニューメタルとしてCr以外のメタルBMもNi系を中心に使用され始めている。

　この節では，Cr-BMの特徴，形成法，物性（ケミカルス）およびCr-BMの現状の課題と将来動向について述べる。

1.2　種類と特徴

　Cr-BMの特徴をまとめると，次のようになる。
　①　遮光性が高い（光学濃度が大きい），
　②　膜厚が薄い，
　③　高反射から低反射まで幅広い仕様が可，

＊　Makoto Toda　アルバック成膜㈱　第二製造部　担当部長

④ 耐候性，耐薬品性に優れている，
⑤ パターン形状がきれいである，
⑥ シャープな断面形状が得られる。

　上記①～④はＣｒ膜自身の特徴であり，⑤⑥はＣｒ成膜品のパターン（フォトリソグラフィー）での特徴である。Ｃｒ－ＢＭは反射率の違いから大別して，単層Ｃｒ，低反射Ｃｒ，超低反射Ｃｒに分けられる。反射率が低いものほど，アウトドア用（ビデオやデジタルカメラのＬＣＤ画面，車載用，携帯のモニター用）に用いられていたが，最近ではＯＡ用でも低反射品が普及してきている。表１に単層Ｃｒ，低反射Ｃｒ，超低反射Ｃｒの構成，膜厚，反射率を示す。低反射品はガラスと遮光層（Ｃｒ）との間に酸化クロム層（CrO_x）が入る構成となっている。超低反射品はＸの異なる酸化クロム層が２層入る構成となっている。

　通常Ｃｒ－ＢＭの低反射品はガラス面側が低反射であるが，膜面側を低反射にしたり，ガラス面と膜面両面を低反射にする構成もある。また，Ｃｒ－ＢＭのシート抵抗は通常５～１０Ω／□であるが，２Ω／□以下品の成膜も可能である。

表１　単層Ｃｒ，低反射Ｃｒ，超低反射Ｃｒの構成，膜厚，反射率

項　目	単　層　Ｃｒ	低反射　Ｃｒ	超低反射　Ｃｒ
構　成	クロム層／ガラス	クロム層／酸化クロム層／ガラス	クロム層／酸化クロム層／酸化クロム層／ガラス
膜　厚	1100±200Å	1500±200Å	1600±200Å
反射率　＊400nm	70～80％以上	18％以下	10.5％以下
550nm	同　上	9％以下	7％以下
600nm	同　上	15％以下	8％以下
ボトム波長	－	600±50nm	570±50nm
ボトム反射率	－	8％以下	－
Y	－	8 以下	7以下
分光カーブ（典型例）	反射率(%) 100/50/0、波長400-700nm（平坦）	反射率(%) 100/50/0、波長400-700nm（単調減少）	反射率(%) 100/50/0、波長400-700nm（単調減少）

＊　反射率はガラスの反射率を含む

パターン形状は基本的に格子状であるが，その並べ方でモザイク状，トライアングル状，ストライプ状と大別される。用途別にみると，ＯＡ用では開口寸法が50〜100×200〜300μm，Ｃｒ幅で20〜30μm程度であるが，ビューファインダー用では開口寸法が10〜20×20〜30μm，Ｃｒ線幅で10μm前後のものもある。ＯＡ用も最近の高精細化（ＳＸＧＡ，ＵＸＧＡ対応）と開口率を上げるためにＣｒ線幅10〜15μmが求められてきている。これらＢＭについてはパターン品の管理項目として開口寸法（Ｃｒ線幅），端面位置精度およびトータルピッチが上げられる。図１にこれらの概念図を示す。

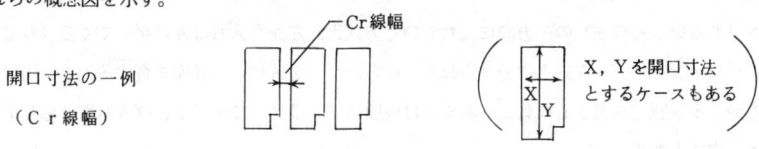

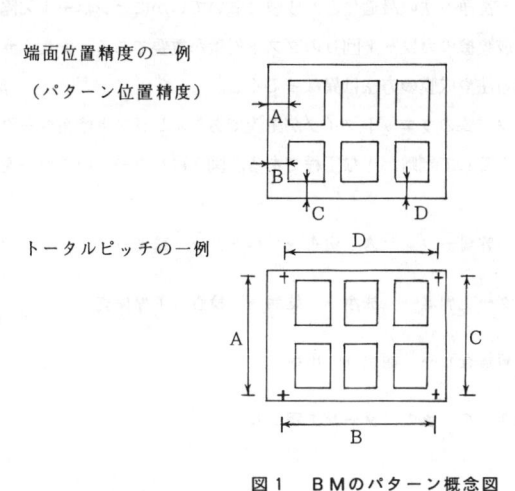

開口寸法の一例
（Ｃｒ線幅）

―Ｃｒ線幅

（ X, Yを開口寸法とするケースもある ）

端面位置精度の一例
（パターン位置精度）

トータルピッチの一例

図１　ＢＭのパターン概念図

1.3　形成法

Ｃｒ－ＢＭの形成法について，成膜工程とパターン（フォトリソグラフィー）工程に分けて述べる。

Ｃｒ膜の成膜はＤＣスパッタ法が主流であり，単層ＣｒはＣｒターゲットをＡｒガスでスパッタし，低反射Ｃｒの酸化クロム層はＣｒターゲットをＡｒ＋Ｏ₂の酸化性ガスを用いた反応性スパッタで形成しているケースが多い。図２に成膜のフローを示す。

元板受入→　受入検査→　基板投入→　洗浄→　成膜→　取り出し→

　　　検査（工程検査，外観検査，特性検査）──→パターンへ

　　　　　　　　　　　　　　　　　　　　　└→（成膜品での出荷もあり）

図2　成膜のフロー

　スパッタの方式は大きくインライン方式とバッチ式に大別され，インライン方式では左から右へ（あるいはその逆）の一方向に流れていく方式と，左から入れば左に戻ってくる（右であれば右へ）インターバック式とに分けられる。一方，バッチ式は1成膜室を有する大きな円筒形のものや，多成膜室を有する枚葉式，あるいは成膜はインラインであるが投げ入れ取り出しがストッカー方式もある。

　成膜工程でのポイントは基板の洗浄方法の最適化と，成膜においていかにピンホール欠陥を低減するかであり，洗浄機管理や成膜機のカソード回りのダスト対策が重要である。また，サイズやガラスの種類によって，洗浄方法や成膜の方法は異なってくる。

　Ｃｒ膜のパターンはフォトリソ方式のウエットタイプが主流であり，レジスト塗布ベーク後の露光，その後の現像，エッチングそして剥離が主な工程である。図3にパターンのフローを示す。

　　　（成膜）→　洗浄→　乾燥→　レジスト塗布→　ベーク→　露光→

　　　　現像→　エッチング→　剥離→　洗浄→　乾燥→　検査（工程検査，

　　　位置精度検査，外観検査）→　梱包→　出荷

図3　Ｃｒ膜のパターン工程フロー

　パターン工程においてレジスト塗布前の洗浄は重要であり，ここが不十分であるとレジストとの密着が悪くなり，パターン品での白系欠陥発生の原因となる。レジスト塗布はスピンコーター方式やロールコーター方式で行われており，大板化に伴い外周部のレジスト除去が重要なポイントとなる。現在バックリンス方式以外にリンス液をノズルで射出して外周部のレジストを除去する方法や，辺をリンス液で湿潤させて除去する方法が採用されている。露光はプロキシ（近接）の一括露光方式が主に採用されている。ただ最近の大板化に伴い550×650mmサイズ以上ではマスクが非常に高価になることから，一括ではなくステッパーを真似た分割露光方式でマスク寸法を小さくした方式も採用されてきている。この露光条件で端面位置精度やトータルピッチが決まる。

現像，エッチング，剥離工程は枚葉式やバッチ式があるが，ここでは開口寸法の制御が重要である。この制御は露光条件と現像条件とを組み合わせることで最適化されることが多い。現像，エッチング，剥離いずれも化学反応であることから，面全体の均一な反応を推進させるために枚葉式ではシャワーのかけ方に工夫が施され，バッチ式では超音波や揺動のなされるケースが多い。またこの工程では，フィルトレーションやすすぎ不足が次の工程に悪影響を与え異物や汚れ，シミの付着になりやすいことから，適正なフィルターならびに適正な段数のすすぎが必要となる。なお，現像，エッチング，剥離を乾式（ドライエッチング）で行う方式もあるがＣｒ－ＢＭではまだ普及していない。

パターン品の管理項目として開口寸法（Ｃｒ線幅），端面位置精度およびトータルピッチ以外にパターン形状善し悪しの外観検査がある。通常白系欠陥，黒系欠陥，ムラ，キズ，汚れ，カケなどの項目があり，その検査レベルはパターン品の用途によって大きく異なる。最近は検査員による目視検査から検査機による検査に移行してきている。

1.4　Ｃｒ－ＢＭの物性とケミカルス

Ｃｒ－ＢＭのケミカルス（材料）について，成膜工程とパターン（フォトリソグラフィー）工程に大別すると表2のように分けられる。

ターゲットは高純度メタル微粉をプレス成形（ＣＩＰ成形が多い）し，焼結（ＨＩＰ成形が多

表2　成膜工程とパターン工程のケミカルス

大別	方法	材料（ケミカルス）
成膜	スパッタリング	ターゲット，スパッタ用ガス
パターン	フォトリソ	レジスト，現像液，エッチング液，剥離液

表3　Ｃｒ－ＢＭのケミカルス

材料（ケミカルス）	仕様
ターゲット	99.9％　Ｃｒ純度
スパッタ用ガス	99.99％　Ａｒガス，99.99％　Ｏ$_2$ガス（その他酸化性ガスを使用することもある）
レジスト	ポジタイプの感光性樹脂を使用
現像液	アルカリ水溶液（NaOH, KOH, 有機アルカリ）
エッチング液	硝酸第二セリウムアンモニウムと過塩素酸の水溶液
剥離液	アルカリ水溶液（ｐＨは現像液よりも高い）

い）後機械加工して表面仕上げされる。O_2不純物が多く含まれるとヒロックの発生が助長されやすくなる。また，成形加工時の密度や表面仕上げが不十分であると，スパッタ時ターゲット表面に突起が生じやすくなり，異常放電の原因となる。これら不純物や密度および仕上げは通常ターゲット製造メーカーにて管理されており，むしろ酸化膜CrO_x成膜時は反応性スパッタリングとなるため，ターゲット表面で黒化や突起の発生を抑制することが重要である。

スパッタ用のガスは半導体グレードのガスを用い，調圧後マスフローコントローラー直前でフィルターを通過させることが好ましい。Cr膜の成膜はいわゆる物理的気相堆積法であり，プラズマ中でイオン化されたAr^+がターゲット表面をスパッタし原子状Crが基板上に逐次堆積されていく。一方CrO_x膜の成膜はターゲット表面に形成された酸化層から原子状CrO_xがスパッタされていくのか，気相中でCrO_xが形成されるのか基板表面で形成されるのか，どの反応が主なのかまだ解明されていないが，化学的気相堆積法でなされていると考えられる。

レジストはノボラック系樹脂をベースにしたポジタイプが通常用いられており，Cr膜との密着性がよく，ベーク時昇華物発生の少ないものが求められている。レジスト塗布前のCr基板の洗浄はブラッシロールやディスクブラッシ洗浄およびすすぎ後エアーナイフ乾燥が一般的であり，この乾燥が不十分であるとレジストとの密着が悪くなり，Crパターン形状での白系欠陥になってしまう。また同様なことが，レジスト塗布後のベークが十分でないと（レジスト中の溶媒が十分に飛ばされないと）発生する。Cr膜とレジストとの密着を高めるためにシランカップリング材を用いて前処理をするケースもある。逆にオーバーベークはレジスト中の感光性物質の分解を促進させることからレジストベーク条件の適正化は重要である。なお溶媒については，グリコールエーテル系からエステル系溶媒へと安全溶媒化が図られるようになってきている。

現像液は主にアルカリ水溶液が使用され，紫外線に感光されたレジスト部分と未感光部分の溶解度の差を利用しており，ポジレジストでは感光部分の溶解度が大きくなっている。

エッチング液は硝酸第二セリウムアンモニウムと過塩素酸の水溶液が用いられており，その濃度は枚葉式，バッチ式あるいは同じ方式でもまちまちである。これはそれぞれの装置での最適なパターンプロファイルを得ると同時に，タクトを重視するのかランニングコストを重視するのかによって異なってくる。エッチングでの断面形状をより均一化するために界面活性剤が添加されることもある。また，Crのエッチングにおいては前後のすすぎを含めエッチング廃液の処理が重要となる。

剥離液は現像液よりもpHが高く設定されており，未感光部のレジストを完全に除去（反応完結と再付着防止）するために，温度管理や時間管理が確実になされることが必要である。

1.5 Cr-BMの現状の課題と将来動向

Cr-BMの現状抱えている技術的課題として次の①②があげられる。
① 低反射化
② 大板化対応

低反射化の要求は高く,樹脂BM並みの超低反射品が近年求められてきている。単層Crの金属光沢に比し二層Crは赤もしくは青褐色の色相であり,三層Crはほぼ黒色である。実用上樹脂BMとほぼ同じ低反射の効果が得られていることから,これからCr-BMは単層や二層Crから三層Crへ逐次切り替わっていくと予測される。ただし,樹脂BMがすべての可視域でガラスの反射率を差し引いた膜の反射率が1％以下であるに比し,Cr-BMの三層品では550～600nm域で1％以下であり,まだ全可視域で1％以下にはなっていない。さらなるCr-BMの低反射化が求められる。その方法として酸化クロム層の多層化や傾斜化(n,kを徐々に変化)が検討されている。

Cr-BMの基板サイズは現在,300×350,300×400,360×465,400×500,450×550,550×650mm,650×830など(各サイズとも＋5～20mmのものも含む)各種のサイズが流れており,次期サイズとして600～650×700～750mmサイズのものが,来年(1998年)には出現してくる。これら大板化により12.1や13.3インチサイズの多面取りの効率化が計られるが,一方では各サイズ別に成膜装置やパターン装置の対応が求められ,＋5～20mmの小さなサイズ変更に対しては段取り替えや一部改造が伴い,Cr-BMラインの設備償却からみるといくつかのサイズに対応でき,かつ小さなサイズ変更に対して作業性の高い,簡単な切り換えで済む装置が求められる。また,検査含め550×650,2650×830mmサイズ以上の基板の取り扱いは人力ではむずかしく,治具の併用となる。

なお,基板の大板化に伴い成膜装置,パターン装置いずれも今までのサイズのスケールアップだけでは,搬送上の問題や設備投資の増分からみてメリットが得られ難くなっており,成膜ではチャンバー室の簡易化,パターン装置ではレジスト塗布量の低減ならびにタクトアップが求められている。

Cr-BMの将来動向として,樹脂BMなどの他法のBMとどこまで差別化され,かつどこで共存できるかを考えていく必要がある。そのような観点から,次の①～⑤をあげてみた。

① BMとしてはほぼ完成された膜である,
② これからの高精細化・高開口率化からみてCr-BMは品質上優位にある,
③ さらなるコスト低減を計らなければならない,
④ さらなる低反射化を計らなければならない,
⑤ Cr以外のニューメタルでの展開も必要である。

ほぼ完成された膜とは，0.1～0.2μmの膜厚でOD4.0以上が得られ，パターン形状もきれいで，ガラス・CFとの密着性が優れており，耐薬品性や耐候性が高いことを意味している。また，高精細化・高開口率化に対し品質上他法と比べ優位なのは，CF用のBMだけでなく，もともとはマスクレチクルとして半導体用に用いられてきており，現在はサブミクロンオーダーで展開が計られているCr膜もあるからである。

Cr－BMのコスト低減は常に対応を取らねばならない課題である。樹脂BMに比べ，スパックで成膜する工程があり，またCF製造工程とは別にBMパターン化においてフォトリソ工程を経る必要がある。コスト低減のために成膜ではタクトアップとともに大板化に伴い成膜室数の簡略化と成膜室の簡易化（コンパクト化）が検討されており，パターン工程においてはレジスト塗布や露光工程のタクトアップのための検討がなされ始めている。成膜と比べパターンは通常1ライン当たりの処理能力が小さい傾向があり，投入－洗浄－レジスト塗布－ベーク－露光－現像－エッチング－剥離－洗浄－取出各工程のうち，律速な工程だけを単に早くするのでなくダブルにし全体としてタクトアップする方法が検討され始めている。また，比例費削減のためにレジスト使用量低減，洗浄方法やエッチングでの一部回収を含めた方法の見直しが図られつつある。

直接Cr－BMの範ちゅうには属さないが，同じメタルとしてクロムレスやノンクロムが，環境にやさしいBMとして注目を浴びている。現在開発もしくは実用化されているものとして，SUS系，Ni系，W系，Ta系，Cu系，Al系がある。このうちNi系（他の金属との合金といわれている）とTa系（Taのみといわれている）が量産レベルで使用されている。Ni系はウェットエッチングで，Ta系はドライエッチングでパターンされている。パターン形状や耐薬品性，耐候性についてCr－BMと同等なのか詳細はまだ明らかにされていない。これらメタル膜はCrと同様スパッタリングで成膜され，0.1～0.2μmの膜厚でOD 4.0以上が得られている。また，酸化膜との組み合わせで容易に低反射膜が得られており，パターン特性がCr－BMと変わらないことが明らかになれば，またコスト低減が可能であれば今後Cr－BMから置き換わっていく可能性がある。このうち低価格化への対応が可能であるという前提はどの膜にも共通した課題であり，この課題がクリアにされない限り主流になれない。

1.6 まとめ

本節ではCr－BMの特徴，形成法，物性（ケミカルス）およびCr－BMの現状課題と将来動向について言及したが，Cr－BMのコスト低減要求と品質向上要求は年々高まっており，また大板化の要求もあることから，さらなるタクトアップと歩留りの向上がCr－BMに課せられた重要な課題である。タクトアップに対しては工夫のみならず新しい技術の導入を計り，歩留り向上と維持には新しい工程管理手法を確立していくことも求められている。比例費低減にはレジ

ストやターゲットの使用量をいかに抑えるかと同時に稼働率の維持を計ることも重要である。一方，ＬＣＤもＯＡ用のみならず大小のモニター用にも展開が計られ，市場は拡大してきている。その中で樹脂ＢＭ始め競合品も力をつけてきていることから，Ｃｒ－ＢＭはＣｒ－ＢＭ自身のよさ（膜厚が薄い，遮光性が高い，パターン形状がきれいであるなど）を生かしたＢＭとしての展開を計っていく必要がある。また，同じメタルの同族としてニューメタルが出現してきており，棲み分けが進む中でＣｒ－ＢＭを捉えていく必要がある。

2 樹脂系BM形成法とケミカルス

桜井雄三[*]

2.1 はじめに

LCD用カラーフィルタの遮光層（BM）材料は金属クロムが標準になっているが，クロム材料は遮光性には優れるものの，①反射率が高い，②真空成膜であるためコストが高い，③将来的に環境汚染の恐れがあるなどの問題点がある。

クロムBMが持つ上記の問題点を解決するための手段として，樹脂系BM形成技術が開発され，すでに実用化されている。以下に，東レが開発したポリイミドをベースポリマーとする樹脂系BM技術を中心に，技術の現状と課題を解説する。

2.2 樹脂系BMに対する要求特性

主な要求特性を表1に示すが，樹脂系BMにおける最大の課題は高遮光性（高OD値）の達成である。

LCD用カラーフィルタに採用するためには，OD値は最低でも2.5，高コントラストが売り物であるTFT-LCD用では3.0以上が必要であり，最近では3.5以上の要求が出ている。

クロムBMでは膜厚0.1μmでOD値3.0を達成できるが，樹脂系BMで同等のOD値を得るためには1桁以上厚い膜厚が必要であった。

液晶配向性，セルギャップ精度などLCDサイドの要求特性を満足するためには，樹脂系BM

表1 樹脂系BMに対する要求特性

特 性 項 目	要 求 特 性
光学特性 　光学濃度（OD値） 　反射率	3.0以上（膜厚1μm当たり） 2％以下（ガラスの反射を除く）
寸法精度 　BM線幅（L／S） 　開口部 　（長寸法）	10μm以下 ±2μm以下 （±3μm以下）
塗布均一性 　膜厚バラツキ	±5％以内
密着性	パネル信頼性に支障のないこと
フォトリソ加工の生産性	クロムBMと同等

* Yuzo Sakurai 東レ㈱ 生産本部 主幹

においても膜厚1μmでOD値3.0を達成する必要がある。

　BM低反射率化の要求に対して、金属クロム材料では3層積層成膜によって表面反射率2％以下を達成しており、樹脂系BMにも同等の低反射率が要求される。有機顔料主体の遮光材料とマトリックス樹脂で形成する樹脂系BMにおいては、低反射率化の達成は比較的容易である。

　LCDの高精細化（解像度SVGA→XGA→SXGA）と高開口率化の動向に対応して、BM線幅の細線化が進んでおり、パターン解像度として、L／S＝10μmが達成目標となる。また、BM開口部の寸法精度を±2μm以内に維持することも必要である。樹脂系BMでこれらの要求を満足するためには、フォトリソ加工性に優れたBM材料の開発が必要になる。

　パネル製造工程において大型基板同士を貼り合わせることによって、生産性を向上させる試みが本格化している。この場合、TFT基板とカラーフィルタ基板の長寸法精度が重要になり、カラーフィルタ基板の長寸法ばらつきを±3μm以内に抑える必要がある。長寸法ばらつきは、露光機性能と露光工程でのフォトマスクおよび基板の温度管理によって管理するのが通常であり、BM材料の改良要求に直接結びつくものではない。

　LCDの大画面化および生産効率改善のためにカラーフィルタ基板のサイズが大型化してきて、550mm×650mmでの生産が始まっておりさらに1m角基板の実用化時期も遠くない。このような基板大型化に対しては、BM材料のコーティング性が重要であり、基板全面での膜厚ばらつきが±5％以下であることが必要である。高性能コーターの開発とともに、コーティング性に優れた材料が求められている。

　BM密着性に関しては、クロムBMのほうが優っており、樹脂系BMの密着性をクロムBMに近づけることが課題になり、パネル信頼性試験でシール部の剥がれが生じないなど、パネル信頼性に問題ないレベルの達成が必要である。

　一方、カラーフィルタ生産性向上のため、タクトタイムの短縮が強く求められており、樹脂系BMを採用したときのBMパターン形成のためのフォトリソ加工工程の生産性は、クロムBMの場合と同等であることが求められている。そのためには、コーター、露光機など生産設備の改良とともに、BM材料の露光時間の短縮が課題である。

2.3　ポリイミド系材料によるBM形成

　ポリイミド材料は優れた耐熱性、耐薬品性を持つことが知られており、LCD用途においても液晶配向膜として広く用いられている。液晶配向膜材料はポリアミック酸と呼ばれるポリイミド前駆体溶液（ポリイミドワニス）の形で製造され、印刷塗布後のキュア処理によって安定なポリイミド構造が完成する（最近ではポリイミド環を形成した可溶性ポリイミドも配向膜材料に用いられている）。

ポリアミック酸溶液を基板に塗布した後，マイルドなキュア処理（セミキュアと呼ぶ）を行って乾燥塗膜を形成すると，ポリイミド構造が一部形成されるものの，大部分のポリマーがポリアミック酸構造に止まっており，アルカリ水溶液に可溶性である。

　ポリアミック酸自体には感光性がないが，アルカリ可溶性のポジタイプレジストと組み合わせることにより，フォトリソ加工が可能になる。すなわち，ポリアミック酸状態のセミキュア膜の上にポジタイプレジストを塗布・乾燥・露光後に，アルカリ現像液で処理すると，露光部のレジストとともに，レジスト膜の下のセミキュア膜も同時にアルカリに溶解して，レリーフパターンが形成される。レリーフパターンを 250℃以上の高温で加熱処理（本キュアと呼ぶ）することによって，ポリイミド構造を完成させると，きわめて安定になり，各種の薬品で処理しても変質することがない。

　弊社では，ポリアミック酸溶液に有機顔料を分散させたカラーフィルタ材料（カラーペーストと呼ぶ）を開発し，この材料を用いたＴＦＴ－ＬＣＤ用カラーフィルタをすでに量産している[1]。

　樹脂系ＢＭ材料を開発するにあたり，高いＯＤ値と優れたフォトリソ加工性を両立させるには，カラーペースト技術をＢＭ材料に応用展開するのが最適であると判断した。

　樹脂系ＢＭ材料の最大の問題点である高ＯＤ値を達成するために，遮光材料のスクリーニングを行った。樹脂系ＢＭの特長である低反射率を阻害しないことも，材料スクリーニングにあたっての留意点であり，遮光性と低反射率を両立させ得る材料として，カーボンブラック（以下ＣＢと略称）を遮光材料の主成分に選んだ。補助顔料としては，各種の有機顔料および無機顔料を適宜用いることができる。ＣＢを主成分にすると，表面反射率に波長依存性があり，赤っぽく見える傾向があるので，青顔料および／または紫顔料を添加して，反射色の色調をニュートラルブラックに調色する材料技術が有効である[2]。ＢＭ材料の調色の例を表２に示す。

　バックライト光源の色度値（x_0, y_0）とＢＭ材料の色度値（x, y）の違いを表す$(x_0-x)^2+(y_0-y)^2$が 0.005以下ときわめて小さく，ニュートラルブラックを実現している。

表２　ポリイミド系樹脂ＢＭのニュートラルブラック化

遮光材料	ＯＤ値 （膜厚1μm当たり）	ＢＭ色調		$(x_0-x)^2$ $+(y_0-y)^2$
		x	y	
カーボンブラック（ＣＢ）	2.2	0.49	0.44	0.027
ＣＢ＋青顔料	2.8	0.35	0.42	0.003
ＣＢ＋青顔料＋紫顔料	3.4	0.36	0.36	0.001

バックライト光源の色調（x_0, y_0）＝（0.34, 0.37）

ポリイミド前駆体であるポリアミック酸は、テトラカルボン酸二無水物とジアミンを極性溶媒（NMP，γ-ブチロラクトンなど）中で加熱重合することによって合成される。ポリアミック酸の構造式を図1に示すが、テトラカルボン酸二無水物としては、ピロメリット酸二無水物，3,3',4,4'-ベンゾフェノンテトラカルボン酸二無水物，3,3',4,4'-ビフェニルテトラカルボン酸二無水物などが代表例である。ジアミン化合物としては、p-フェニレンジアミン，4,4'-ジアミノジフェニルエーテル，3,4'-ジアミノジフェニルエーテルなどが代表例である。

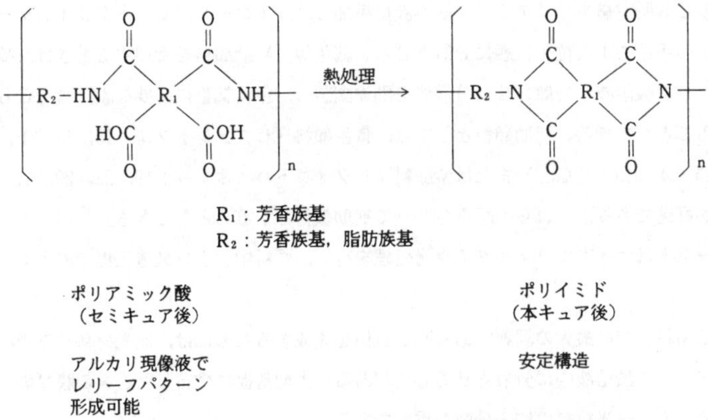

図1 ポリアミック酸の構造とパターン加工

　カラーフィルタの着色層に用いるポリイミド材料は透明性，フォトリソ加工性，顔料分散安定性など種々の特性を要求されるため，ポリイミド骨格の電子共役構造あるいは重合度を調節した分子設計を行う必要がある。一方，BM材料においては，可視光領域における透明性は重要な要求特性ではないので，ポリマー設計の自由度がカラーペーストに比べて大きく，フォトリソ加工性および遮光材料の分散安定性を重視した材料設計が主要な課題である。
　フォトリソ加工性は，セミキュア膜のアルカリ現像液への溶解性を指標にして，改善を図ることができ，遮光材料を添加しない透明ポリアミック酸においては，L／S＝5μmを実現している。
　遮光材料の分散安定性の向上には，後述するCB特性の改良とともに，ポリイミド構造の設計も有効であり，カルボニル基あるいはスルホニル基を含有するテトラカルボン酸二無水物および／またはジアミン化合物を主成分あるいは副成分とするポリイミド構造が遮光材料の分散安定化に効果的である[3]。

樹脂系ＢＭ材料の課題の一つに密着性向上がある。液晶配向膜材料においても，基板との密着性が課題であり，ポリイミドワニスに密着性改良成分を添加する技術が開発されている。モノマー成分を添加する手法も有効であるが，ポリイミドの耐熱性，耐薬品性を損なわない範囲で，カップリング官能基を有する脂肪族ジアミンを共重合成分とする材料設計が，密着性向上に特に有効である[4]。代表例としては，（３－アミノプロピル）テトラメチルジシロキサンを挙げることができる。

ＣＢを主成分とする遮光材料をポリアミック酸溶液に分散させたＢＭ材料（以下Ｂｋペーストと呼ぶ）の調製は次のようにして行う。

粉体状のＣＢ所定量をポリアミック酸溶液に添加し，３本ロール，サンドグラインダー，ボールミルなどの手法で１次粒子状態に分散させる。調色用に補助顔料を添加するときは，補助顔料をポリアミック酸溶液に分散させた分散液を別途調製し，色目調整に必要な設計量をＣＢ分散液に添加することができる。補助顔料としては，青色顔料（ピグメントブルー15，15：1，15：2，15：3，15：4，15：6など）または紫顔料（ピグメントバイオレット19，23，29，31，33，43，50など）が好適であり，これらを組み合わせて補助顔料とすることもできる。

Ｂｋペーストはマイクロフィルタで濾過処理を行い，原料中および製造工程で混入する異物を除去する。

樹脂系ＢＭ材料での最大の課題である高ＯＤ値を達成するためには，遮光材料を高濃度かつ均一にポリアミック酸溶液中に分散させる必要がある。大型基板に塗布したときの膜厚均一性を確保するためにも，遮光材料の均一分散が重要である。

ポリアミック酸は極性溶媒（ＮＭＰ，γ-ブチロラクトンなど）に溶解させており，遮光材料の均一分散には技術開発を要したが，特定のＣＢ材料を採用することで課題を解決することができた。

遮光性能面から，ＣＢ粒子は１次粒径５～40nmのものが好ましい。このようなＣＢはファーネストブラックとして製造・供給されている。

樹脂系ＢＭ材料の目標であるＯＤ値3.0以上（膜厚１μm当たり）を実現するためには，高遮光性ＣＢを主体とする遮光材料を高濃度に添加する必要があり，二次凝集が起こってＢｋペーストの特性を低下させることがある。この課題に対しては，-ＣＢ表面特性をポリアミック酸構造に適合させることで解決を図った。すなわち，ＣＢ粒子の表面に水酸基およびカルボキシル基を形成することにより，ポリアミック酸溶液中でも二次凝集を起こさず，コーティング性にも優れたＢｋペーストを得ることができた[2]。

ＣＢ粒子表面に水酸基およびカルボキシル基を形成する方法としては，カーボン粉体を製造後に，①高温下で遊離酸素と接触させて酸化する方法，②オゾン，二酸化窒素などの酸化剤を用い

て酸化する方法，③臭素および水を用いて，常圧下あるいは加圧下で処理する方法，④硝酸や硫酸などの酸化性溶液で処理する方法などが知られている。

以上の過程を経て開発したポリイミド系樹脂ＢＭ材料は膜厚1μm当たりのＯＤ値が3.0以上ときわめて高く（図2），同時に3層クロムＢＭと同等の低反射ＢＭである（図3）。

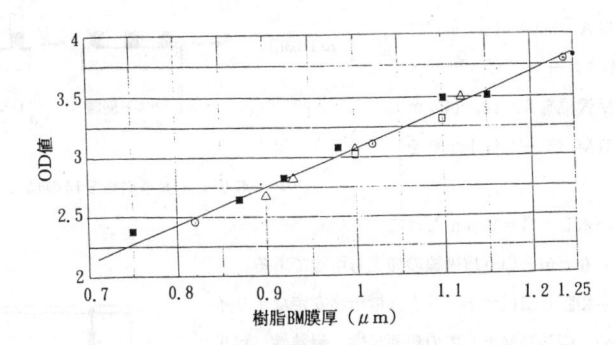

図2　ポリイミド系樹脂ＢＭの膜厚とＯＤ値の関係

○，△，□，■はポリイミド系樹脂ＢＭ材料の異なるロットを示す

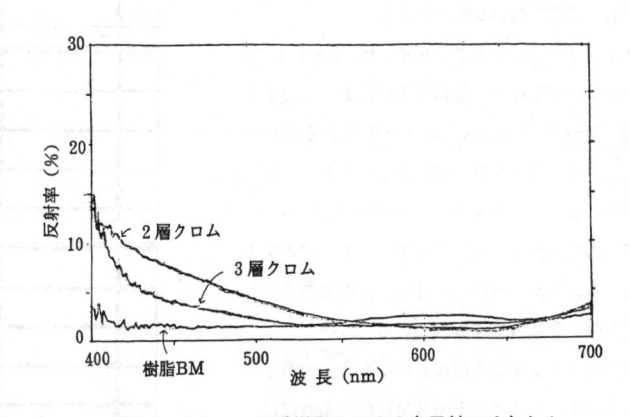

図3　ポリイミド系樹脂ＢＭの分光反射スペクトル

ポリイミド系材料を用いてＢＭ形成するプロセスを図4に示す。
① 　Ｂｋペーストを素ガラス基板に全面塗布し，セミキュア処理する。
② 　ポジタイプレジストをＢＭ塗膜上に全面塗布し，プリベーク・マスク露光後にアルカリ現像する。現像と同時にＢｋペーストがエッチング除去される。

③ 未露光部のBM塗膜の上のレジストを溶剤で剥離する。

④ パターン形成したBM塗膜を本キュア処理して，ポリイミド構造の安定なBMを形成する。

11.3型SVGA（800×600画素）に対応するBMパターン（ピッチ96×288μm）でBM線幅を6,10,14μmとしたときのBMパターン仕上がりを図5に示す。

目標としているL／S＝10μmだけでなく，L／S＝6μmという超細線の加工も可能である。

ポリイミド系樹脂BMはマトリックス樹脂が安定なポリイミドであるため，樹脂BMとしての耐薬品性，耐熱性，耐光性もきわめて優れている。表3に各種信頼性試験結果の一例を示すが，液晶パネル工程通過性およびLCD製品信頼性のいずれにおいても，問題のないレベルである。

BM材料のフォトリソ加工のタクトタイムは，主として，①BM材料のコーティング工程と，②露光工程によって決まる。

BM材料のコーティングにはスピンナーを用いるのが一般的であるが，タクトタイムが長く材料使用効率もよくない。当社では材料開発と並行して新規コーターの開発を行い，550×650mmサイズの大型基板にてBM材料を効率よく塗布する技術を完成している。BM膜厚の均一性も，目標である±5％を，基板端部を除く全領域で達成している。

樹脂系BMのフォトリソ加工工程におけるもう一つのネックが露光工程であるが，ポリイミド系BM材料の場合には，露光時間は併用するポジタイプレジストの性能で決まる。通常のポジレジストを採用しても，パターン形成に必要な露光量は100mJ／cm²程度であり，通常のアライナーを使用したときの露光時間は5秒以下である。このように，高OD値のBM材料を用いたときでも，露光時間の延長を必要とせず，550

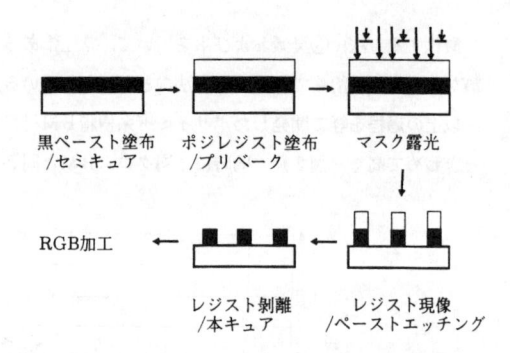

図4 ポリイミド系樹脂BMの加工フロー

黒ペースト塗布／セミキュア → ポジレジスト塗布／プリベーク → マスク露光 → レジスト現像／ペーストエッチング → レジスト剥離／本キュア → RGB加工

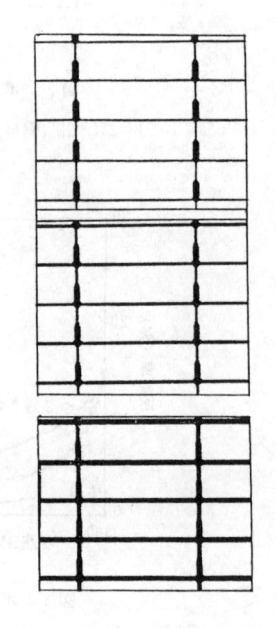

図5 ポリイミド系樹脂BMのパターン加工例

BMパターン：
　　96μm×288μm
BM線幅：上段　6μm
　　　　中段　10μm
　　　　下段　14μm

表3 ポリイミド系樹脂BMの信頼性試験データ

項　目	試　験　条　件	OD値		試験前後の外観変化	セロテープ剥離試験
		試験前	試験後		
耐熱性	230℃×1hr(空気中)	3.3	3.3	なし	剥れなし
耐薬品性（浸漬）	IPA（室温×0.5hr）	3.3	3.3	なし	剥れなし
	NMP（室温×0.5hr）	3.3	3.3	なし	剥れなし
	温純水（60℃×1hr）	3.3	3.3	なし	剥れなし
耐光性	Xeフェードメーター 200hr	3.3	3.3	なし	剥れなし

×650mm サイズの大型基板をタクトタイムを長くすることなく加工できることも，ポリイミド系樹脂BM材料の特長である。

以上のような樹脂系BM材料およびプロセスの技術開発を経て，当社では1996年春に世界で初めての樹脂系BM専用ライン（360×465～400×500サイズ）を滋賀事業場に建設し，量産稼働中である。Bkペーストもポリアミック酸の重合を含めて，自社製造しており，材料からカラーフィルタまでの一貫生産体制を完成している。

2.4 感光性樹脂BM材料

感光性アクリル樹脂をマトリックス樹脂とするRGB画素材料技術を応用した，樹脂系BM材料の開発も活発に進められている。

マトリックス樹脂がネガタイプの感光性樹脂であることを除くと，遮光材料としてCB，有機顔料，無機顔料を用いる点では，前述のポリイミド系BM材料と共通である。

感光性BM材料はフォトレジスト併用が不要であり，加工プロセスが短くなるという利点がある反面，BM材料に求められる高OD値と露光感度がトレードオフの関係にあり，TFT－LCDへの実用化が遅れていた。

最近になって，OD値3.0を確保したうえで，実用レベルの露光感度を有する感光性アクリル樹脂ベースのBM材料が相次いで発表されている[5,6]。クロムBM加工に用いるポジタイプレジストに比べると，露光量は2～5倍が必要であり，加熱温度 200℃程度のポストキュアによる熱硬化工程が併用されている。

2.5 樹脂系BM材料の今後の課題

樹脂系BM材料は，遮光材料およびマトリックス樹脂の改良により，当面の目標であったOD

値とパターン解像度を達成し，ノートPC用カラーフィルタとしての実績を積み重ねている。

LCDの巨大市場として期待されている大型液晶モニターに向かって，技術開発が進められているが，液晶モニターの表示コントラストおよび輝度の要求レベルに対応するためには，樹脂系BM材料の遮光性能をさらに高めて，OD値3.5以上（膜厚1μm）を達成することが必要になる。そのためには，CB以上の遮光性能を持つ遮光材料，フォトリソ加工性に優れたマトリックス樹脂，遮光材料の高濃度分散技術など，材料・プロセス両面にわたる改良が必要である。

液晶モニターに求められる重要な技術に，広視野角化がある。LCDの広視野角化技術は種々開発されているが，従来のTN方式に代わるIPS(In Plane Switching)方式が注目を集めている。

IPS方式では，TFT基板側に画素電極と共通電極を形成して，同一平面上の電極間に横方向の電界を印加して液晶分子のスイッチングを行う。カラーフィルタ基板に形成したBMが導電性であると，TFT基板からカラーフィルタ基板への縦電界が発生し，表示性能を低下させる。

金属クロム材料では，IPS方式で要求される高抵抗値のBMを形成することができず，樹脂系BMに対する期待が急速に高まっている。

樹脂系BM材料においても，IPS方式で要求される遮光性，高抵抗性などをバランスよく達成するためには，さらなる性能改善が必要である。

冒頭に述べた金属クロムBMの問題点のうち，環境問題は現時点では大きな社会問題とはなっていない。しかしながら，LCDの急速な普及に伴うLCDの累積保有台数の増加と環境保護とリサイクルに対する世界的な関心の高まりを考えると，そう遠くない将来において，金属クロムの廃棄対策が求められることが予測される。樹脂系BMは正に環境に優しい材料として，今後ますます発展するものと期待されている。

文　　献

1)　桜井雄三，電子ディスプレイフォーラム 94 予稿集
2)　東レ，特開平9-15403号
3)　東レ，特開平9-20865号
4)　東レ，特開平9-184912号
5)　三橋　登，FPD Expo Forum 97 予稿集
6)　西本　隆，第7回ファインプロセステクノロジー・ジャパン 97 予稿集

3 樹脂BM形成法（無電解めっきとケミカルス）

泉田和夫*

3.1 はじめに

カラー液晶ディスプレイはここ数年来大型化，高精細化が進み，ディスプレイ分野での中心的存在となってきている。その用途を拡大させてきたのはカラー液晶ノートパソコンの普及であり，主流サイズは13インチからさらにモニター対応の20インチ以上が実用化されつつある。

こうしたなかでカラー液晶ディスプレイの価格低下は数年来継続し，今後もこの傾向は継続することとなる。

この品質性能向上を伴った大型化と低価格化によるコスト低減に対応すべく，製造投入するガラス基板サイズを大板化しコスト低減と大型化対応を進めてきている。カラーフィルター（CF）メーカーも大板化に対応した高性能，低コストの製造プロセスを構築すべく材料，製法の開発を進めている。CFの主流は顔料分散法であるが，ブラックマトリクス（BM）は低反射化を同一基調にCr-BM系と樹脂BM系があり，それぞれの用途に適応した利用ステージが用意されている。

Cr-BMはITO電極の補助電極として利用し，電極インピーダンスを低下させる用途に，また，樹脂BMは高絶縁性を特徴とし，IPS（横電界）方式に有利である。

ここでは樹脂BMの製法のなかで低反射，高遮光性で寸法精度が高く，さらに低コスト化の可能性のある無電解Niめっきによる BM形成法について述べる。

3.2 無電解めっきによるBM形成

3.2.1 BMの要求特性

BMは発色効果や表示コントラストを上げるために着色層の各境界に遮光するパターンを形成するもので，光学濃度の向上と低反射化が求められ，アクティブマトリクスの場合にはさらにスイッチング素子の光リーク電流を抑制するため，高い遮光性を必要とする。図1にその特徴と構造を示す。

3.2.2 BMの分類

BMの製造方法を図2に示す。

CR-BMは歴史が古く，低反射，高い光学濃度に対応するため，3層以上の多層Crにより改善を進めている。黒色顔料分散型は感光性樹脂を用いたものと非感光性樹脂を用いたものとがあり，後者はポリイミド樹脂にカーボンを分散し，エッチングにてパターンを形成する。前者は

---

* Kazuo Senda 大日本印刷㈱ FDP研究所

着色材の混合防止	R　G
コントラストの向上 （画素間からの光漏れ防止）	ソース電極線 隙間 画素電極（光透過部） ブラックマトリックスの開口部 TFT
TFTに対する遮光性 （光電流の防止）	ゲート電極線

図1　ブラックマトリクスの役割

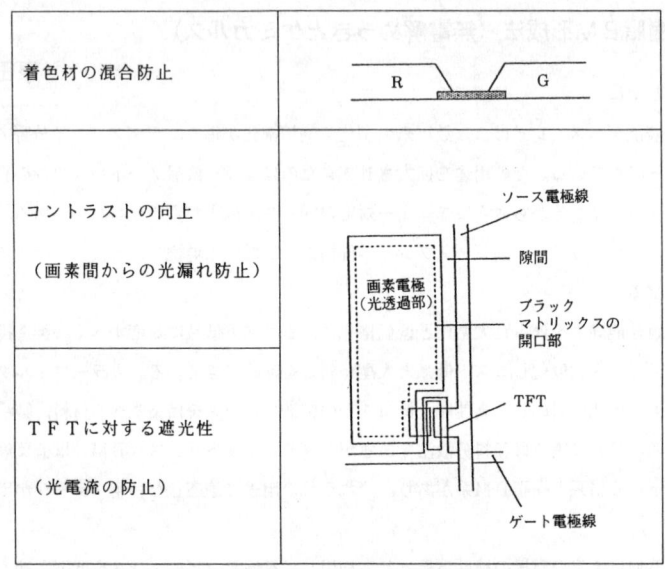

無電解めっき法	Cr－BM法	樹脂BM法	その他のBM法
洗浄・乾燥装置	洗浄・乾燥装置	洗浄・乾燥装置	電　着　法
レジスト塗布装置	薄膜形成装置	着色レジスト塗布装置	昭59-90818 （諏訪精工舎）
露　光　装　置	レジスト塗布装置	ベーキング装置	印　刷　法
現　像　装　置	ベーキング装置	露　光　装　置	昭62-85202 （凸版印刷）
ベーキング装置	露　光　装　置	現　像　装　置	重ね合せ法
活性化処理装置	現　像　装　置	洗浄・乾燥装置	昭61-105583 （松下電器）
無電解めっき装置	エッチング装置		背面露光法
キュアー装置	剥膜装置		昭60-48001 （シチズン）
	洗浄・乾燥装置		転　写　法
			昭61-99102 （山陽国策パルプ 大日本スクリーン）
平5-303090 （大日本印刷）	昭61-236586 （セイコーエプソン）	平6-67421 （日本化薬）	BMレス

図2　各種BM製造方法

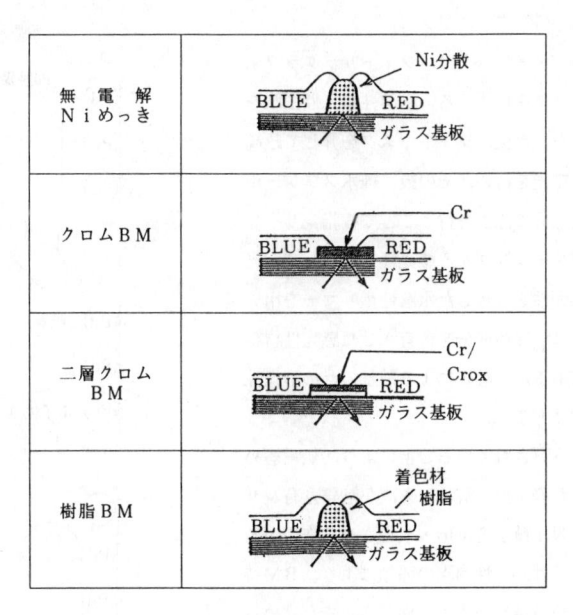

無電解 Niめっき		Ni分散 BLUE RED ガラス基板
クロムBM		Cr BLUE RED ガラス基板
二層クロム BM		Cr/ Crox BLUE RED ガラス基板
樹脂BM		着色材 樹脂 BLUE RED ガラス基板

図3　BMの構成

カーボン（グラファイトを含む），黒色顔料などを遮光材としている。

図3にBMの構成を示す。

樹脂BMは近年実用化が進み，特に感光性の黒色顔料分散型は材料および工程の改善により，低反射化が実現されているが，無電解NiめっきによるBMは，特に光学濃度（OD）値が高く，可視光波長領域で反射率が低く，高遮光性で寸法精度が高い特性をもち，低コストの可能性の高いBM形成法として開発されたものである。以下Ni無電解めっき法によるBM形成について述べる。

3.2.3　プロセスの概要

無電解Niめっき法による基本概念を図4に示す。基板に付着したPd触媒を核とし，還元剤による電子供与によりNiイオンを析出，分散させるものである。

無電解NiめっきによるBM形成方法のプロセスフローを図5に示す。

フローは，①親水性樹脂のパターニング，②触媒付与，③無電解めっき，の各工程を経てBMを形成する。

① 親水性樹脂のパターニング

親水性樹脂のパターニングは，フォトリソグラフィ技術によりレリーフを形成する。水溶性感光性樹脂をガラス基板に塗布した後，フォトマスクを介して超高圧水銀灯による露光を行い，その後，純水スプレー現像による未露光部分の除去を行うことで樹脂レリーフを形成する。パターニングする感光性材料として，光架橋材により感光性を付与した水溶性ポリマーを用いる。親水性樹脂に触媒核成分を含有させた感光性材料を用いる方法もあるが，触媒による散乱のため解像性が低下する傾向にある。

親水性樹脂が含有されていることにより，無電解めっき液と接触した際に無電解めっき液が触媒含有レリーフ中に均一にNi粒子を析出・成長させる作用がある。しかし，水溶性感光性樹脂の種類により，BM特性の光学濃度（OD値）が大きく異なる。また，めっき析出性は樹脂の膨潤性にも影響されることが推定される。

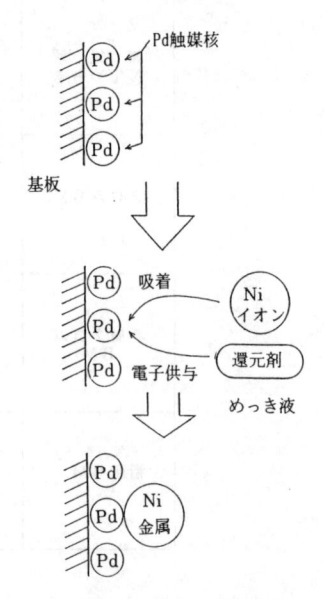

図4　無電解めっき法による基本概念

② 触媒付与

触媒はパラジウム，金，銀，銅などの塩化物，硫酸塩，硝酸塩などの水溶性塩および錯化物が用いられる。この金属化合物を含有した水溶液に基板を浸せきした後，水洗，乾燥する。当社は塩化パラジウムを用いた。この工程では活性化液の濃度，処理時間がめっき特性に影響する。

③ 無電解めっき

めっき液はめっき反応の触媒核を形成しやすいホウ素系と，金属析出速度の速い次亜リン酸系がある。特にホウ素系は低温度で還元する能力に優れている。当社はホウ素系還元剤を用いたNiめっきを選択した。表1に示す組成のNiめっき液に浸せきし，水洗，乾燥しBMを形成する。Niは樹脂中に10nmほどの微粒子状のままに析出，分散され，膜中に均一に分散される。図6に示すようにめっき時間により光学濃度を増加させる。

3.2.4　無電解NiめっきBMの特性

無電解Niめっき法は，パターニングされたアクチベーター含有の親水性樹脂をNi無電解めっきしてBMを形成するため，いくつかの特徴がある。

表2にBM特性の比較を示す。

```
レジストパターニング  →  無電解めっき  →  キュアー
ガラス基板洗浄         活性化処理
レジスト塗布          無電解めっき
露光
現像
ポストベーク
```

塗布
感光性樹脂

露光
超高圧Hg灯
プロキ露光

現像
純水スプレー

触媒付与
$PdCl_2$水溶液
ディップ

無電解めっき
Ni-Bめっき
ディップ

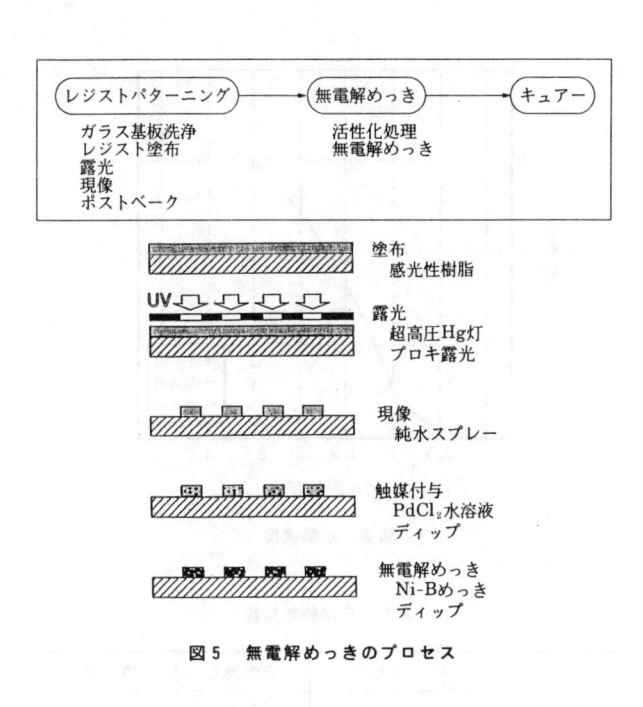

図5　無電解めっきのプロセス

表1　Components of electroless plating bath.

Metal salt	$NiSO_4$
Reducing agent	DMAB[1]
Others	NH_3
	hydroxycarboxylic acid
	Surfactant
pH	6.0-6.5

1) dimethylamine borane; $(CH_3)_2NH \cdot BH_3$

① 光学濃度

　ＴＦＴ液晶の場合，表示品位上ＯＤは3以上が必要とされるが，樹脂ＢＭの目安として膜厚1μmあたりのＯＤが3以上必要となる。Ｎｉ無電解めっきではこれをクリアする。ＯＤ値はめっき時間に比例して増加する傾向にあり，膜厚も増大する。

② 反射率

　反射率はガラス基板の反射を含み，3％以下を実現することができる。可視光領域での波長依存性も低く，最大－最小差が2％以下であり，目視においての干渉はなく，黒色膜を形成できる。また，両面での低反射を実現できることが特徴である。

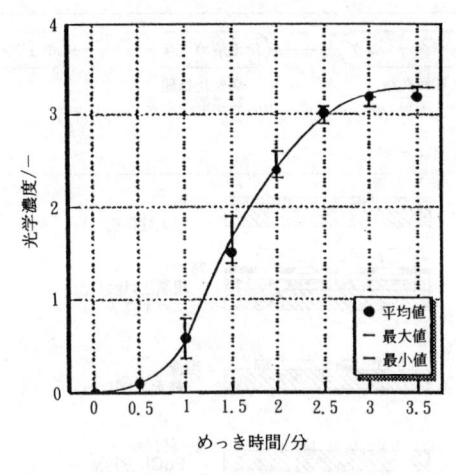

図6 光学濃度

表2 BM特性比較

	反射率	光学濃度	膜厚
無電解Niめっき	≦3%	≧3	≃1μm
クロムBM	50〜60%	≧3	≃0.1μm
二層クロムBM	≦4%	≧3	0.1〜0.2μm
樹脂BM	≦2%	≧3	≃1μm

③ 線幅精度

±2μm以下であるが,使われる装置に依存するところが大きい。

④ 膜厚

1μm前後とほぼ他の樹脂BMと同等であるが,クロスオーバーする着色層との画素内段差以下に抑える必要がある。

⑤ 露光感度

基本的には透明性の高い感光性レジストを用いてパターニングするため,樹脂BMのなかでも感度は高くCr−BMとほぼ同等である。

Ni無電解めっきでのBMを用いてカラーフィルターを作製し,LCDの実装評価を行った結果,信頼性も含め良好な結果が得られた。

3.3 まとめ

無電解Niめっき法によるBM形成の特徴をまとめると,以下のようになる。

① フォトリソグラフィにより感光性透明樹脂をパターニングしてレリーフを形成するためパターン精度は良好であり,フォトプロセスの性能向上はそのまま反映される。

② レリーフ樹脂中の触媒が均等に分散されるため,めっき粒子の析出も樹脂内において均等となり,OD値も高く,ガラス面,膜面の両面において低反射が可能である。また,反射率に波長依存性がなく黒色BMを形成することができる。

③ 無電解NiめっきによるBM層を形成する方法により液晶セル側の反射率を低く抑えられることで液晶内の迷光が低減し,TFT光リーク電流を低減することができる。

以上の特性はLCD実装評価においても効果が認められ,パネル信頼性もパスしており,実用上支障ないことが確認されている。

3.4 最後に

無電解Niめっき法によるBM形成を主にその特性,プロセス中心に述べてきたが,めっき法はウェットプロセスであり,大型化に容易に対応できる量産性に優れ,また材料費も低く抑えられ,コスト面においても有利である。この優位性を十分引き出すにはめっきおよび触媒付与工程において最適化された管理を継続維持する必要がある。Cr-BMが成膜,パターニングの2工程を要し,工程が長いにもかかわらず主要プロセスとなっているのは,歩留りを含めた維持,管理が最適化されており,装置メーカーも積極的に対応しているところにある。

当社も本方式のみならず,樹脂BMのトータルパフォーマンスの向上をさらに進めていく。

4 黒鉛BM形成法とケミカルス

千代田博宜[*1], 白髭 稔[*2]

4.1 はじめに

黒鉛BMはブラウン管用BMに用いられており、薄膜で高い遮光性と信頼性のある材料として長年の実績がある。この材料をLCD用BMとして使用するために、細線パターンが形成でき、ガラスとの密着性、塗膜耐性のよい塗料の見直し、BMの形成法の検討を行い、薄膜で高遮光性に特徴のあるLCD用黒鉛BMを開発した。LCD用黒鉛BMはパターニング法をフィルタの製法に応じて選定でき、また水性であるため、環境への負荷の少ない材料としての特徴もある。

本稿では、黒鉛BMのBM形成原理、材料特性、形成法および塗膜特性について述べる。

4.2 黒鉛BMの分類と原理

4.2.1 黒鉛BMの分類

黒鉛BMの塗膜形成法は目的に応じリフトオフ法またはエッチング法のどちらかを用いることができる。

また、レジストは水系、溶剤系のどちらをも用いることができ、基板の種類、BMの先付け、後付けなど、カラーフィルタの製法にあった形成法を検討できる。

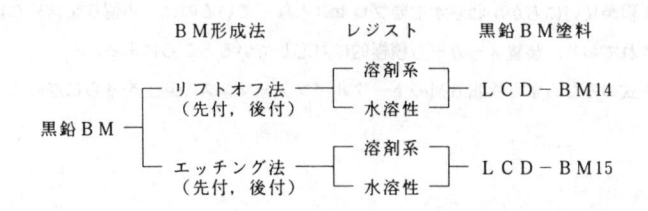

```
                 BM形成法        レジスト      黒鉛BM塗料
                ┌─ リフトオフ法 ─┬─ 溶剤系 ─┐
                │  （先付,後付）  └─ 水溶性 ─┴─ LCD-BM14
     黒鉛BM ─┤
                │  エッチング法  ┬─ 溶剤系 ─┐
                └─（先付,後付） └─ 水溶性 ─┴─ LCD-BM15
```

図1 黒鉛BMの形成法の分類

4.2.2 BM形成の原理

黒鉛BMは、黒鉛BM塗料中に配合する熱硬化性樹脂組成を変更し、現像時の樹脂溶解性を制御することによりリフトオフ法またはエッチング法でBM膜を形成することができる。黒鉛BM

[*1] Hironobu Chiyoda　日立粉末冶金㈱　開発本部　電子材料開発部　部長
[*2] Minoru Shirahige　日立粉末冶金㈱　開発本部　電子材料開発部　主任研究員

は薄膜で高い遮光性を特長とし，また高精細なパターニングを形成できるが，その原理は，水中に一次粒子で分散する黒鉛粒子と，塗膜形成時に偏平状の黒鉛粒子が1枚ずつ緻密に重なり合い，遮光性をあげ，さらに乾燥後の塗膜中の微細な空孔を利用することで達成される。

(1) リフトオフ法の原理[1～3]

黒鉛BMをリフトオフ法で塗膜形成する原理を図2に示す。黒鉛BM塗料は平均粒子径（ストークス径）で0.08μmの微粒子黒鉛と熱硬化性樹脂よりなっており，また乾燥塗膜中の空隙率は10％程度である。したがってレジストの溶解，リフトオフ時にアルカリ現像液が黒鉛塗膜を浸透し，リフトオフされる個所のレジストが溶解されることにより黒鉛塗膜は剥離され，また，レジストのない部分は黒鉛塗膜とガラス基板との密着性が強いため，剥離されず黒鉛BMパターンが形成される。レジストとして，解像度の高いポジ型フォトレジストを用いることによりBMの線幅精度は良好になる。

リフトオフ法は，ガラスの上にBMを形成することのほか，RGBが形成されたカラーフィルタ上に後付けでBMを形成させることもできる。

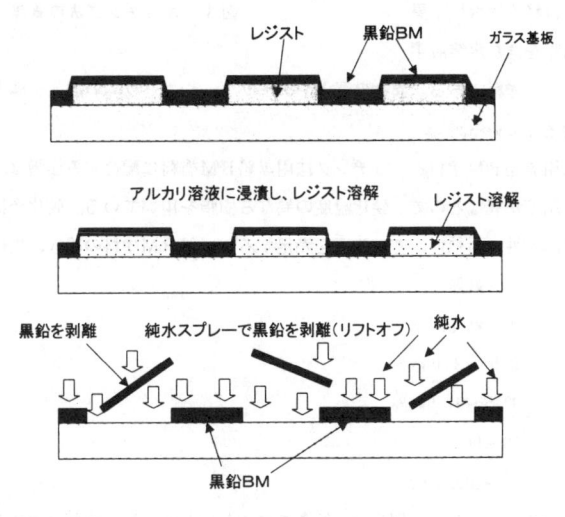

図2 リフトオフ法の原理

(2) エッチング法の原理

黒鉛BMをエッチング法でパターニングする原理を図3に示す。黒鉛BM塗料を塗布，プリベーク後レジストを塗布，露光する。その後アルカリ溶液でレジストを現像するとともに，不要な

黒鉛BM塗膜を膨潤溶解させ，さらに純水高圧スプレーでBM膜を物理的にエッチングし，BMを形成する。エッチング時にBMを形成する黒鉛塗膜は，現像されたレジストでしっかり固着されているため密着性が強くなっており，純水高圧スプレーでのエッチング時に，レジストのない部分の膨潤した黒鉛膜が選択的に剥離しBMが形成される。

4.3 黒鉛BM塗料と材料[1]

4.3.1 黒鉛BM塗料

黒鉛BM塗料は鱗片状微粒子黒鉛を熱硬化性樹脂を含む水溶液中に均一に分散させた塗料である。異物の混入やナトリウムやカリウムの混入を極力防止した材料，製法で塗料を製造している。

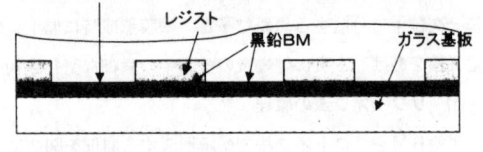

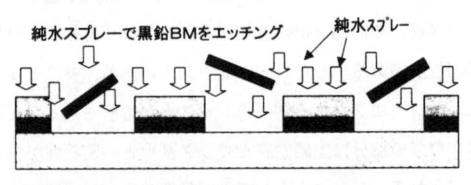

図3 エッチング法の原理

リフトオフ法用黒鉛BM塗料とエッチング法用黒鉛BM塗料に配合する樹脂は，各BM成膜法で最適なベーク温度が異なるので，硬化温度の異なる樹脂を用いている。硬化後は，耐アルカリ性，耐酸性，耐溶剤性，耐熱性，密着強度を満足する。黒鉛BM塗料の組成，物性例を次に示す。

黒鉛	5.5wt%
分散剤	0.5wt%以下
熱硬化性樹脂	0.5〜3.0wt%
純水	93.5〜91.0wt%
pH	10〜11
粘度	5〜20mPa・s

黒鉛BM塗料は水系であり，金属成分，溶剤を含まないため水質，大気に対する環境負荷が少なく，また防爆装置を必要としない。BM塗膜はポストベークにより耐熱性，耐薬品性などの要求特性を満足する。

4.3.2 黒鉛BM用黒鉛微粒子

黒鉛BM塗料中に分散する微粒子黒鉛の透過型電子顕微鏡写真を図4に示す。黒鉛微粒子の形

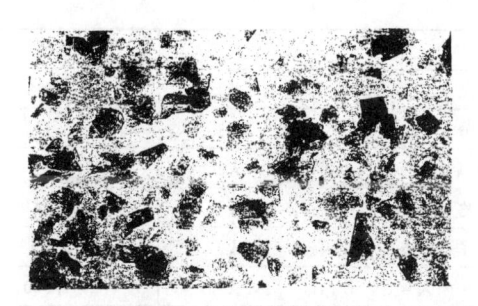

図4　微粒子黒鉛の透過型電子顕微鏡写真（×50,000）

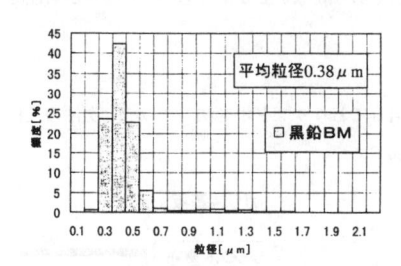

図5　微粒子黒鉛粒度分布（レーザー回折散乱式粒度分布測定装置）

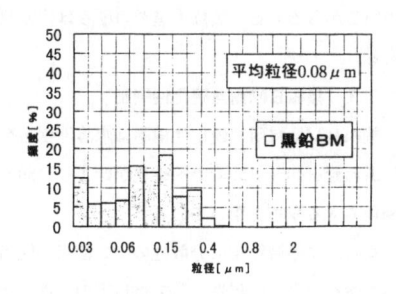

図6　微粒子黒鉛粒度分布（遠心沈降法粒度分布測定装置）

状は鱗片状であり，そのアスペクト比（鱗片状粒子の面積の平方根を厚さで割った数）は10～15である。黒鉛が薄膜で高い遮光性を得るのはこのアスペクト比の高い形状による。図5，6に黒鉛BMの粒度分布を示す。黒鉛微粒子の粒度分布はレーザー回折散乱式粒度分布測定装置および遠心沈降式光透過型粒度分布測定装置により測定した。

結果より，遠心沈降法で測定した平均粒子径は0.08μm，レーザー回折法における平均粒子径は0.38μmである。アスペクト比の大きい鱗片状黒鉛の場合，沈降速度はストークスの法則に従う沈降速度より小さくなり，粒径は小さく算出される。またレーザー回折法ではレーザーが回折する頻度が大きくなり，粒径は大き目に算出される傾向がある。遠心沈降法での粒径とレーザー回折法での粒径の比が大きければアスペクト比が大きいといえる[9]。黒鉛BM塗料の黒鉛粒子の結晶化度，純度を表1に示す。使用した黒鉛はアルカリ金属などを極力抑えた高純度黒鉛を使用しており，また微粉砕されているにもかかわらず結晶性が壊れず，結晶性の発達した構造を持つ。粉砕によりアスペクト比の大きな粒子形状になるのは，このような結晶性の発達した黒鉛を用い

表1 微粒子黒鉛の物性

項目		測定値
純度	〔%〕	99.9
灰分	〔%〕	0.1
面間隔 $d_{(002)}$	〔Å〕	3.357
結晶格子 $C_{0(002)}$	〔Å〕	6.714
結晶子の大きさ $L_{c(002)}$	〔Å〕	490
結晶子の大きさ $L_{a(110)}$	〔Å〕	>1,000

ているからである。微粒子黒鉛の厚みは約 0.02μm であり膜厚 0.2μm でも均一な塗布が可能である。

4.3.3 黒鉛BM用熱硬化性樹脂

黒鉛BM塗料用熱硬化性樹脂は水溶性樹脂を使用しておりリフトオフ法，エッチング法の工程にあわせ 100〜150℃で熱硬化が始まり 180〜230℃で硬化できる樹脂を用いている。

また，黒鉛微粒子に分散性のよい樹脂を使用している。ポストベーク後の耐性としては以下の特性を満足している。

① 耐薬品性がよいこと（耐酸性，耐アルカリ性，耐溶剤性）
② 耐熱性がよいこと（230℃以上）
③ ガラスとの密着性がよいこと
④ アルカリイオンなどを含まない信頼性のある材料であること

4.4 黒鉛BMの形成法
4.4.1 黒鉛BMリフトオフ法[1〜4]

(1) 形成法

リフトオフ法によるBM形成方法を図7に示す。フォトレジストとしては水溶性ネガ型レジストなども使用できるが，解像度を考慮すると解像度の高いノボラックタ

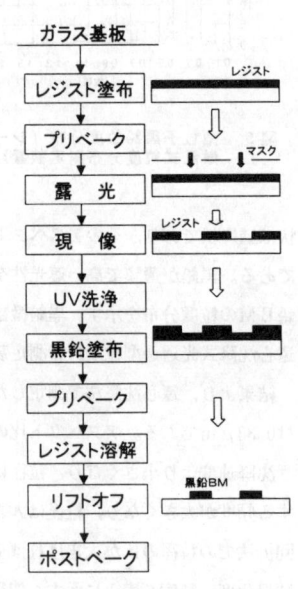

図7 リフトオフ法による黒鉛BM形成法

イプのポジ型フォトレジスト（東京応化工業製ＰＭＥＲ6020ＥＫなど）がよい。

まずフォトレジストをガラス基板に塗布後 120℃で乾燥し，超高圧水銀灯でマスク露光後0.5％水酸化ナトリウムで現像する。その後ポジレジストパターンを紫外線光により一括露光した後，黒鉛ＢＭ塗料を塗布し 100℃で乾燥させる。その後，1％水酸化ナトリウム溶液に浸けレジストを溶解した後，純水スプレーにて溶解したポジレジストとポジレジスト上の黒鉛塗膜を基板より除去し（リフトオフ），さらにＢＭの耐性を上げるため 230℃でポストベークしＢＭパターンを形成した。黒鉛ＢＭ塗料を塗布する前に紫外線を一括露光するのはパターン状のポジレジストをアルカリ性現像液に可溶にするためと，基板表面と特にポジレジストをより親水性にして黒鉛ＢＭ塗料を均一に塗布しやすくするためである。

(2) 最適条件とパターニング性

厚さ0.5μmの黒鉛のパターンをリフトオフ法で作る最適条件を検討した。その結果，レジス

図8 リフトオフ法のフォトレジストパターン反射（×150）

図9 リフトオフ法の黒鉛ＢＭパターン透過（×150）

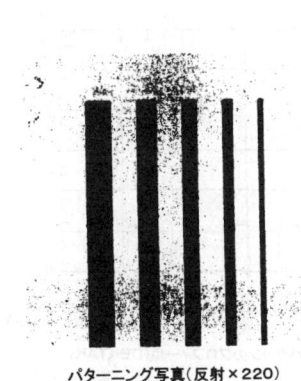

パターニング写真(反射×220) 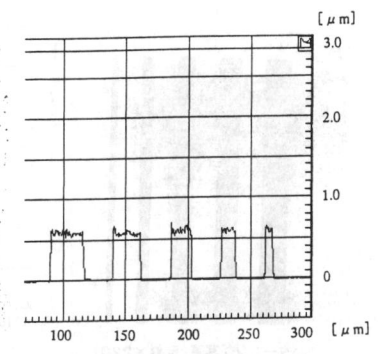　パターンのプロフィール(DEKTAK)

図10 黒鉛ＢＭパターンのプロフィール（リフトオフ法）

トの厚さが黒鉛の厚さよりも0.2μm程度厚いときが黒鉛BMのエッジの直線性，コーナー部の切れがよく線幅5μm程度までのパターニングが可能である。図8，図9にフォトレジストのパターンと黒鉛BMのパターンを示す。また膜厚計で測定した黒鉛BMパターンのプロフィールを図10に示す。

黒鉛BMはフォトレジストの形状，解像度とほぼ同等な品質でパターニング可能である。

4.4.2 黒鉛BMエッチング法

(1) 形成法

エッチング法によるBMの形成方法を図11に示す。フォトレジストとしてはネガ型レジスト，ポジ型レジストのどちらも使用できる。ノボラックタイプのポジ型フォトレジスト（東京応化工業製PMER6020EKなど）を用いての形成法を示す。

まず黒鉛BM塗料をガラス基板に塗布後180℃でプリベークを行う。次にレジストを塗布乾燥後，超高圧水銀灯で露光し，0.5％水酸化ナトリウムで現像する。その後高圧純水スプレーにて不要な黒鉛塗膜を基板より除去し，さらにBMの耐性を上げるため230℃でポストベークしBMパターンを形成した。

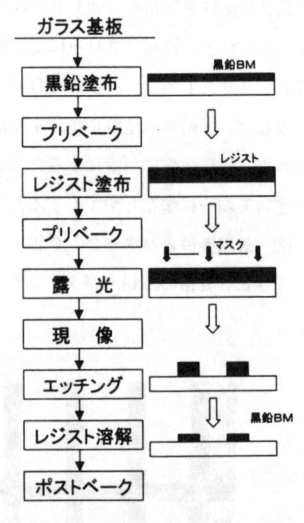

図11 エッチング法による黒鉛BM形成法

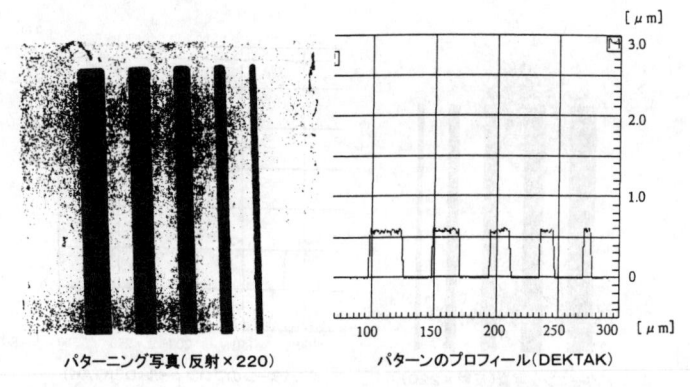

図12 黒鉛BMパターンのプロフィール（エッチング法）

(2) 最適条件と黒鉛ＢＭのパターニング性

厚さ0.5μmの黒鉛ＢＭのパターンをエッチング法で作る最適条件を検討した。その結果，黒鉛塗料のポストベーク温度180℃，レジストの厚さが1.2〜2.5μmのとき，黒鉛ＢＭのエッジの直線性，コーナー部の切れがよく線幅5μm程度までのパターニングが可能であった。図12に黒鉛ＢＭのパターンおよび膜厚計で測定したプロフィールを示す。黒鉛ＢＭパターンはエッジ部の突起もなく，安定したパターニングが可能である。

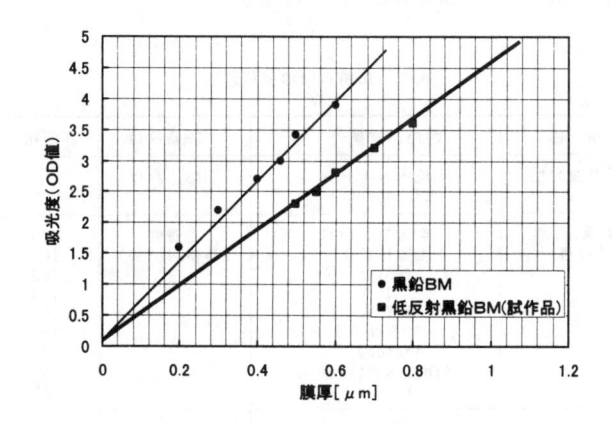

図13　黒鉛ＢＭの膜厚と吸光度

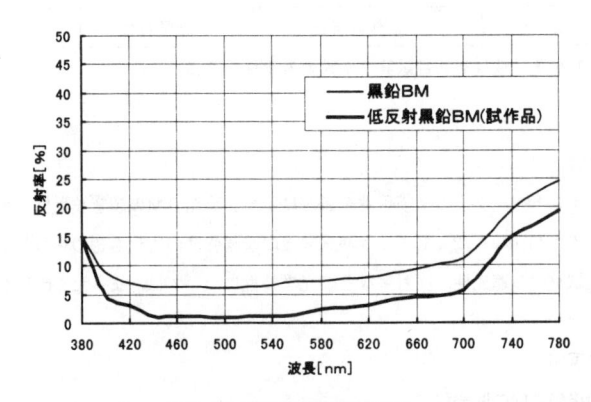

図14　黒鉛ＢＭの反射率特性

4.5 黒鉛BMの特性

(1) 光学特性

黒鉛BM塗料の膜厚と吸光度の関係を図13に示す。OD値3.0を得るのに必要な膜厚は0.46 μmであり良好な遮光性を示す。また，ガラスの反射率を差し引いた反射率特性を図14に示す。

反射率は約6％であり，波長依存性も少ない。また，黒鉛塗膜の高い遮光性は，鱗片状の黒鉛微粒子が1枚1枚積層されることによるが，この黒鉛の積層状態を乱すことなく反射率の低いカーボンブラックを配合することにより，低反射化が可能になる。現在，膜厚0.6 μmで反射率1％，OD値3.0のカーボン－黒鉛系BMを試作中である。

表2 黒鉛BMの塗膜耐性

項 目	耐性試験条件	評価項目	評価結果
超音波耐性	純水，IPA 28, 45kHz	剝離，かけ	○
耐薬品性 （浸漬）	4％NaOH 4％HCl NMP IPA ECA γ－ブチロラクトン Acetone Ethyl acetate Xylene	密着性 （碁盤目試験）	80 100 100 100 100 100 100 100 100
ブラシ耐性	ナイロンブラシ，純水洗浄	傷なきこと	○
耐 熱 性	250℃×1Hr	密着性 光学特性	○ ○
耐 光 性	紫外線曝露	光学特性	○

注）耐薬品性は碁盤目試験で塗膜の密着性を評価

(2) 塗膜耐性

黒鉛BMのポストベーク後の塗膜耐性を表2に示す。黒鉛BMの超音波耐性，現像液などの耐薬品性については問題なく，250℃での耐熱試験後の塗膜強度の劣化も認められなかった。

また，耐性試験後の遮光性，反射率などの光学特性については，まったく問題がない。

4.6 今後の展開

(1) 低反射黒鉛BMの開発状況

黒鉛BMは遮光性に特徴があるが，さらに反射率の低減を進めている。微粒子黒鉛とカーボン

ブラックを水中に均一に分散させた塗料であり,塗膜中では鱗片状黒鉛の重なりをできるだけ乱さず,黒鉛表面にカーボンブラックが分散した形で塗膜が形成される。

この低反射黒鉛BMは,膜厚0.6μmで反射率1%,OD値3.0が得られる。

(2) 後付け,生産性などの検討

黒鉛BMは,BMの後付けが可能である。その例を図15に示す。カラーフィルタの製造方法も品質,生産性,コストなどから,種々の検討がなされている[5,7,8]。

黒鉛BMはカラーフィルタの製法に応じたBMの膜付けが可能である。

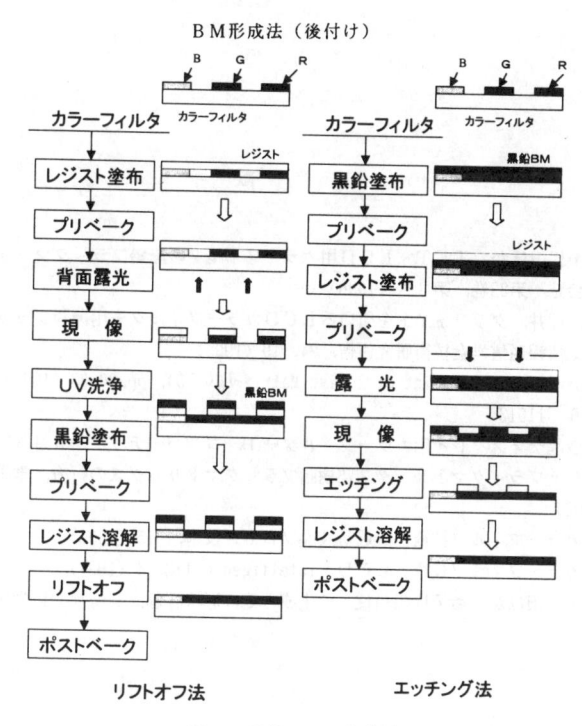

図15 黒鉛BMの後付け

(3) その他

黒鉛BMは水性であるため作業環境を害することなく,また安全である。また,媒体の蒸発が少ないので塗布工程を工夫し,塗料をリサイクルして使用することも可能である。さらに,少量排出される黒鉛廃液は,一般に使用される酸-高分子系の凝集剤で容易に捕集ができるため一般

排水として処理することができる。LCDの需要はますます大きくなっており，より環境に配慮した生産プロセス，環境負荷の小さい材料，経済性が要求されている。黒鉛BMのプロセス，材料はこの要求に寄与するものと考える[1,2]。

4.7 まとめ

黒鉛BMは薄膜，遮光性に特長があり，またリフトオフ法，エッチング法にて成膜が可能になった。さらに顧客，市場ニーズに対応した低反射，生産性の検討も進めており，安全性，コストでも特長がある材料と考えられる。今後はさらに，メタル材料に変わる材料としての実用化を進めていく[6]。

文　　　献

1) 坪井，千代田ほか，TFT－LCD用カラーフィルタの黒鉛ブラックマトリックス，日本印刷学会誌，第33巻，第3号（1996）
2) 千代田，坪井，グラファイトを用いるLCDカラーフィルター用薄膜ブラックマトリックス，電気情報通信学会技術研究報告，94, 19（1995）
3) M.Tsuboi et al., Preprint of Active Matrix-LCD '94, pp.80-83（1994）
4) 特開平6－11613
5) 渡辺，液晶ディスプレイ用カラーフィルター(1)，コンバーテック，8月（1996）
6) 武野，Crブラックマトリックス VS 樹脂ブラックマトリックスの行方，電子材料，9月，89（1996）
7) 松嶋，カラーフィルタ技術 '97最新液晶プロセス技術，315（1996）
8) 高木，カラーフィルタ技術　LCD, Intelligence 112, 4（1997）
9) 空閑，千代田ほか，微薄片黒鉛粒子の生成とその形状評価，レーザー科学研究，No. 14（1992）

第5章　保護膜形成法とケミカルス

寺本武郎*

1　概　要

　液晶ディスプレイの普及はパソコンの成長につれて，長足の進歩を成し遂げている。そこには，LCD自体の素晴らしい性能の向上に支えられていることは他言を要しない。すなわち，LCDに関しては画像の高精彩化，応答速度の高速化，消費電力の低減など，技術的にはかなりの進歩である。しかしながら，なお一層の性能向上が要求されている。なかでも，カラーフィルターに対しては，高精彩化にともなう色調，明度の改善が要求されている。この要求を満たすには保護膜としては耐熱性，透明性，平坦性などの向上が要求される。特にSTN-LCDでは画面の拡大に従って平坦性に対する要求が厳しくなってきた。さらにIPS-LCDとしてもSTN-LCDと同レベルの平坦性が要求されるに至っている。高精彩化に伴う保護膜への要求は今後も継続されていくであろう。したがって，これまでTFT-LCDでは保護膜の必要性が低いと考えられていたが，今後は保護膜剤の性能向上にしたがって市場も拡大していくものと予想される。

2　市場動向

　液晶ディスプレイの市場は1997年でTFT-LCD約1,800万枚，7,300億円であり，STN-LCDでは1,500万枚，3,900億円と予想されている。しかしながら，STN-LCDの今後の生産量は2000年以降ほぼ頭打ちで1,500万枚程度と推測され，市場規模は価格の低下に伴って2,500億円ぐらいに落ち着くであろう。一方，TFTは非常に大きな伸びを示し，2000年には4,000万枚，2005年には7,000万枚と大幅な生産量の拡大がみられ，市場規模も価格の低下を伴いながらも，1998年には1兆円を超え，2000年には2兆円をも超す勢いである。

　これにしたがい，カラーフィルターの生産状況は多面取りの技術が進歩することを考慮に入れても，1997年の予測は1,500万枚，750億円規模となるであろう。さらに当然ながら，LCDの生産量に比例してカラーフィルターの生産量も拡大していくであろう。結果として，カラーフィル

　＊　Takero Teramoto　新日鉄化学㈱　先端材事業部

ター用の保護膜剤の生産量も増加するであろう。しかしながら，ＴＦＴへの保護膜剤の使用は必ずしも必要ではないので，その増加量は高精彩ＴＦＴおよびＩＰＳの普及に依存するものと考えられる。一方，近年従来の顔料分散感光性樹脂型インキを塗布する方法に変え，インキジェット方式によるカラーフィルターの製造が行われるようになってきたが，本法でも平坦性を出すためには保護膜が必要である。すなわち，前述の保護膜の必要量に加え，インキジェット法カラーフィルターの普及による必要量を加えた量が今後の増加分として考えられる。

参入メーカー[1]としては，日本合成ゴム，日立化成，新日鐵化学，チッソ，積水ファインケミカル，宇部興産，東京応化，日産化学，三洋化成などがある。現在，日本合成ゴムのシェアは70％程度で熱硬化が中心に販売されている。

各社の製品については文献に詳細が示されている。

表1 Physical Properties of FHPA and AHPA

	FHPA	AHPA
Molecular Weight	607	484
Tg(℃)	250	180
Td(℃)	280	240
Volume Shrinkage (%)	0.5	10

Curing Conditions ; heated at 120℃ for 1 hr, 150℃ for 1 hr, then 180℃ for 3hrs with 1% di(t-butyl) peroxide

FHPA

AHPA

3 保護膜の必要特性

　保護膜への要求性能は耐熱性，平坦性，密着性，透明性に加え，耐溶剤性，耐光性，低液晶汚染性，耐熱変色性，表面高硬度性，保存安定性などであり，数々の機能が求められている。必要機能の説明には一例をもって説明する[2]。また機能を説明するに際しては，保護膜を装着する条件に大きく関係するので，塗布条件の一例を示す。

　まず，熱的性能については，耐熱性は従来よりＩＴＯ膜を形成する際の処理温度に耐えること，熱劣化により着色しないこと，さらに加工プロセスにおいてかかる熱履歴に耐えることが必要となる。それぞれのプロセスにおいて，ＩＴＯ膜形成時は一般的には，ＳＴＮ－ＬＣＤで 250℃,

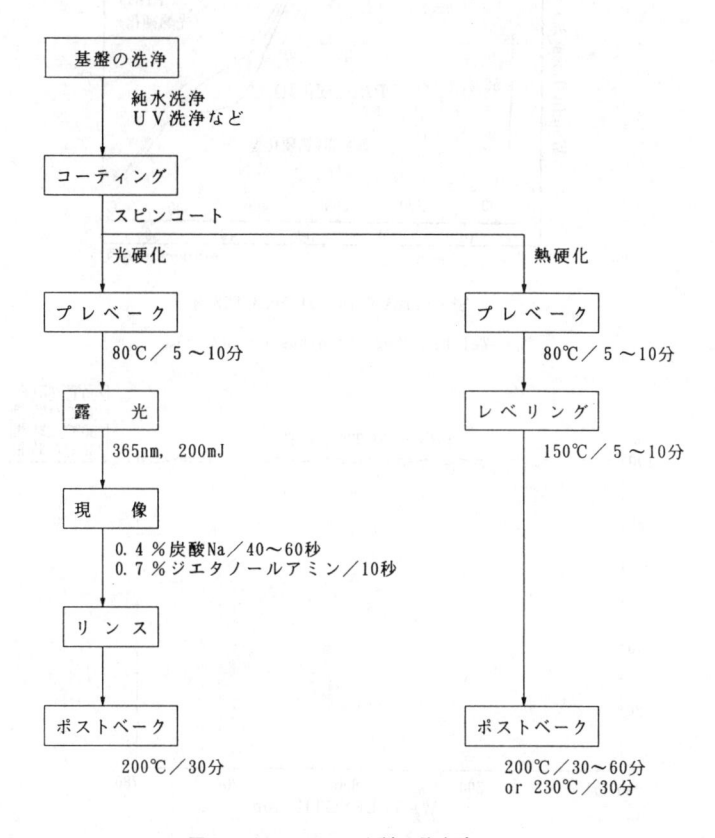

```
        基盤の洗浄
           │  純水洗浄
           │  ＵＶ洗浄など
        コーティング
           │  スピンコート
      光硬化 │ 熱硬化
      ┌────┴────┐
   プレベーク      プレベーク
   80℃／5～10分    80℃／5～10分
      │              │
     露 光         レベリング
   365nm, 200mJ    150℃／5～10分
      │              │
     現 像            │
   0.4％炭酸Na／40～60秒
   0.7％ジエタノールアミン／10秒
      │              │
    リンス            │
      │              │
   ポストベーク    ポストベーク
   200℃／30分    200℃／30～60分
                 or 230℃／30分
```

図１　オーバーコート材の塗布法

TFT-LCDは 200℃であるが，各メーカーのライン設計によってはこれとは異なる。

原材料としてビスフェノールA（AHPA）とビスフェノールフルオレン（FHPA）を比較し，またTGカーブはFHPAタイプについて示した。

次に，塗布後のプレキュアー，ポストキュアー（いくつかの製品は 180℃，1時間程度）についても同様に各メーカーのライン設計の違いばかりでなく，使用する樹脂においてもかなりの相違がある。高い耐熱性を示す樹脂は成形後の膜の耐熱性，すなわちガラス転移温度が 200℃を超

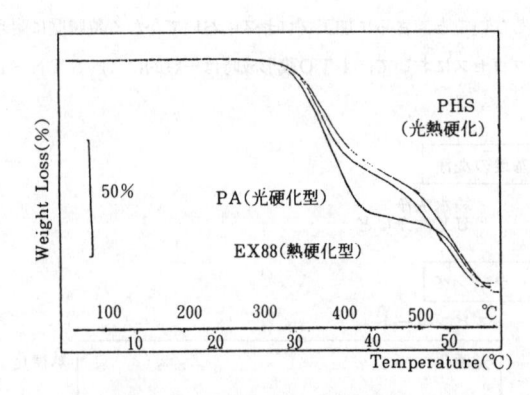

図2　TGA Curve of FHPA. RESIN

Weight : 20mg, Scan speed : 10℃/min

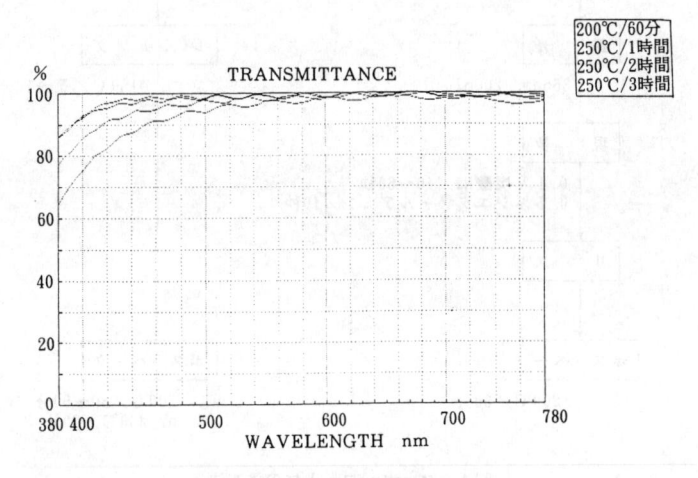

図3　V-259PA分光透過率チャート

148

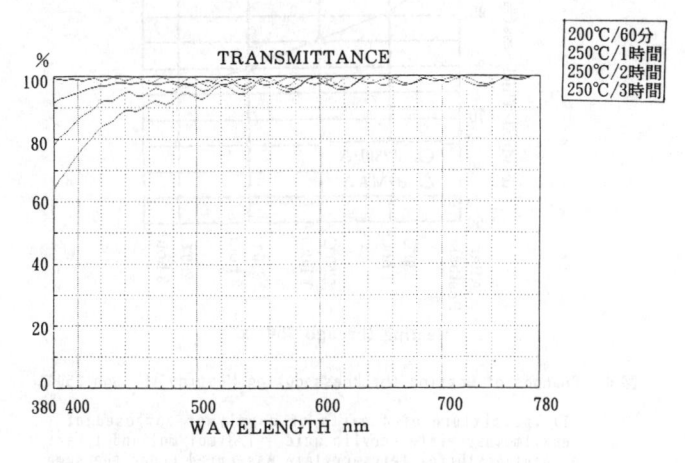

図4　V-259PHS分光透過率チャート

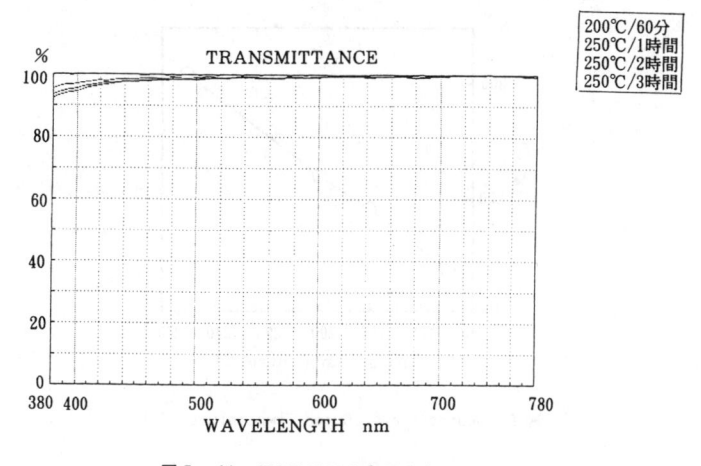

図5　V-259EX88分光透過率チャート

えるが，これは処理温度に対応して変化し，300℃を超える材料も提供されている。また，ポストキュアー時に膜厚の収縮が見られるが，画素間段差をより低減するには，さらに内部応力の低減による密着性の向上にも膜厚の保持率が大きな影響を与えるため，90%以上が望ましい。

　さらに一連の加熱工程において無着色で透明性の維持も不可欠である。

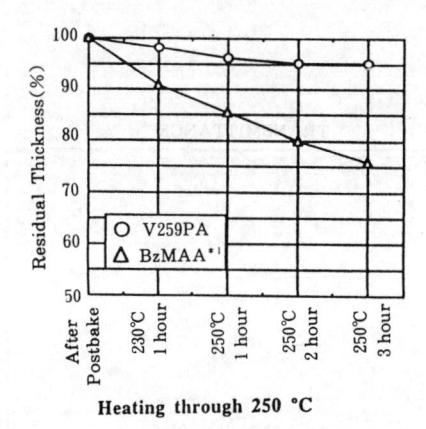

図6 Changes of Coating thickness during Heating through 250℃

*1) The mixture of 4 parts of copolymer composed of benzylmethacrylate/Acrylic acid =7/3(mol/mol)and 1 part of pentaerythriol tetraacrylate was cured under the same condition.This resist was referred to Ref.3.

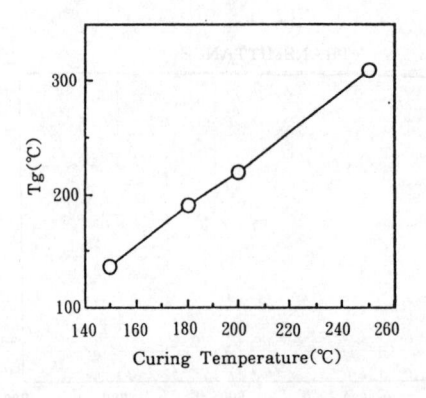

図7 Dependence of Cured Temperature on Tg

ここ数年とみに要求されているのが,平滑性,平坦性である。これは高精彩化および大画面化に伴い色邑を抑えるには,不可欠の特性である。特に,STN-LCDにおいてはセルギャップが小さく,大画面化に伴って,その均一性が直接的に色調に影響を与えるので,保護膜塗布後の画素間段差に0.05μm以下は必須である。さらにIPS-LCDにおいても同等の性能が要求されている。もちろん,画素間のギャップは塗布時に埋められて処理後にはその平坦性が維持でき

150

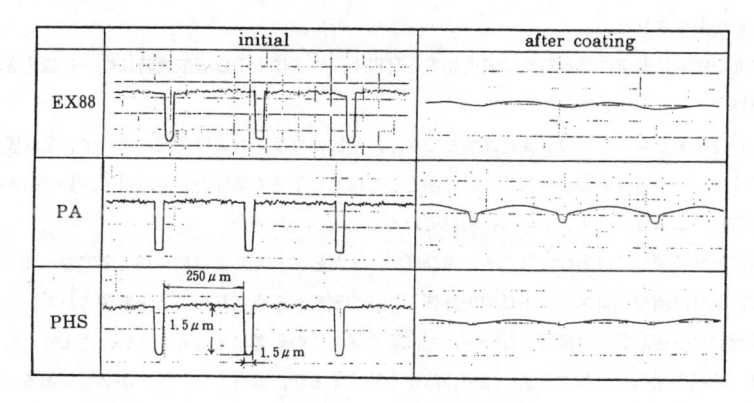

図8 The results of planarization measurements

表2 保護膜剤の性能比較

			項　　目			
製 品 種		硬化方式 製品略称	光硬化タイプ PA	熱硬化 PHS-EX88	熱硬化1	熱硬化2
ワニス特性	組　　成	溶液タイプ 固 形 分 粘　　度	一液 30% 10～14cps	一液 30～45% 4～12cps	二液 25% 60cps	二液 25% 30cps
	保存安定性	25℃ 5℃	14日で1cps以内の粘度上昇 4カ月	同　左 同　左	4日（著しい増粘） 20日	3日（著しい増粘） 15日
処理特性	前　乾　燥 前　硬　化 推奨リフロー条件 ポストキュア	プレキュアー UV照射 推　　奨 高　　温	80℃, 5分 200mJ 130℃, 3～5分 200℃, 30～60分 ～250℃, 15～20分	130～150℃, 5～15分 — 130～150℃, 5～15分 同　左 230℃, 15～20分	? — 不明 180℃, 30分 —	? — 不明 180℃, 30分 —
膜特性	平　坦　性	画　　内 画素間段差 山谷段差	◎ ◎ ○	◎ ◎ ◎	△ ○ △	△ ○ △
	表面硬度 ITOスパッタ耐性	鉛筆硬度 250℃スパッタ 200℃スパッタ	4H ひじょうに優れる◎ (SiO$_2$プレコート不要)	4H ひじょうに優れる◎ (SiO$_2$プレコート不要)	4H × ○	4H × ○
	耐熱性 (250℃, 2時間)	耐熱変色 膜 減 り	光線透過率90%以上 残膜98%以上	光線透過率95%以上 残膜98%以上	? 膜減り大	? 同　左
	耐薬品性	酸 アルカリ 溶剤（NMP）	◎ ◎ ◎	◎ ◎ ◎	○ ○ ○	○ ○ ○
	耐湿信頼性	パターンタイプ 全面コート	◎ ×	— ◎	— ◎	— ◎

ることが要求される。

表面の性能に要求される特性は表面硬度4H以上，さらにITO膜成膜時に均一に成膜され，密着性がよいことが必要になる。

密着性に関してはITO成膜時ばかりでなく，基板のガラスおよび場合によっては配向膜のポリイミドとの密着性も要求される。評価法としてはPCT法で条件として，121℃，100％10～100時間後のクロスカットテストにて行われている。

耐溶剤性に関しては耐酸性は5～10％濃度で，また耐アルカリでは数～10％で室温−40℃において，30分浸漬後クロスカット試験で評価し，一切剥離がみられないことが要求されている。

保護膜は直接液晶とは接触しないが，配向膜を通しての影響は十分考えられ，汚染性，換言すれば，液晶の配向を乱してしまう成分の溶出を防止するか，含有しないことが必要である。評価はセルを組み立て，電圧保持率を測定し，配向状態を評価するか，硬化後の保護膜より溶出する成分の液晶の比抵抗を測定するなどの方法がある。

操作性では当然ながら，二液系より一液系が好まれ，さらに保存安定性，すなわち室温での安定性が少なくとも一昼夜粘度上昇等の塗布性能に変化がないことが必要となる。表2には，現在，市場に提供されている製品についての性能を示した。

4　保護膜の開発状況

材料の開発に関しては，アクリル系，エポキシ系，ポリイミド系，シロキサン系を中心に進められているが，近年に至って高平坦性の要求が厳しくなり，各社素材の検討も積極的に実施している。

社別には，チッソが積極的に種々の素材を用い開発を進めている。

ポリイミド系では，アミン成分にアミノシリコンを用い，耐熱性，耐薬品性，接着性を改善し，さらにポリイミドの溶剤不溶性を改善するため，前駆体のアミック酸に一部閉環しポリイミドユニットをもつ塗布液として作業性の向上をして，かつ膜物性としても種々の性能の向上が成されている。さらに，粘度等の経時安定性を改善している。次にアクリル系樹脂での開発はヒドロキシスチレン−多価カルボン酸を含有させ，低温硬化可能なグレードを開発するとともに特定のアクリル系樹脂を含有し，透明性，耐薬品性，耐スパッタ性および密着性などの向上を成し遂げている。一方，多価アミンを含有させることによっても成し遂げている。別グレードとして，紫外線硬化性樹脂によりエッチングが可能な塗膜ができるタイプをも提供している。

最大手の日本合成ゴムでは，熱硬化型の保護膜材の市場のほとんどを占有しているが，さらに改良を継続し，性能の向上を目指している。特に，ガラス質膜の応用を中心に検討がなされてい

る。原料として，オルガノシランとその部分加水分解物を用い膜を形成し，カラーフィルター含有成分の滲みだしを防止し，均一で緻密な，耐熱性，耐クラック性に優れた材料を提供している。さらに感放射線性樹脂により，感度，現像性に優れ，残膜率に優れた耐熱性，耐薬品性，基板との密着性および可視光領域において透明性に優れたレジスト材料を提供している。同様にアルキル系化合物やポリイミド系樹脂を用いて，平坦性および表面硬度の改善を実施している。

東京応化工業では有機ケイ素系樹脂を用いて，耐熱性，耐光性，密着性，耐スパッタ性に優れた塗布液を提供している。

三洋化成工業では各種材料により表面保護膜の特性－硬度，耐熱性，透明性，耐薬品性の改善を行い提供している。ジシクロペンタジエン樹脂－ポリチオールからなる樹脂，ジアリルフタレート樹脂－ポリチオールからなる樹脂，ポリジビニルベンゼン－ポリチオールからなる樹脂，さらに有機高分子－酸無水物系樹脂，エポキシ樹脂－不飽和カルボン酸系樹脂と幅広く開発を進めている。

積水ファインケミカルは光硬化型化合物－Ｎ－ベンジルマレイミドの光重合により平坦性を向上させている。

最も特許出願の多いのは，日立化成工業である。まず，エポキシ系については，ビスフェノール系エポキシ樹脂を用いて，これに特定のエポキシ樹脂を加えて，さらに酸または酸無水物を成分として特徴をだしている。特定のエポキシ樹脂として，ジグリシジルエーテルを使用した場合を基準として，耐熱性，耐クラック性，平滑性，透明性を示す保存安定性に優れた組成物を提供した。続いて，ノボラック型エポキシ樹脂とした場合は，特徴を保持しつつ，特に樹脂の保存安定性を改善している。さらにオルソクレゾール－ノボラックエポキシ樹脂に置き換えることにより，一層保存安定性を向上させたものを提供している。また，ノボラックエポキシ系樹脂は光硬化型への展開およびそのさらなる特徴である耐薬品性，耐傷性，耐湿性，そして塗布性をもつ樹脂の開発に至っている。熱硬化型は操作性での特徴はあるが，加熱過程は信頼性などには必ずしもいい影響を与えないゆえ，硬化温度の低温化は課題の一つである。そのため，Ｎ－置換マレイミド－アクリル系に加え，エポキシ，多価カルボン酸および三級アミンを含むコーティング用樹脂とした。これを改善するために，アクリル成分を脂環式アルキル基をもつ化合物とし，特性の向上を実現した。さらにグリシジルエステルを加え改良し，また一層改良するため，ポリシクロヘキセンオキサイドを用いることにより耐熱着色性を改善した樹脂を提供している。

文　献

1) '96液晶ディスプレー周辺材料・ケミカルズの市場, p.173, シーエムシー；エレクトロニクス用高分子の市場, p.241, シーエムシー；'96液晶ケミカルの市場, p.173, シーエムシー
2) K.Fujisiro, T.Teramoto et al., SID '96 Digest of Technical Papers, Vol.XXVII, 530-534 (1996), K.Fujisiro, T.Teramoto et al., IDW '96 Proceedings of The Fourth International Display Workshops, 337-340, 385-396, ibid, '97, 311-314
3) 特許；特開平1-156371, 3-153786, 4-85322, 4-178477, 6-75108, 6-100663, 6-157556, 6-148416, 7-286134, 7-310048, 1-215869, 7-148629, 7-248625, 7-248629, 7-248625, 8-92323, 9-52938, 7-35914, 4-97102, 4-151602, 4-151603, 4-180066, 4-186303, 4-170421, 4-170503, 4-170504, 4-272976, 4-272977, 4-272978, 4-272974, 4-301603, 4-315101, 4-315102, 4-315103, 5-173012, 5-171099, 6-1944, 6-145594, 6-145595, 7-188392, 7-18383, 8-27348, 8-171007, 8-301989, 9-73009, 7-104117, 9-61613, 9-118707

＃ 第6章　レジスト塗布法

1　スリット&スピン方式

木瀬一夫[*1]，谷口由雄[*2]

　ＴＦＴアレイ工程で量産実績のある省液型レジスト塗布装置の「スリット&スピン」方式をカラーフィルタ製造用塗布装置に展開した。さらに，カラーフィルタ材料処理特有の課題に対し，独自のノウハウを加えている塗布装置「ＳＦ-700／800」を紹介する。

1.1　はじめに

　現在，カラーフィルタの生産においては，顔料分散型のネガ型カラーレジスト（以下カラーレジスト）をスピン塗布し，パターニングする方法が主流である。

　カラーレジストのパターニングの場合，ガラス基板に塗布されたカラーレジスト膜の塗布性能が，製品性能に影響を及ぼす。

　そのため，たとえ膜厚均一性がエンドユーザーの規定数値内に塗布されていても，局所的に膜厚変化が存在する場合，色ムラとして目視認識されてしまう。

　そういった意味ではＴＦＴアレイ工程で使用されているポジレジスト塗布装置に対する要求よりも厳しいといった側面があるといえる。

　本稿では，カラーレジスト塗布装置における従来の塗布方式での課題と合わせて，当社の省液型カラーフィルタ材料用塗布装置「ＳＦ-700／800」の①塗布性の向上，②ランニングコストの低減などの技術について述べる。

　なお，「ＳＦ-700／800」は，当然ながらポジレジスト塗布にも対応が可能である。

[*1]　Kazuo Kinose　大日本スクリーン製造㈱　電子機器事業本部　彦根製造部　技術1課　係長

[*2]　Yoshio Taniguchi　大日本スクリーン製造㈱　電子機器事業本部　彦根製造部　技術1課　主任

1.2 従来塗布方式の課題と対策例

カラーレジストを，従来の「中央滴下」方式で塗布した場合，主に，塗布性能，基板周辺部レジスト厚膜除去，ランニングコストなどについて課題が存在していた。これらの課題は，どれをとってもカラーフィルタの製造コストを押し上げている要因であり，逆にこれらを解決，軽減することがコストダウンに直結するものと考えられる。

そこで，従来のカラーレジストのスピン塗布工程における課題と対策例についてに説明する。

(1) 塗布性能

カラーレジストを従来の「中央滴下」方式でスピン塗布した場合，カラーレジスト材料の特性により様々な塗布不良が発生する。

その中でも代表的な塗布不良を以下に示す。

① スポット跡

カラーレジスト滴下時に，滴下スポット部の膜厚がわずかに厚くなり，その部分が目視検査において色ムラと認識される。

② 滴下跡

カラーレジストが滴下され，回転によって振り切られるまでに形成される滴下範囲外周部の膜厚がわずかに厚くなり，色ムラとなる。

③ 飛散跡

滴下されたカラーレジストが回転に伴って放射状の筋となって広がっていくため，その筋状に広がった部分が目視検査において色ムラと認識される。

これらの塗布不良による色ムラは，カラーフィルタの製品性能に直接影響を及ぼし，液晶パネルの製品性能をも左右するものである。

装置側では，塗布不良を解決するために，塗布シーケンスの工夫により対策を行ってきた。

具体的には，「基板を低回転で回転させながら，基板中央部から基板端部側へ，レジスト滴下用ノズルをスキャニングしながら吐出し，基板全面にカラーレジストを滴下する」といった塗布シーケンスなどがある。

(2) 基板周辺部レジスト厚膜除去

一般的にスピン塗布では，レジストを塗布した際，基板周辺部の膜厚が塗布膜厚の約2～3倍の厚膜となってしまう。

カラーフィルタ製造工程において，基板周辺部のカラーレジスト厚膜部分は，通常の現像処理工程では完全に除去できない。そのため，R．G．B 3色のパターニングが終了した時点で基板周辺部にR．G．B 3色のカラーレジスト残膜が重なった姿で残ることがある。

これは，パネルの張り合わせ時のスペーサーの直径よりも厚膜になることから，張り合わせ工

程でのトラブルとなる。したがって，現像処理工程後，基板周辺部に残るカラーレジスト残膜の処理には，各社苦労されていたようである。

そのため，以前から当社では，「レジスト塗布後に，有機溶剤により基板周辺部の厚膜除去を行う端面洗浄ユニット」，「現像処理直前に，基板周辺部厚膜のみにアルカリ現像液を塗布することで厚膜の現像を促進し，次工程の現像処理において，基板周辺の厚膜部が溶解できるような端面現像促進ユニット」を開発，販売していた。

(3) ランニングコスト

カラーレジスト塗布装置における高ランニングコストの要因として，以下のものが考えられ，また，それらに対する対策は，これといった妙案がなかった。

① レジスト利用効率

従来の「中央滴下」方式は，スピンコーティングする場合，基板中央に，キャピラリーノズルによって滴下されたレジストが，図1のように回転に伴って基板全体に放射状の筋となって広がっていく。

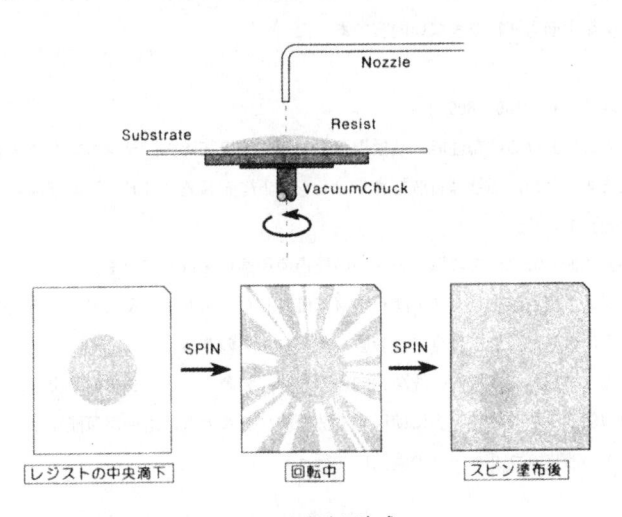

図1 中央滴下方式

これは，基板の表面状態やレジストの表面張力，粘度，および回転による遠心力などが要因となっているが，この過程で放射状に発生するレジストの筋を通して，塗布に寄与しない大半のレジストが基板外に放出されることになる。

また基板は，半導体ウエハのような円形ではなく長方形であるため，レジストが広がるときに，

基板中央からの距離が長い短辺端に到達するまでの間，中央からの距離の短い長辺端から放出し続ける．

このようなことが要因となり，「中央滴下」方式では，かなり塗布効率が悪くなっている．しかし安定性，膜厚精度の点で，ほかに変わる技術がなく，現在までの主流となっている．

また，(1)で述べた塗布不良を改善するため，塗布シーケンスが特殊になり，ポジレジスト塗布装置で行われていた「中央滴下」方式と比べ，さらにレジスト使用量が増加し，高価なカラーレジストの利用効率が悪化していた．

② 有機溶剤使用量

基板周辺部の厚膜除去に多量の有機溶剤を使用していた．また，供給および廃液設備には安全性を確保するため，設備コストが増加する一つの要因にもなっている．

③ 装置稼働率

コータカップ内の清浄性が塗布工程の歩留まりに影響することが懸念されているため，コータカップ内清浄性維持のために，人海戦術による定期清掃を頻繁に行わなければならなく，装置の実稼働率が悪化する要因となっていた．また，定期清掃を人海戦術に頼るため，その洗浄コストや作業者の安全衛生面も無視できない内容であった．

1.3 塗布装置「SF-700/800」

従来の塗布方式における塗布性能，基板周辺部レジスト厚膜除去，ランニングコストなどの課題を改良，改善するため，当社は省液型カラーレジスト塗布装置「SF-700/800」（関連特許出願中）を販売している．

「SF-700/800」では，主に以下の3つの技術の最適化を行っている．

① ポジレジスト用省液型レジスト塗布装置で確立した「スリット＆スピン」方式を，カラーレジスト等にも対応可能なように，装置ハードウェアの改良．
② コータカップ自動洗浄機能の洗浄力向上のため，装置ハードウェアの改良．
③ 基板周辺部レジスト厚膜除去に使用する洗浄液にアルカリ液も使用可能なように，装置ハードウェアの改良（プリベークの直前にて行う）．

1.4 「スリット＆スピン」塗布方式

「スリット＆スピン」方式は，静止した基板上の広い領域に，あらかじめスリット状のノズルから吐出したレジストを移動しながら塗布（プレコート）し，次に基板を回転させてレジストを広げる塗布方式である．

従来の中央滴下方式と比較して，「スリット＆スピン」方式では，基板とスリットノズルとの

間に一定のギャップを保って，図2のように広い領域に薄く，基板形に最適な長方形のコーティングをすることができる。このため中央滴下の場合に発生していた，レジスト消費量増大の要因となる「放射状の筋」が抑えられる。

中央滴下方式でも，「スリット＆スピン」方式でも，スピン終了直後，ベーク処理前のウェット状態でのレジスト膜厚は，スピン条件やレジスト種によっても異なるが，おおよそ5～7μm程度である。

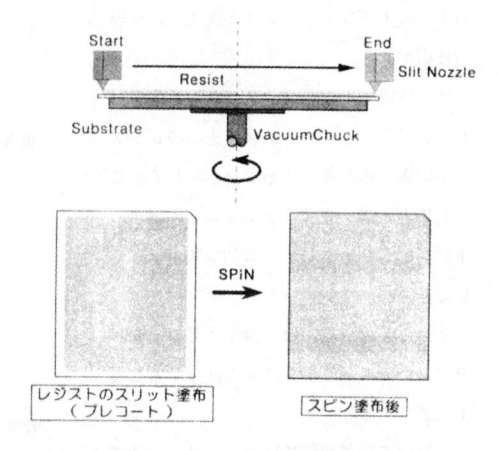

スリットコーティングだけでこの膜厚を得るには，基板とのギャップ精度，ノズルの設計精度がきわめて厳しくなると予想される。

「スリット＆スピン」方式は，スピン処理と併用することにより，これらの厳しい精度を必要としない。スリット過程でのウェット状態のレジスト膜厚は，40～60μmであり，スピン処理でレベリングを行い，5～7μmとする。したがってスリットコーティングというよりは，レジストをスリットノズルで基板上にラフに広げているといったイメージが適切である。

「スリット＆スピン」方式では，再現性，膜厚精度に関して，従来と同等である。

しかし「中央滴下」方式で問題とされていたレジストの裏面回り込みが改善され，コータアウターカップ内のレジスト汚染も同じ処理枚数では，大幅に減少する。

「スリット＆スピン」方式によるレジスト塗布方法は，基本的には従来の装置に，プレコート処理部が加わることで実施することができるため，複雑なシステムの導入，大幅なプロセスフローの変更なしにレジスト使用量削減等の効果を得ることができる。

ベーク処理後の最終膜厚は，従来の中央滴下方式によって得られる値とほぼ同等であり，回転条件（回転加速度，回転保持時間）に依存する。

したがってスピン過程は，従来と同じ条件で行えばよく，膜厚の条件出し，および従来からのプロセス移行が非常に容易である。

図2　スリット＆スピン方式

1.5　「スリット＆スピン」方式周辺技術

「スリット＆スピン」方式の中で，最も注意したポイントの一つに，スリットノズル乾燥防止

対策、およびスリットノズル洗浄という周辺技術がある。

装置待機で長時間コーティング処理を行わない場合、スリットノズル先端のレジストが乾燥するため、吐出不良が生じる。この対策として、スリットノズルの待機ポットに有機溶剤を供給し、溶剤雰囲気としている。

さらに装置待機中は、設定時間ごとに、リンス液でスリットノズルを洗浄することも可能である。

つづいて装置起動時には、スリットノズル先端内部のリンスが染み込んだレジスト分を除くため、プリディスペンスを待機ポット内で行い、塗布準備が完了する。

1.6 効 果

「SF-700/800」では、従来の「中央滴下」方式の課題を大幅に改善でき、塗布性向上、ランニングコストの低減、装置稼働率向上などと相まって歩留まり向上の効果がある。

(1) 塗布性能向上

ここで注目したいのは、「スリット&スピン」方式採用により「スポット跡」、「滴下跡」、「飛散跡」など、塗布不良の発生しやすいカラーレジストに対し、これらの塗布不良がいっきにクリアでき、従来以上の高い塗布均一性が得られた点である。

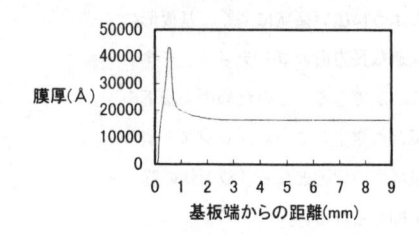

なお、省レジストに有効な高加速度回転によるスピン塗布法は、残念ながらこれらの塗布不良に対しては効果がない、もしくは、逆効果であることを付け加えておく。

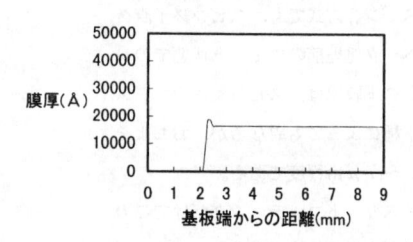

(2) アルカリ液による基板周辺部レジスト厚膜除去

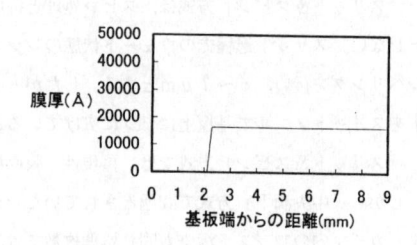

洗浄液にアルカリ液を採用したことにより、図3に見られるように、洗浄境界部の盛り上がり

アルカリ液：PK-CRD62（パーカーコーポレーション製）

図3 基板周辺部レジスト厚膜洗浄境界部の膜厚プロファイル

がまったく発生しないため，プロセス安定性に優れている。

装置ハードウェアの改良，アルカリ液の開発，最適化を同時に行った結果，写真1の除去サンプルに見られるように，アルカリ液による基板周辺部レジスト厚膜除去でも「ＳＦ－700／800」は，高い洗浄性が得られている。専用のアルカリ液は，パーカーコーポレーションと共同開発を行い，当社装置に最適化した薬液となっている。

アルカリ液：PK-CRD62（パーカーコーポレーション製）

写真1　アルカリ液による基板周辺部レジスト厚膜除去サンプル

(3) ランニングコスト削減

従来の「中央滴下」方式による基板サイズごとのレジスト使用量は，処理基板の表面状態によっても異なってくるが，おおよそ550×650mmで45cc，600×700mmで53cc，750×950mmに至っては，面積比換算で90cc程度は必要になると考えられる。

「スリット＆スピン」では，これらの値の約1／3～1／4で，膜厚精度のよい塗布が実現できた。

下記の条件で，1年間「スリット＆スピン」コータを使用した場合の効果を示す。

　　基板サイズ：550×650×t=0.7mm
　　処理タクト：60sec
　　1日の稼働時間：24h
　　1月の稼動日数：25day
　　「中央滴下」方式のレジスト使用量：45cc
　　「スリット＆スピン」方式でのレジスト使用量：15cc

から，1年間の基板処理枚数は，約432,000枚で，「中央滴下」方式の1年間のレジスト使用量は20,000ℓとなる。

一方「スリット＆スピン」方式の1年間のレジスト使用量は，6,500ℓとなり，「スリット＆スピン」コータ1台当たりで，13,500ℓのレジストが削減できた（表1）。

カラーレジストを3万円／ℓとして換算した場合，1年間で約4億円のレジストコストを削減したことになる。

また，レジスト使用量が減ることにより廃液量が大幅に減少するので，廃液処理に必要なコストも削減できることになる。

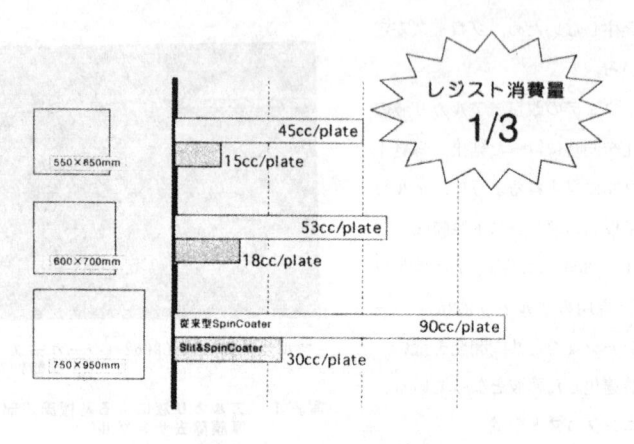

図4 レジスト消費量の比較

表1 Slit & Spin方式の効果

モデルケース
基板サイズ : 550 × 650 mm
レジスト使用量
　中央滴下 : 45cc/plate
　Slit&Spin型 : 15cc/plate
　カラーレジスト : 3万円/ℓ

年間 13500 ℓ（約4億円）削減

中央滴下 20000 ℓ
Slit&Spin 6500 ℓ

　同様に，基板周辺部レジスト厚膜除去に使用する洗浄液にアルカリ液を使用することで，洗浄液のコストを約1／10にすることが可能になった。さらに，洗浄液の供給および廃液設備コストの低減ができる。

　「コータカップ自動洗浄機能向上等」のハードウェア改良および「スリット＆スピン」方式採用によりコータカップ定期清掃頻度が大幅に減少し，洗浄コストが低減され，装置の実稼働率が向上した。

1.7　今後の展開

　高い塗布均一性，低ランニングコストを特色とした「SF-700／800」により，エンドユーザーに対し，満足のいく装置提供ができたと確信する。

　しかし，LCD市場の将来を考えた場合，さらなるトータルコストダウンの要求がでるであろう。

　したがって，今後も当社の持つ豊富なLCD製造装置群を継続して改良・改善することが装置メーカーの役割であると考えている。

文　　献

1）木瀬，福地，コータのレジスト消費量削減，月刊LCD Intelligence，96年4月号，pp.66-69(1996.4)
2）木瀬，谷口，カラーフィルタ用レジスト塗布技術，月刊LCD Intelligence，97年3月号，pp.77-79（1997.3）

2 エクストルージョン方式

田島高広[*]

2.1 はじめに

近年,フラットパネルディスプレイ業界において最も重要なテーマの1つとされるのが基板の大型化に対するプロセス技術の確立である。特にプラズマディスプレイにおいては開発当初より大型製品の確立が不可欠とされており,従来のLCD用カラーフィルターの塗布方式がそのまま応用できるものでないことは言うまでもない。すべてが基板の大型化へと向かいつつある現在の状況下において,レジストなどの塗布工程に従来のスピン方式を適用することはきわめて困難な状況となっている。そこで今最も注目を集めているのがエクストルージョン方式と呼ばれる塗布方式である。

特にフラットパネルディスプレイにおいては将来の基板の大型化に対応し得る唯一の有効手段として考えられており,ユーザーからの問い合わせ件数もここ1年で極端に増加している。ではいったいエクストルージョンコーターとはどういったものか,次項より実際の実験データ例などを引用しながら解説を進めていくことにする。

2.2 Fasコーターの基本原理

まずはエクストルージョンコーターの基本原理から見ていきたいと思う。図1に押し出しプロセスの模式図を示す。①プロセス用液体は押し出しヘッドに開けられた精密な直線状のオリフィスを通して,すでに特許を得た電気水力学的な分配技術を用いて供給される。この液体は押し出しヘッドの下の移動機構上を基板もしくはヘッド自体が動いている間に,基板上に直接塗布されていく。②押し出しヘッドはあらかじめ定められた高さに位置決めされ基板には接触しない。膜厚は次の式に従って求められる。

$$T = \frac{R_P \times S_+}{V_s \times W}$$

R_P =ポンプレート(cm^3/s)
S_+ =塗布液の収縮係数
V_s =移動速度(cm/s)
W =基板の幅(cm)

次に,実際のテストコーティングをおこなうために,2種類の異なるエクストルージョンコ

---

[*] Takahiro Tajima 伊藤忠産機㈱ 産機システム課

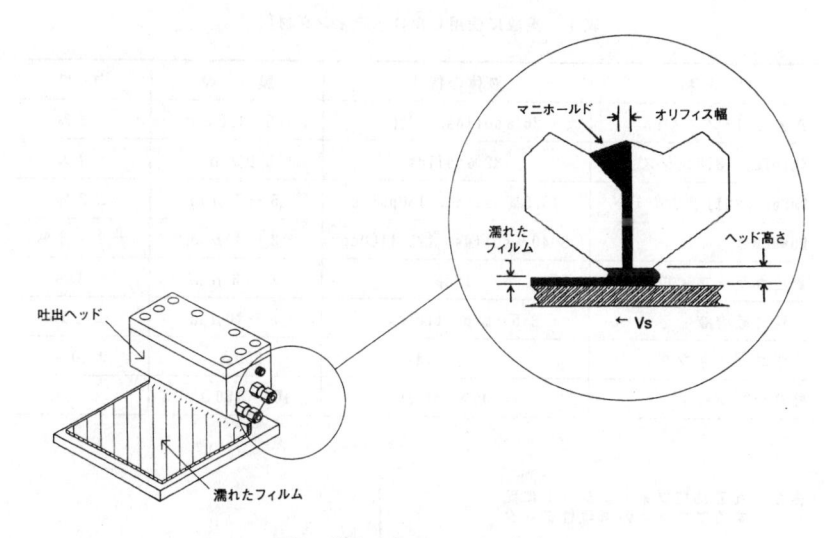

図1 押し出しコーティングプロセス

ーターを使用した。1つは350×400mmサイズ基板用のシステムであり、もう1つは320×340mmサイズ基板用のシステムである。プロセス用の基板としてCorning 7059Fガラスを使用した。このガラスには購入したままの状態でコーティングを行った。すなわち、コーティングの前に表面処理や密着促進剤の塗布は行わなかった。基板のコーターステージの真空チャックへのロード、アンロードはマニュアルで行った。未乾燥膜は90℃にセットしたホットプレート上でベークした。使用したプロセス用液体の種類によっては、必要に応じてキュアを追加した。フォトレジストおよびポリイミドの膜厚測定にはLeiiz MPV-SP Measurment Systemを使用した。膜の均一性は周辺の25mm領域を除いた基板全体にわたって測定した値の最大値と最小値から計算した。エッジビードの評価にはTencor Instruments FP-2 Surface Profilerを使用した。こういった要領でデモンストレーション用にコーティングした膜の均一性と、コーティングに使用した各種のプロセス用液体を表1にまとめて示す。また、ＡＺ1512ポジレジストを同一のプロセスレシピを使用して5枚の基板にコーティングした場合の均一性のデータを表2に示す。各基板の膜の均一性はすべて±2％以内である。基板間の変動は±2.04％である。

2.3 エッジビードの評価

次にエッジビードの評価について見ていくこととする。エクストルージョンコーティングプロセスを用いた場合には、塗布膜の幅はヘッドの幅に依存する。一般には、このサイズは基板の幅

表1 実験に使用したコーティング材料

材料	液体の特性	膜厚	均一性
AZ 1512レジスト	26%solids, 19cp	1.0－1.5μm	±2%
Shipley 1818レジスト	32%solids	5.0μm	±2%
DuPont 2611ポリイミド	13.5%solids, 130poise	5－25μm	±3%
DowBCB	35-40%solids, 125-1100cp	3－30μm	±2－5%
着色カラーフィルター	12cp	2－3μm	±3%
水性分散溶液	2-5μm particles	5－10μm	±3.5%
光学コーティング	1%solids	800Å	±10%
特許ポリマー	100%solids	100－150μm	

表2 AZ1512フォトレジストに関するプロセスの再現性データ

基板#	平均膜厚（μm）	均一性＋/－%
1	1.512	1.30
2	1.524	1.30
3	1.532	1.30
4	1.528	1.70
5	1.519	1.15
全体	1.523	2.04

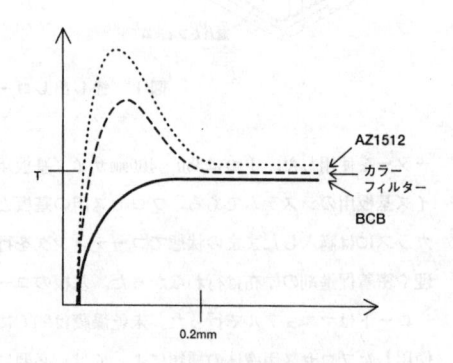

図2 横方向エッジビードのプロファイル

よりわずかに小さく，基板のエッジ部にコーティングされない除外領域が残される．横方向のエッジビードが存在する場合には，これはプロセス用液体の特性に強く依存している（図2を参照）。

　固形物の含有量が少なく収縮率の高い材料の場合には，エッジビードの高さはバルク膜厚の2倍以上になる可能性がある。しかし，これらのビードが膜の0.2～0.4mm以上内側の領域で観察されたことはない。固形物が多く収縮率の低いBCB材料の場合には，横方向のエッジビードは本質的に存在しない。前駆体溶液の表面張力と濡れ性もエッジ領域の特性に影響を及ぼすと考えられる。一方，コーティングの開始部と終了部にも均一性の低下が生じる。これはシステムが定常状態にない場合にダイナミックな液体の流れが生じるためである。これらの塗り始め部および塗り終わり部の不均一性の程度は，大部分がプロセスパラメーターの設定に依存する。これらの

不均一部の領域を最小にするためには,移動機構の加速・減速,ヘッド上ポンプ吐出量の微調整,ポンプ起動の遅延／遮断,エクストルージョンヘッドの高さの最適化が必要である。すなわち,ハードウェア面での工夫ではなく最適プロセスレシピの確立により不均一領域の最小化が達成できることがわかっている。

コーティング開始部における不均一性の初期的な評価の結果では面内膜厚の約1.5～2倍の初期的なビードが認められる。このコーティングプロセスは3～5mm以内に定常状態に到達する。コーティング終了部ではコーティングが中断されたことを示す明確な帯状領域に至るまでは均一性は良好である。この不均一領域の幅は約2～2.5mmである。現在これらの領域のさらに詳しい評価と,不均一領域をより小さくするための最適なプロセスパラメータの設定を行う努力が進められている。

2.4 基板の凹凸が膜厚に及ぼす影響

次に,基板の凹凸によるヘッド高さの局所的な変化が膜厚に及ぼす影響について検討した。図3はコータの真空チャック状に設置された7059Fガラスの一片の表面凹凸の3次元グラフを示している。図4はこれと同じガラス片上にコーティングした1.5μmのフォトレジスト膜厚の3次元グラフを示している。基板表面の凹凸の偏差が15.2μmであるにもかかわらず,膜厚のデータには0.035μmの偏差しか存在しない。これまでに取得したデータを総合すると,基板の凹凸は押し出しヘッドの高さの25%以上の大きさになって初めて重要な要素になるものと考えられる。1.5μmの硬化膜に対するヘッド高さの代表的な設定値は100～150μmである。この基板凹凸に対する感度は膜厚とヘッド高さが大きいほど小さくなる。

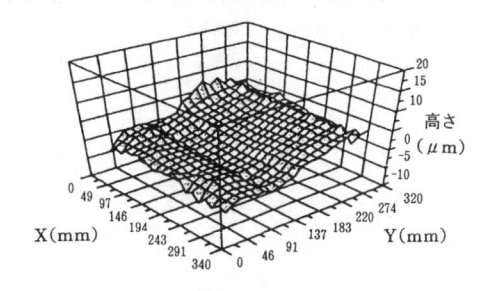

図3 ベアの7059Fガラス基板の表面プロファイル

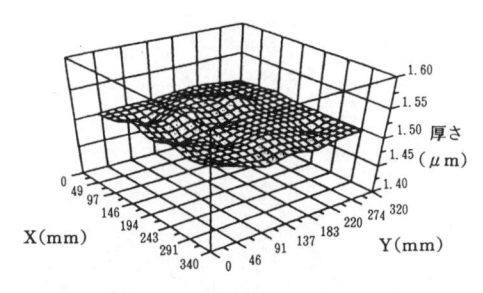

図4 AZ1512レジストの膜厚プロファイル

2.5 結論

　これまで見てきたコーティングテストおよびその評価は比較的小さな基板に対しなされてきたが，このエクストルージョン方式の長所としては，大型の対象物に適用できるようにスケールアップすることが簡単に可能である，という点である。最近では，特にＰＤＰ用途における大型基板への取り組みとして1,100mm×1,500mmサイズの基板にまで対応している。また，従来フォトレジスト等で使用されてきた10～20cps程度の粘度の塗布液に加え，エクストルージョンヘッド内部オリフィスの大きさを変えることにより，30,000～50,000cps程度の高粘度液にまで対応しており，その適用範囲の広さが実証されている。

　しかし，どういったアプリケーションに対しても最も重要となるのはプロセスレシピの最適化である。特に塗布液に関する機密性が重要視され，液に関する詳細情報が得られない場合においては，ユーザー側でのプロセス技術確立が不可欠となる。しかしながら，われわれがなし得た範囲での実績，例えば表1に記載されているアプリケーションでの実験結果などから推察しても，①実証されたコーティング性能，②プロセス用途の広さ，③スループットの改善および，④化学薬品廃棄物の削減といった観点から，本エクストルージョンコーティングはスピンコーティングに代わり得る実現可能で低コストな技術であるといえる。

第7章 大型カラーフィルターへのITO成膜技術

石橋 暁*

1 はじめに

現在ノートPC向けLCDパネルの大型化,高精細化が進んでいる。97年は12.1型が主流であり,その後メガノート用の13～14型級,さらには液晶モニター用の15～20型以上へと大型化が進む。また解像度もSVGAからXGA,SXGAへと,さらにモニター用ではUXGAまで高精細化が進むものと考えられる[1]。使用されるガラス基板のサイズも投資生産性の面で多面取りが有利であることから,第3期の550mm×650mm(12.1型×6面),590mm×670mmからの3.5期,さらに第4期のモニター用では1m□(20型級×4～6面)程度へと大型化が進む[2]。パネルの主流はTFT方式であるが,カラーSTNも新駆動方式の採用[3]や応答速度などの改善とともに,低価格を武器に大型パネルを中心に市場の拡大が予想される。

TFTアレイ側のスパッタ成膜装置は第1期がインライン型であったのに対し,第2期以降はマルチチャンバー型の枚葉装置が主流となった。第4期のモニター用でも引き続き枚葉装置が用いられると思われる。一方,カラーフィルタ(CF)側のITOやブラックマトリクス(BM)の成膜装置では量産性に優れたインライン装置が主に用いられているが[4],バッチ装置や枚葉装置が用いられる場合もある。

LCDパネルの大型化,高精細化に伴い,膜特性に要求される値も厳しくなってきている。たとえばCF上のITOに要求される比抵抗も年々低くなっており,ITOやBM膜の反応性成膜では大型基板への均一成膜も一段と難しくなる。

本稿では低抵抗ITO成膜技術を中心に,CF上ITO成膜の問題点と対策,低反射BM成膜技術および量産装置についても概括する。

---

* Satoru Ishibashi 日本真空技術㈱ 千葉超材料研究所 室長

2 低抵抗ＩＴＯ／ＣＦ成膜技術

2.1 ＩＴＯの作製法

ＩＴＯをはじめとする酸化物透明導電膜の作製法は，スプレー法[5]，塗布法，ＣＶＤ法[6]などの化学的作製法と，真空蒸着法[7]，スパッタ法[8,9]などの物理的作製法に分けることができる。化学的作製法は，塩化物の加水分解や有機化合物の熱分解反応により酸化物透明導電膜を形成する方法である。工程が簡単で装置が安いというメリットがある。しかし，通常400℃程度の反応温度を必要とするため低温基板への膜形成ができないこと，組成の微細な制御による酸素欠損ドナーの最適化ができないため低抵抗膜を得にくいこと，有害ガスを発生することなどの問題がある。一方，物理的作製法は，膜形成中に真空雰囲気への導入酸素量を調整することにより酸素欠損ドナーの最適化ができるため低抵抗膜を得やすいこと，さらに耐熱性の低いＣＦ基板やＴＦＴ素子，フィルム基板上へも低温で膜形成ができることなどのメリットをもつ。そのため，ＬＣＤのＩＴＯ形成で用いられてきたのはほとんどが蒸着かスパッタの物理的作製法である。特にスパッタ法は蒸着法に比べ大型基板への均一成膜や膜特性の制御性に優れ，また後述のように成膜法の改善により低温基板上でも低抵抗なＩＴＯ膜が得られるようになってきた。現在ＬＣＤの生産プロセスでは，ＩＴＯの焼結体ターゲットを用いたＤＣマグネトロンスパッタ法が多く用いられている。

ＩＴＯ膜の導電メカニズムは，Ｉｎサイトの4価のＳｎ原子による置換，および化学量論組成であるIn_2O_3からの酸素原子欠損の2つのドナーから説明できるｎ型のキャリア導電機構である。キャリア電子密度が上昇するほど電子の易動度が低下するため，それぞれのドナー密度に最適値が存在する。スパッタ法により多結晶質のＩＴＯ膜を形成する場合，In_2O_3-10wt%SnO_2付近のターゲット組成において最も低い比抵抗が得られる。ＩＴＯスパッタ成膜における最重要な制御パラメータは導入酸素量と基板温度である。酸素欠損ドナーは導入酸素量の調整により制御することができる。成膜温度の上昇に対しては比抵抗は大幅に低下し，350～450℃付近で飽和する。これはＩＴＯ膜の結晶化による電子易動度の上昇，およびＳｎ原子のイオン化によるキャリア電子密度の増加で説明できる。

ＩＴＯ膜の透過率は導入酸素量の増加とともに上昇し，比抵抗がボトムとなる付近で飽和する。成膜温度の上昇に対しては透過率はわずかしか改善されない。膜厚に対しては干渉効果により透過率スペクトルが変化する。ＴＦＴ用のＩＴＯ／ＣＦ成膜では550nm付近が透過率ピークとなる1500Åの膜厚を採用するケースが多い。

2.2 要求特性と問題点

STNではクロストーク解消のため、パネルが大型化、高精細化するほどITO電極の低抵抗化が要求される。スパッタ法などでITOを形成する場合、一般的に基板温度を高温にすることで低抵抗ITO膜が得られる。しかし、カラーSTNでは耐熱温度の低いCF基板上でITOの低比抵抗化が要求される。

CF基板上にITO膜を形成する場合、下地からのガス発生によるITO膜特性が劣化する問題もある。STNではストライプ状電極形成の際のパターニング特性や下地基板の問題から、ITOの下地にSiO$_2$などの保護膜を予備形成することが一般的である。TFT用のCF基板ではマスク成膜の採用でITOのエッチングが必要ないことやCF材料の改善により、CF上に直接ITOを形成するプロセスが増えている。耐熱性の低いCF基板上にITOを直接加熱成膜した場合、CF基板からの脱ガスやCF自体の熱分解によりガスが発生しITOの膜質が劣化する場合がある。

2.3 低電圧スパッタ法

図1に、ITOスパッタ成膜における成膜温度と比抵抗の関係を示す。成膜温度の上昇とともにITOの比抵抗は低下する。しかし前述のように、カラーSTNのITO成膜を中心に低温低抵抗化の要求が高まってきている。成膜温度以外にITO膜の大幅な低抵抗化を可能とする方法として筆者らの開発した「低電圧スパッタ法」があり[10]、すでにLCD、太陽電池、ITO/フィルムなどの量産技術として広く用いられている。

スパッタ法でITO膜を形成する場合、プラズマ中の負イオンがスパッタ電圧（ターゲット電位）に応じた電界で基板方向に加速されたITO膜に入射する。この際にITO膜中で黒色絶縁性低級酸化物の「InO」が形成され、ITOの比抵抗が劣化する。低電圧スパッタ法とは、スパッタ電圧（の絶対値）を低下させることにより負イオンの基板への入射エネルギーを低下させ、低ダメージで低抵抗なITO膜を形成する成膜法である。

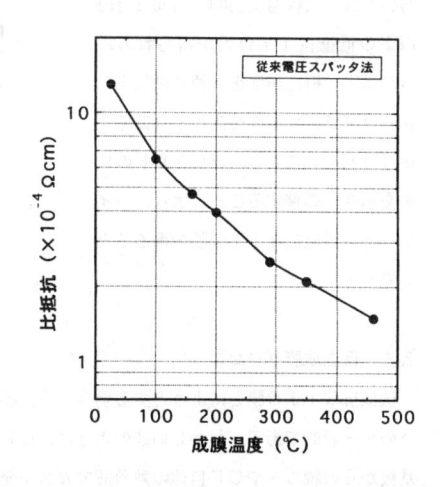

図1　ITO成膜における成膜温度と比抵抗の関係

スパッタ電圧の低下とともにITO膜の比抵抗を大幅に低下させることができる（図2）。

従来の低電圧スパッタ法ではマグネトロンの磁場強度を増加させることで放電の低電圧化を行った。しかし，磁場強度の増加だけでは電圧の低下は1000G，250V付近で飽和してしまい，これ以上磁場強度を増加してもスパッタ電圧はほとんど低下せず，ITO膜の比抵抗も低下しない（図3，4）。この結果より，強磁場低電圧型カソードによるITO膜の低抵抗化は，強磁場化による効果ではなく，あくまでも低電圧化による効果であることがわかる。そこでさらにスパッタ電圧を低下させるため，250V以下の領域ではDCにRFを重畳し，プラズマ密度を増大させることにより低電圧化を行っている（図5）。強磁場DC＋RF法（次世代低電圧スパッタ法）においては，成膜温度200℃で150μΩcm以下の低抵抗ITO膜が得られる。DCは主に析出速度を高める役割を，RFはプラズマ密度を高める（低電圧化）役割をしており，DCとRFの比率を適度に調整することにより，ハイレートで低抵抗なITO膜を得ることができる。

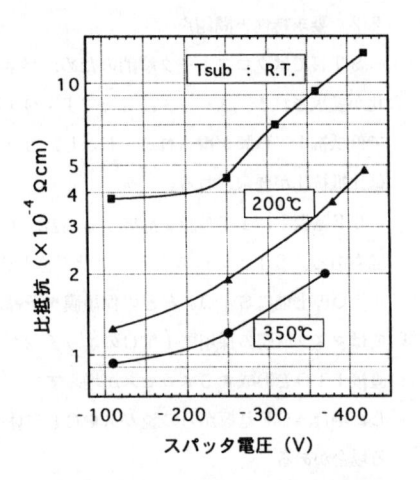

図2　スパッタ電圧と比抵抗の関係

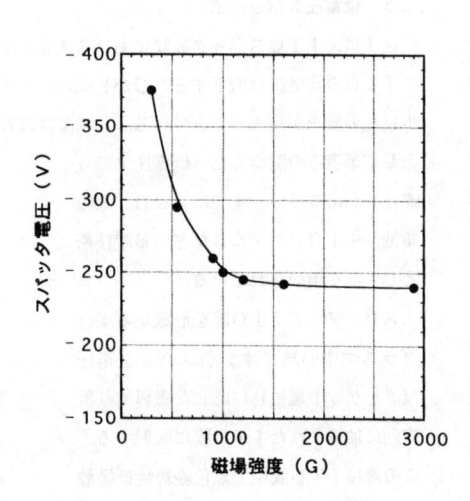

図3　磁場強度とスパッタ電圧の関係

2.4　低温成膜プロセス

低抵抗なITO膜を得ようとする場合，多結晶膜が得られる200℃以上の温度で加熱成膜を行うのが一般的である。しかし前述のように，CF基板上でITOの直接加熱成膜を行った場合，基板からの脱ガスやCF自体の熱分解でガスが発生し，シート抵抗の劣化や膜特性のバラツキなどの問題が発生する場合がある。

この問題の対策として，筆者らは下記のような各種成膜法を用いている。
① 大気アニール法
   低温成膜＋大気アニール（長時間）
② 真空アニール法
   低温成膜＋真空アニール（短時間）
③ キャップ成膜法
   低温成膜（薄膜）＋加熱成膜（厚膜）

いずれもＣＦの分解しない室温から150℃程度の低温でＩＴＯ膜を成膜し，その後加熱することにより低抵抗ＩＴＯ膜が得られる。図6に，無加熱で形成したＩＴＯ膜を大気中または真空中で200℃のアニール処理を行った際の比抵抗変化を示す。大気アニールでは十分なアニール効果を得るためには30～60min の時間が必要であるのに対し，成膜後の連続真空アニールでは5min 以下の短時間でアニールが終了していることがわかる。

これらの低温成膜プロセスをインライン装置で行う場合，「大気アニール法」では基板加熱系が必要ないぶんスパッタ装置がシンプルになるが，別工程の大気アニールプロセスが必要となる。「真空アニール法」ではスパッタ装置内で連続的に短時間のアニールを行うことが可能であるが，アールゾーンのぶんだけ装置が長くなる。「キャップ成膜法」では本成膜前の低温ゾーンでＩＴＯやＳｉＯ₂のキャップ成膜（100～300Å）を行うことで装置も特に長くなることもなく別工程のアニールも必要ないが，キャップ成膜用のカソードが別途必要となる。いずれの成膜法も前述の低電圧スパッタ法と組み合

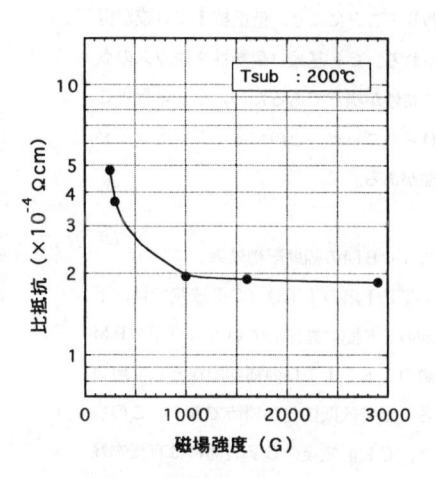

図4　磁場強度と比抵抗の関係

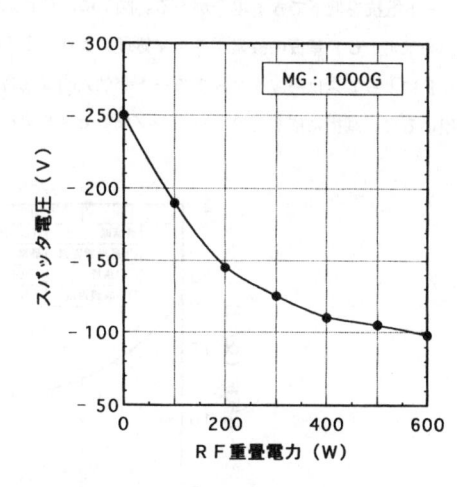

図5　ＤＣ＋ＲＦ放電におけるＲＦ重畳電力とスパッタ電圧の関係

わせることにより、低抵抗ＩＴＯ膜が得られる。ＣＦ基板は耐熱性や脱ガスの点で特性が様々であるため、ＣＦ基板とこれらのプロセスとのマッチングをとる必要がある。

2.5 ＢＭの補助配線効果

ＴＦＴ用のＩＴＯ／ＣＦ成膜では、下地のＣＦ間に露出しているスパッタＢＭ膜のＣｒをＩＴＯの補助配線として用いることで低抵抗化が期待できる。この場合、ＣＦ形成後のＣｒ表面には有機物残渣があり、ＩＴＯ成膜前にプラズマクリーニングを行うことでＩＴＯ成膜後の

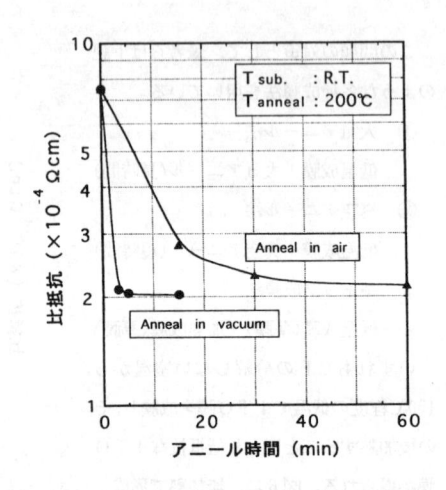

図6 ＩＴＯ膜のアニールにおける雰囲気の影響

シート抵抗を低下できる場合がある。図7に、ＣＦ基板のプラズマ処理によるシート抵抗の改善例を示す。ＣＦ基板の酸素プラズマ処理により、ＩＴＯ成膜後のシート抵抗が大幅に改善された。ＣＦによってスはパッタエッチモードが効果的な場合とアッシングモードが効果的な場合があり、用いるＣＦ基板に応じてクリーニングプロセスを選択する必要がある。

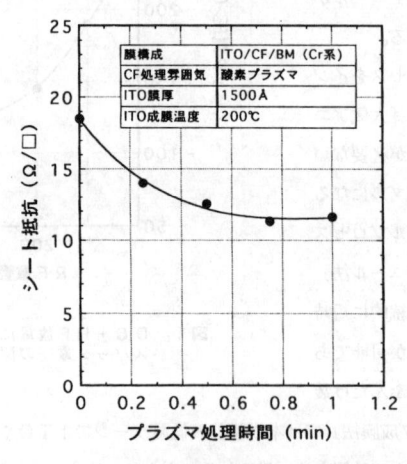

図7 ＩＴＯ／ＣＦ／ＢＭ成膜におけるＣＦ基板のプラズマ処理時間とシート抵抗の関係

3 低反射BM成膜技術

カラーLCDパネルでは，カラーコントラストの改善や外光反射の低減による視認性の向上などの目的で低反射BM膜が用いられている。現在用いられているBM膜には樹脂BMとCr系のスパッタBM膜があり，一般的にCF側の基板に形成される。樹脂BMは低コストであるが，十分な遮光性を得るためには1μm以上の厚膜が必要となる。一方，スパッタBMは1000Å程度のCr膜で十分な遮光性が得られる。初期のスパッタBMでは反射率の高い金属Crの単膜が用いられていたが，最近は酸化膜と金属膜の干渉効果を用いた積層型の低反射BM膜が用いられるようになってきた。

3.1 Cr系積層型BM膜

図8に，2層構造および3層構造のCr系積層型BM膜の反射率スペクトルを示す。反射率はAl鏡面膜をリファレンスとしてガラス基板表面反射も含めて測定した。2層膜（Cr／CrOx）では酸化膜の膜厚と屈折率を制御して2つの反射光の干渉バランスおよび酸化膜中での吸収を最適化することにより，Cr単膜に比べて大幅な低反射化が実現できる。しかし，2層膜では酸化膜の裏表から2つの反射光の単純干渉を利用するために反射率スペクトルの波長依存性があり，BM膜にわずかながら着色が発生する。たとえば反射率値のボトム波長を550nmとした場合，BM膜は紫系の色相となる。この場合，酸化膜形成時の反応性分布や膜厚分布に応じて反射率スペクトル（色相）分布が発生するという問題がある。この問題は干渉膜を積層化して多層干渉を用いることで改善することができる。図8のように，干渉膜を2層構造にして（3層BM膜）屈折率を膜厚方向に変化させることで，反射率スペクトルの波長依存性が小さく，より黒色に近いBM膜を得ることができる。

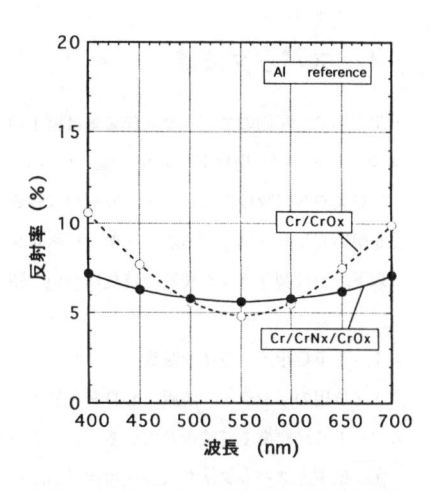

図8 Cr系2層および3層BM膜の反射率スペクトル

3.2 脱CrスパッタBM膜

スパッタBM膜においてはエッチング廃液などの公害問題への懸念から，Cr以外の材料を用いたBM膜の要求がある。またパネルサイズの大型化とともに，低コスト化への要求も高まっている。筆者らは，Crに代わる低コスト，低公害の材料として，Fe系BM膜の検討を行った。

図9に，Cr系2層BM膜とFe系2層BM膜の反射率スペクトルを示す。Cr系に比べFe系の方がより低反射なBM膜が得られた。Fe系のターゲット材料としては純鉄とSUS 304を用いたが，どちらも同等の反射率特性が得られた。

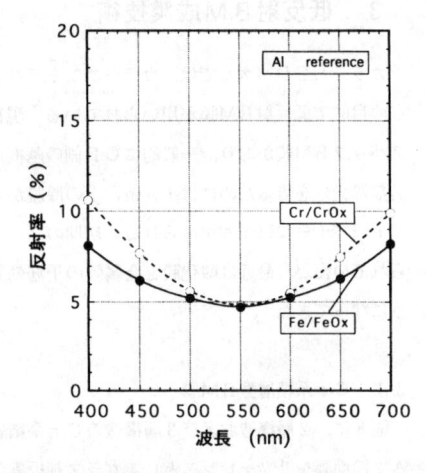

図9 Cr系およびFe系2層BM膜の反射率スペクトル

4 スパッタ装置

TFTアレイ側のスパッタ成膜装置は第1期がインライン型であったのに対し，第2期以降はマルチチャンバー型枚葉装置が主流となっている。一方，STNやTFTのCF基板側では，ITO膜やBM膜は主にCFメーカーや成膜専門メーカーにおいて量産性に優れたインライン装置を用いて生産されているが，一部のパネルメーカーでは枚葉装置を用いての内作も行っている。以下，当社製スパッタ装置の特長について紹介する。

4.1 ITO用インライン装置

ITO用のインライン装置：SDP-VTシリーズ（写真1）にはITO用に開発された「αカソード」が標準で搭載されている。αカソードは以下のような様々な特長を持つ。

① 低電圧スパッタ法および次世代低電圧法への対応により低抵抗ITO膜が得られる。
② ターゲット使用効率の改善（従来の2〜3倍）により，ターゲットのランニングコストを大幅に削減できる。
③ 大幅なハイレート化（従来の4倍）により，カソード台数，電源台数，ポンプ台数を大幅

写真1　ITO膜用インラインスパッタ装置（SDP-850VT）

に削減（従来の1／4）できる。
④　ターゲットの大幅なロングライフ化（従来の6倍）により，たとえ従来の4倍のパワーを投入したとしても実使用時間は約1.5倍になる。
⑤　ターゲットの全面エロージョン化によりパーティクルの低減が期待できる。
⑥　標準条件においてターゲット表面のノジュール（黒化）の発生がきわめて少ないため，生産時にパワーや導入酸素量の補正が不必要。

以上の特長のほか，SDP-VT項シリーズでは前述の低温成膜技術やプラズマ処理技術を組み合わせることにより，CF基板上で低抵抗なITO膜を安定に得ることができる。

4.2　BM用インライン装置

SDP-HMシリーズ（写真2）はBM膜専用に開発された基板水平搬送型のインライン装置であり，従来の縦型インライン装置に比べ下記のようなメリットを持つ。
①　高速搬送方式のため従来の縦型両面成膜装置と同等の生産量が得られる。
②　高速搬送方式のため成膜のサンプリング時間が短く，装置立ち上げ時などの条件出しが短時間でできる。
③　基板水平搬送のため基板脱着ロボットをシンプルにできる。
④　キャリア構造がシンプルなためスリットによるガス分離が容易（多層成膜時）。
⑤　スパッタ室1室で多層成膜ができるため装置を短くでき，装置コストも低減できる。
⑥　標準構成で低反射3層BM成膜が可能。
⑦　バッキングプレートのボルトレス化によりターゲットの交換が簡単であり，メンテナンス時間を短縮できる。

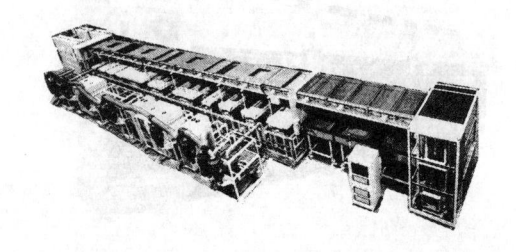

写真2　BM膜用インラインスパッタ装置（SDP-651HM）

5　おわりに

　LCDパネルの大型化，高精細化，基板の大型化に向けたCF基板用スパッタ成膜技術の動向および量産装置の特長について述べてきた。

　今後LCDモニター市場の立ち上がりによりCF上のITO膜やBM膜に要求される特性がいちだんと厳しくなってくるとともに，成膜プロセスの低コスト化の要求も大きくなってくるものと予想される。

文　　献

1) 両角伸治，フラットパネル・ディスプレイ 1997, 140 (1996)
2) 高島　勇，フラットパネル・ディスプレイ 1997, 178 (1996)
3) 中川　豊，97最新液晶プロセス技術，55 (1996)
4) 中野雅彦，月刊 LCD Intelligence, 12, 64 (1996)
5) 長友隆男ほか，応用物理，47, 618 (1978)
6) 飯田秀世ほか，電学論A, 108, 12, 543 (1988)
7) I. Hamberg et al., J. Appl. Phys., 60, 11, R123 (1986)
8) J.C.C. Fan et al., Appl. Phys. Lett., 31, 11, 773 (1977)
9) 石橋　暁，機能材料，12, No.6, 29 (1992)
10) S. Ishibashi et al., J. Vac. Sci. Technol., A8 (3), 1403 (1990)

第8章 大型カラーフィルタの検査システム

田辺伸一*

1 検査システムの状況

カラーフィルタを生産した当初に行われていた検査は，人による目視検査であった。人間が検査を行うので，判断力・熟練度・適応性・疲労・体調により良・不良判定に個人差が生じる。特にミクロ（点のような）欠陥は，肉眼での検出・確認が困難であるため，検査装置による欠陥検出が求められ，製品の開発がなされてきた。生産したカラーフィルタの抜き打ち検査だけではなく，全数検査が行われるようになり，ローダを取り付け，基板を自動搬送させるまでになった。そのため，ローダにカセットをＡＧＶやＭＧＶで搬送する自動検査装置システムが主流となってきた。検査や搬送においてはホストコンピュータを設置しカラーフィルタ１枚についての欠陥情報や運用状況を管理している例もある。一方，市場ではノート型パソコンの普及に伴い，カラーフィルタの生産量が増加するにつれ，品質・歩留まりの向上が求められ，製造ラインの安定性を判断するため検査装置の果たす役割が重要な位置を占めるようになった。さらにコスト削減，大型液晶ディスプレイの需要に伴う基板サイズの大型化，大量生産による１枚あたりの生産速度の

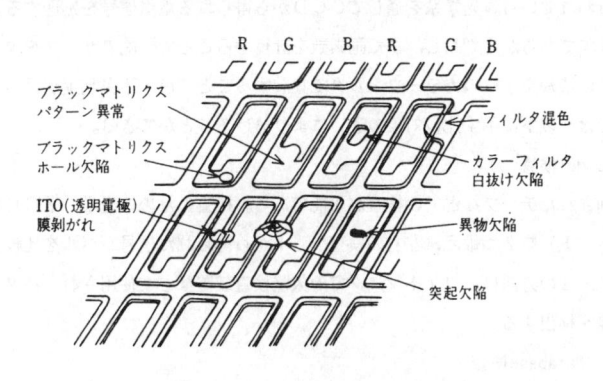

図1 カラーフィルタのミクロ欠陥

* Shinichi Tanabe　レーザーテック㈱　技術本部　技術１部　技術３課

向上が求められ，検査装置もそれに合わせるように製品の開発がなされている。

2 カラーフィルタにおける主な欠陥の種類

カラーフィルタを製造する工程で発生する欠陥は，大きく分けると2つに分類することができる。1つは，色ムラに代表されるような広い領域で発生するマクロ欠陥で肉眼で確認しやすいもの，他方は，ピンホールに代表される欠陥サイズが微小であり，ミクロ欠陥とされ肉眼で確認しにくいものである。このミクロ欠陥の例として図1のような欠陥が存在する。

3 検査方法について

現在，製造工程で行われている検査方法の多くは1次元イメージセンサを用いた検査である。この検査ではパターンの白抜け欠陥・黒欠陥を検出することが主な目的であり，この検査によって得られた信号を比較することで各欠陥を検出している。一方，突起欠陥は特殊な光学系を用いて検出している場合もある。

3.1 1次元ラインイメージセンサを利用した欠陥検出

光源よりカラーフィルタを透過させ，その受光部にCCDを用いて欠陥を検出する透過検査と，光源よりカラーフィルタを照らし，その反射光を受光部のCCDを用いて欠陥を検出する反射検査が一般的に行われている。光学系を通してCCDから得られる電気信号を処理することで白欠陥であるか黒欠陥であるかを判断し，また画素数を計算することで欠陥のサイズを求めることができる。これらの情報を1枚のカラーフィルタで集計することで良・不良判定が行われている。この検査方式では，以下に示す比較対象の違いにより分けることができる。

3.1.1 dei to dei検査

等間隔に配列されたチップなどでの検査が可能である。検査のための光学系とCCDのユニット（以下検査ヘッド）を2つ備え，左右の検査ヘッドから得られた信号レベルを比較することで欠陥を検出する。この方法は，フォトマスクでの欠陥検査装置などで使用され，パターンの白抜け欠陥・黒欠陥を検出する。

3.1.2 dei to database検査

設計データから作成したレイアウトから変換した信号レベルと，検査ヘッドから得られた信号レベルを比較する検査。主にフォトマスクでの検査に用いられている。dei to dei検査同様にパターンの白抜け欠陥・黒欠陥を検出する。

3.1.3 cell shift検査

カラーフィルタの白抜け欠陥・黒欠陥を検出する方法の1つであり，等間隔に並んでいるパタ

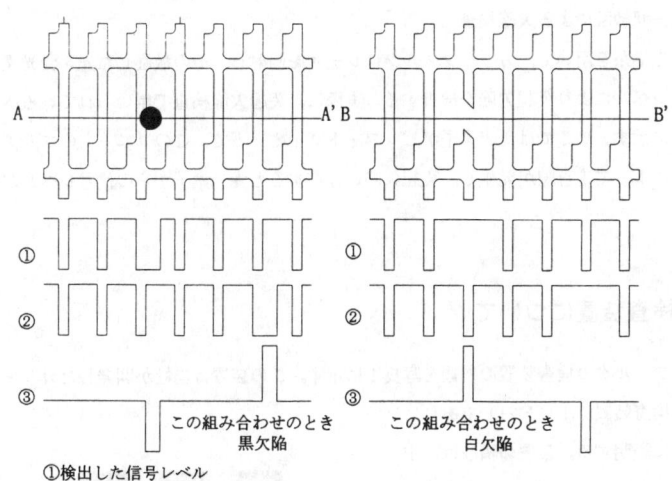

①検出した信号レベル
②1セル分電気的に遅らせた信号レベル
③差信号（＝①－②）

図2　cell shift検査による白・黒欠陥判定

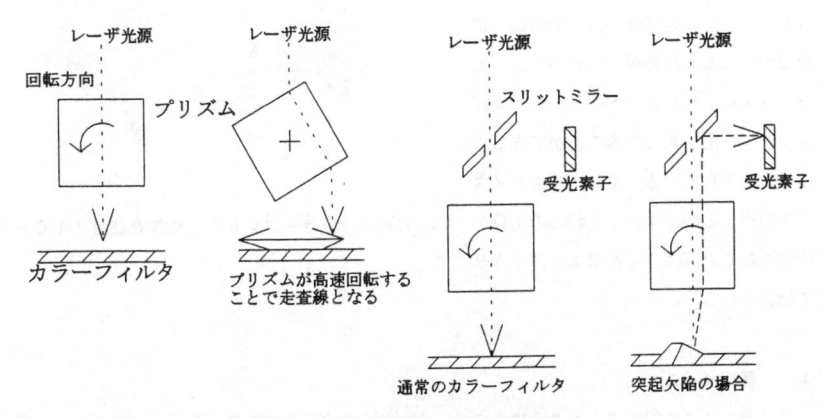

図3　突起欠陥検査ヘッドの構成図

ーンに有効である。この等間隔に並んでいるパターンの1セルをピッチサイズと呼び，検査ヘッドから得られた信号レベルと，電気的に1セル分遅らせ信号を比較する検査方法である。図2にパターン検査での信号と白抜け欠陥・黒欠陥の判定方法を示す。

3.2 レーザ散乱による欠陥検査

特殊な光学系を用いて，カラーフィルタにレーザを照射し，その散乱した光を受光素子で検出した信号レベルにより突起欠陥を検査する。実際に，突起欠陥検査で用いられているヘッドの概念を図3に示す。ここでは受光素子がピンフォトダイオードで，このユニットのプリズムが回転することによって走査線が発生し，突起欠陥が存在すると受光素子からの信号レベルが瞬間，高くなる。

4 検査装置について

カラーフィルタの検査装置の外観を写真1に示す。この装置は当社が開発したカラーフィルタ自動欠陥検査装置「1CF21」であり，これを例に説明する。装置の構成は，主に，カラーフィルタを置くホルダとそれをX方向に動作させるステージ部，各検査に必要な光源と欠陥を検出する光学系がある検査ヘッドがあり，X方向への移動を行う。これらの検査ヘッドから得られた信号レベルの処理を行う制御部と電源部からなる。自動搬送においては，カラーフィルタをロボットのアームが直接ステージへ出し入れすることができるように設計されている。また，基板サイズが大型化するのに伴い，たわみの影響が少なくなるように，基板はエア浮上させて検査を行う。

写真1 カラーフィルタ欠陥検査装置「1CF21」

4.1 基板サイズ

各基板サイズに対応できるように，フレックスなホルダにしてあり，最小400×500mmから最大

600×750mmまで1mm間隔で設定できる。

4.2 透過検査（透過ヘッド）

透過検査では，cell shift検査によりブラックマトリックスのパターン異常・ホール欠陥，カラーフィルタの白抜け・混色，異物の検出が可能である。検出したい欠陥の属性（白・黒）やサイズに合わせ，検出レベルを個別に白側スライス・黒側スライスの数値で設定ができる。

4.3 反射検査（反射ヘッド）

反射検査でも，cell shift検査によりブラックマトリックスやカラーフィルタの突起や異物の検出が可能である。透過検査同様に個別にスライスの数値で設定できる。

4.4 突起検査（散乱ヘッド）

レーザー光源を使用した特殊な反射光学系を用いて，スライスの数値を設定することで，選択的に突起欠陥を検出する。

4.5 欠陥検出能力

先に述べた3つの検査ヘッドを組み合わせることによって，カラーフィルタの欠陥検出を行う。その検出能力は，

- 突起欠陥　：高さ$3\mu m$以上
　　　　　　（散乱ヘッド使用）
- 白抜け欠陥：$30\mu m^{\square}$ 以上
　　　　　　（透過ヘッド使用）
- 黒　欠　陥：$30\mu m^{\square}$ 以上
　　　　　　（透過／反射ヘッド使用）
- 異　　　物：$30\mu m^{\square}$ 以上
　　　　　　（反射ヘッド使用）

であり，図1に示した欠陥を検出することができ，各検査ヘッドごとに設定し欠陥判定スライスレベルにより検出感度を調整する。透過検査と散乱検査の検出欠陥サイズと欠陥判定スライスレベルの相関を図4，図5に示す。この透過検査と反射検査については，光源とフィルタに光を当てる方向が異なるだけで，光学系・ＣＣＤや検出回路は同じである。透過検査において図3のカラーフィルタとブラックマトリックスの白抜け欠陥で検出レベルに差が生じるのは，白黒のパタ

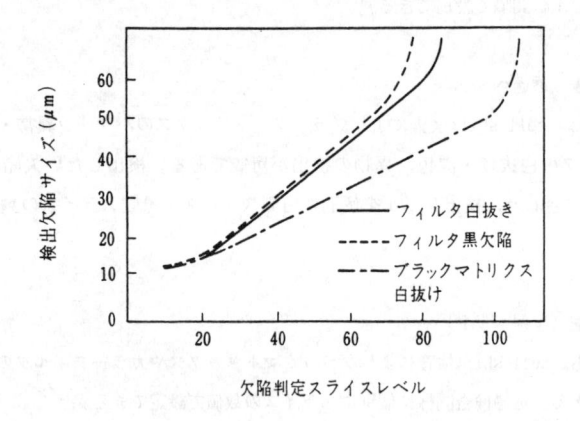

図4 透過検査の検出欠陥サイズと欠陥判定スライスレベルの相関

ーンしかないブラックマトリックスのコントラストがカラーフィルタに比べ，高いためである。

4.6 検査処理時間

　検査のタクトタイムは，基板サイズ550×650mmのとき，約30秒で行われる。透過ヘッド・反射ヘッド・散乱ヘッドを1つのユニットとして装置に4つ組み込むことでこのタクトタイムを実現している。これらの欠陥検査は同時に行われ，それぞれの欠陥を検出する。

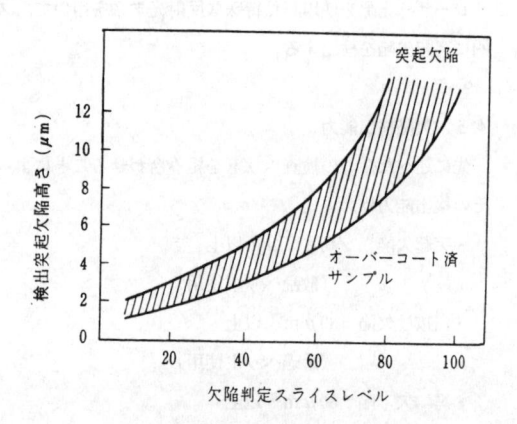

図5 散乱検査の検出欠陥サイズと欠陥判定スライスレベルの相関

5　カラーフィルタ製造ラインにおける検査システム

　カラーフィルタの製造ラインにおける自動検査システムを図6に示し，システム内における各工程の役割と特徴を簡単に説明する。

① フォトマスク検査装置

大型のフォトマスク欠陥検査装置により，各工程のフォトマスク管理をする。透過光源を用いてパターンの比較検査を行う。

② ブラックマトリックスパターン検査

マトリックス部の白抜け欠陥・黒欠陥の検査を行う。白抜け欠陥品は再生処理を行い，黒欠陥品はレーザリペア装置にて修正を行う。

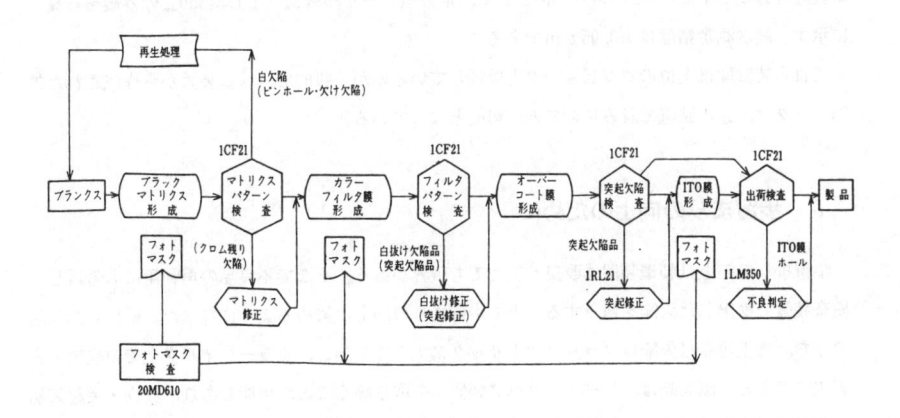

図6 カラーフィルタ製造工程における自動検査システム

③ フィルタパターン検査

フィルタ部の異物・突起欠陥・白抜け欠陥・黒欠陥の検査を行う。ここで検出した異物・突起欠陥はオーバーコートを形成する前に研磨修正を行う。

④ オーバーコート検査

オーバーコート部の異物・突起検査を行い，ＩＴＯ膜を形成する前に研磨修正を行う。

⑤ 異物・突起修正

自動検査で検出した異物・突起欠陥の座標をもとに，欠陥の高さを測定，研磨して，研磨修正後の高さ測定にて，

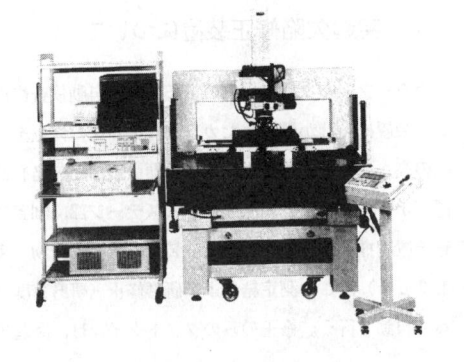

写真2 走査型レーザ顕微鏡「１ＬＭ３５０」

185

良・不良判定を行う。

⑥ 出荷検査

カラーフィルタの異物・突起欠陥・白抜け欠陥，黒欠陥の検査を行う。ＩＴＯ膜の剥がれも検査対象となり，これで製品の最終検査となる。

⑦ 出荷検査後の不良確認

出荷検査にて不良判定されたフィルタの確認を行う。欠陥の大きさや高さの正確な測定ができる装置を必要とする。 その装置の例として，走査型レーザ顕微鏡「１ＬＭ350」の外観を写真２に示す。高さ測定精度は±0.05μmである。

これら装置間は上位のコンピュータと接続しているのが一般的で，検査装置から作成された欠陥データは，修正装置で読み込むことが可能となっている。

6 歩留まりの向上のために

歩留まりの向上は製造装置に改良を加えても限界がある。そこで不良品の再利用にも着目し，検査装置で検出した欠陥を修正することで歩留まりの向上に努めるようになった。検出した欠陥のうち，修正可能な欠陥はブラックマトリックス上の黒欠陥と，カラーフィルタ上での異物・突起欠陥である。黒欠陥は，レーザーリペア装置にて取り除くことが可能であり，異物・突起欠陥は修正装置で突起部分のみを研磨して高さを低くすることができる。最近では白抜け欠陥も修正できる装置も開発されている。しかし，一番大切なことは突起欠陥の修正であり，パネルを張り合わせる工程にて，不良品を出さないことにある。

7 突起欠陥修正装置について

カラーフィルタについての突起欠陥の自動検査修正装置「１ＲＬ21」の外観を写真３に示す。この装置は当社が開発したカラーフィルタの修正を行うものであり，この装置の主な構成は，欠陥の高さを測定する走査型レーザ顕微鏡部と欠陥を部分的に修正する研磨部，カラーフィルタを置くホルダとＸＹ方向へ動作するステージ部，制御部と電源部からなる。自動搬送については検査装置同様となっている。この装置の特徴は異物・突起の高さを非接触で測定を行い（精度：±1.0μm），この測定結果より研磨修正（研磨精度：±1.0μm）を行う。この一連の動作をすべて自動で行う。修正のみのタクトタイムは，突起欠陥１個あたり約40秒である。

写真3　カラーフィルタ自動検査修正装置「1RL21」

8　今後の装置の研究・開発について

　生産計画では2000年をめどに第4期ラインとして1m角の基板での稼働を目標としている。それに伴い各製造装置メーカーはサイズへの対応ばかりでなく，製造ラインの垂直立ち上げをも求められている。サイズの問題は装置全体のレイアウトばかりでなく，装置としての完成度も問われる。検査装置においては，基板のたわみをいかに抑えるかなどの問題が挙げられる。一方，基板の大きさ・重量からもわかるように，人の手で持てる範囲を超えている。そのため色ムラ検査などの目視検査に代わるマクロ欠陥を検出する装置の研究・開発の要求が高まっている。

第9章 カラーフィルターの信頼・品質評価

渡邊 苞*

1 分光透過率

物体色の測定法は，JIS Z 8722に定めてあるので，できるだけこれに従うのが望ましい。試料サイズはCFの場合，1画素のサイズがおよそ$80 \times 100 \mu m$であるのでその中心部を$\phi = 50 \mu m$以下で測定するようにSEMIでは定めてある。サンプルへの照明光源は，印刷をしてないガラス面側から照射する。測定波長域は，380nm～780nmである。分光機の波長目盛りの補正には，図1のネオファングラス（ジシニウムガラス）やホロビウムガラスを用いる。このガラスの吸収波長は元素の吸収スペクトルである。したがって校正用ガラスフィルターは濃淡の差があっても吸収波長は一定である。国際的な波長補正法の標準である。また透過率の標準は，機械電子検査検定協会が，ND光学フィルターを検定して保証書とともに配布している。

分光測定の結果から，色度計算をして，3色フィルターの色度座標値を求める。この際，色度計算に使用する光源は，バックライトに近似した3波長型蛍光燈のF10光源が望ましい。C光源やD6500も使うことがあるが，無駄な努力である。色度座標値のほかには，R，G，B部の最大透過率とその波長，半値幅，ベース濃度などを表示することもある。

2 消偏効果測定法

液晶表示パネルは，偏光軸の直交する2枚の偏光フィルターに挟まれている。そして画素部の印加電圧がOFFになると，液晶分子の配向により，バックライトの光が導かれる。ONになると，液晶は光を遮断する。光源側の偏光フィルターを通過してきた光は，他方の偏光フィルターを通るまで，偏光性を保っていなければならない。もし，偏光性が低下すると，光の遮断が不完全になる。すなわち，黒くなるべき部分が多少明るくなる。またこの逆もある。これは画像のコントラスト低下の原因となる。このように，フィルター部分の素材で偏光性が乱れ，画のダイナミックレンジが小さくなることを，消偏効果という。これの起こる原因で最も大きいのは，顔料

---

* Shigeru Watanabe 東京工芸大学

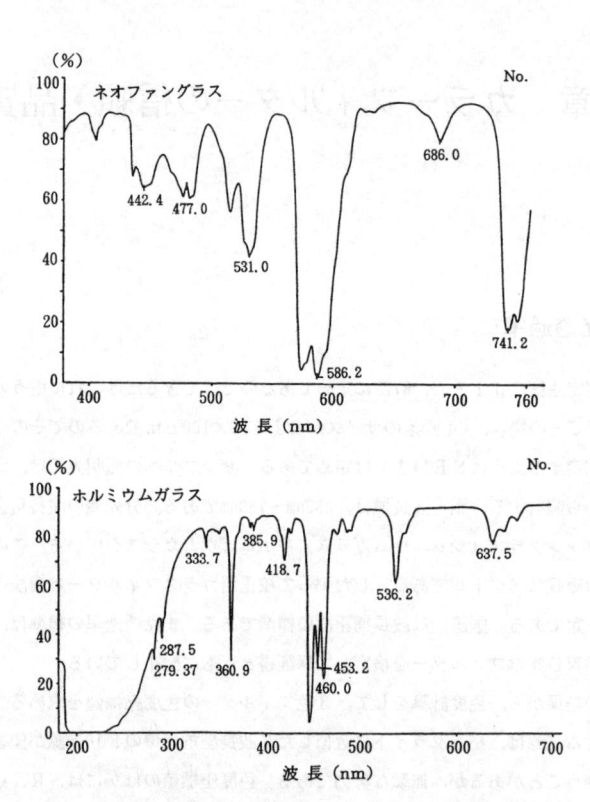

図1　分光機の波長校正用のフィルターガラス
(a)ネオファングラスおよび(b)ホルミウムガラスの吸収波長

である。顔料は粉砕した微粒子であるが，結晶であるから，当然偏光性がある。そのほか，散乱，複屈折，相互反射などが波長に依存性して発生している。また，偏光フィルターの傷，液晶の特性等も影響する。しかし，顔料によっては，ほとんど消偏性のないものもある。ＩＳＯ 9241-3のコントラスト測定法は，実装したパネルの明暗の比較である。カラーフィルターのみの，消偏効果の定義や測定法の基準は，まだない。しかし，次の2方法が広く使われている。式1，式2で示す。

(1)　2枚の偏光フィルターを用い，このフィルターの間にカラー基板フィルターを置いて分光透過率を測定する。この際，2枚の偏光フィルターの偏光軸が，平行と直交の場合を測定し，その比の平方根を消偏効果値とする。

(2)　2枚の偏光フィルターを用いこのフィルターの間にカラー基板フィルターを置いて分光透

過率を測定する。次に，2枚の偏光フィルターの外にカラー基板フィルターを置いて分光透過率を測定する。

この際，2枚の偏光フィルターの偏光軸が，平行と直交との場合を測定し，その比を消偏効果値とする。

$$Pf = \sqrt{\frac{\frac{\parallel 中}{\perp 中}}{\frac{\parallel 外}{\perp 外}}} \quad (大：良) \quad\quad (式1)$$

中：2枚の偏光フィルターの間に試料を置く
外：2枚の偏光フィルターの外に試料を置く
∥：2枚の偏光フィルターの偏光軸が平行
⊥：2枚の偏光フィルターの偏光軸が直交

$$Ct = \frac{\perp 外}{\parallel 中} \quad (小：良) \quad\quad (式2)$$

このPfやCtの測定には，一色ごとに大面積の試料が必要である。そのため一般には一色のみのインキをガラス板に塗布して，測定用の試料を作る。またでき上がったCF基板の場合は，測定用光源に，偏光性のないR，G，Bのガラスやそ TAC のフィルターをかけて測定する。

染料系と顔料系とで着色したカラーフィルターと比較すると，一般に染料系の方が，消偏効果は小さく優れている。

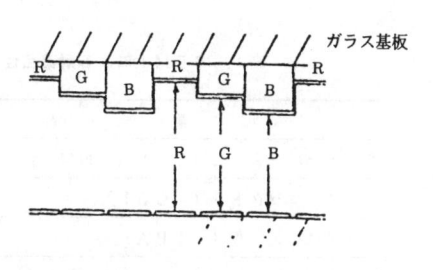

図2　マルチギャップのフィルターの一例
R:5.7μm　G:5.2μm　B:4.1μm(TV-ED888より)

液晶セルの中での楕円偏光成分を除けば，すなわち，3色により液晶層の厚みを変えて，旋光分散補償のためのマルチギャップを作れば，透過率も，コントラストも上昇する。このために，図2のごとく3色のフィルターの，表面の高さを変える方法が行われている。450nm, 545nm, 610 nmの青，緑，赤に対し，セルギャップは，それぞれ4.1μm, 5.2μm, 5.7μmとなる。色ごとにフィルターの厚みを変えて作るのは，それほど困難ではない。

3 耐熱性試験法

耐熱性テストは，その後に続く工程を考えて決める。単に高温，高湿にするのみでなく例えば，高温，低圧，時間，サイクルの条件を変えてテストする。推奨条件は－40～＋85℃の温冷に30分ずつ浴し，これを1サイクルと数え，15サイクル繰り返して，熱衝撃を調べる。また，200℃，230℃で3時間，5時間の空気浴で，フィルターパターンの変色や接着性や剥離強度を調べる。3章1.2のインキの項を参照して，ガスクロマトグラフなどで測定し，ＩＴＯ蒸着や，乾燥などの高温での変化の予測をすることが必要である。

4 耐光性試験法

着色剤には，染料，あるいは顔料が用いられるが，支持体の基質の物性により，耐光性は変わる。しかし，いまだ，カラーＬＣＤで，耐光性不良による商品トラブルは発生していない。セル組して，完成したディスプレイセルは，表面にカバーガラスや偏光フィルターなどがあり，カラーフィルター部に到達する外光は，照射量の30％以下である。また，ガラスや，偏光フィルターは，紫外線を吸収するので耐光性不良の問題はほとんどないと考えられる。表1に条件を示す。耐光性のテストは，白光は，ＪＩＳ Ｂ－7753に準拠している。また，紫外線は，水銀灯照射で

表1　ＳＥＭＩによる耐薬品性テストの条件（1996年案）

薬　品	液温度	浸せき時間
Ｎ－メチル－2－ピロリドン（＝ＮＭＰ）	23±2℃	30min
γ－ブチロラクトン（＝ＧＢＬ）	23±2℃	30min
2－プロパノール（＝ＩＰＡ）	23±2℃	30min
酢酸2－エトキシエチル（＝ＥＣＡ）	23±2℃	30min
2－メトキシエタノール（＝メチルセロソルブ）	23±2℃	30min
2.38％テトラメチルアンモニウムヒドロキシド（＝ＴＭＡＨ）	23±2℃	30min
18％塩酸	23±2℃	30min
18％塩酸	40±5℃	10min
5％水酸化ナトリウム	23±2℃	10min
5％水酸化カリウム	23±2℃	10min

注）　表中の％はwt％

254nm光で，3mW／cm□10時間露光のテストを行っている。これらは，日本ウエザーリングテストセンターでも引き受ける。

5 耐薬品性測定法

液晶フィルター基板の製造工程で，最も侵食性の強い薬品は，配向膜のポリイミドの溶剤の，n－メチルピロリドン（NMP）であろう。しかも，加熱されるので，さらに，侵食性は強くなる。NMPでの耐薬品性があれば，ほとんどの薬品に耐えると考えられる。このほかには，ITOエッチング用の強酸，洗浄用のアルカリ性温湯やIPAである。SEMIスタンダードでは，表1のような耐薬品性テスト条件を示している。少し古いが1991年に行っていたテスト条件を表2に示す。パネルメーカーの製造条件により，要求される条件が異なるのはやむをえない。超音波浴と静置浴とでは，非常に結果は異なる。特に超音波浴は周波数や出力により差が大きい。

表2　CF信頼性テスト条件例（1986年：三浦印刷）

耐熱性		
	200℃空気浴	3 時間
	230℃空気浴	3 時間
	230℃空気浴	5 時間
	250℃空気浴	1 時間
	300℃空気浴	30分間
耐溶剤性		
	N－メチル－2－ピロリドン	1時間浸漬静置
	イソプロピルアルコール	1時間浸漬静置
	イソプロピルアルコール	1時間超音波洗浄
	フレオン	1時間浸漬静置
	フレオン	1時間超音波洗浄
	アセトン	1時間浸漬静置
	酢酸エチル	1時間浸漬静置
	1N　NaOH溶液	1時間浸漬静置
	1N　HCl溶液	1時間浸漬静置
	50℃純水	1時間浸漬静置
	50℃純水	1時間超音波洗浄
	沸騰純水	1時間浸漬静置
耐光性		
	サンシャインカーボンアーク灯	100時間照射
	低圧水銀灯	10時間照射
耐久性		
	室温50℃　RH95%	200時間放置
	室温80℃	500時間放置

サンシャインカーボンアーク灯照射はJIS B 7753(1977)に準拠し，偏光板を介してガラス基板面より行った。
低圧水銀灯照射は波長 254nmの紫外線強度が3mW／cm² の条件でインキ膜面に対して行った。

6 CF表面の硬度と接着性測定法

フィルターの完成したガラス基板は，その後多くの工程を通る。そのため，フィルター表面の硬度や，基板ガラスとフィルター層との接着が良くて膜はがれが生ぜず，擦り傷などが発生しにくいことが重要である。フィルター表面の硬度は，簡便法としてJIS K 5400塗料一般試験方法に基づいて，図3のような条件で鉛筆硬度6H以上が望ましい。工程での取り扱いを注意すれば，4Hで十分に実用可能である。ガラスとフィルター素材との接着性も，同規格の，付着性表示による。1mm間隔で縦横にナイフの刃でカットし，セロテープを貼り，消しゴムでよく擦ってから，セロテープをはがす。いわゆる，クロスカット(10×10)で，剥離度は0／100でなければならない。剥離用のセロテープによる差は無視できる。

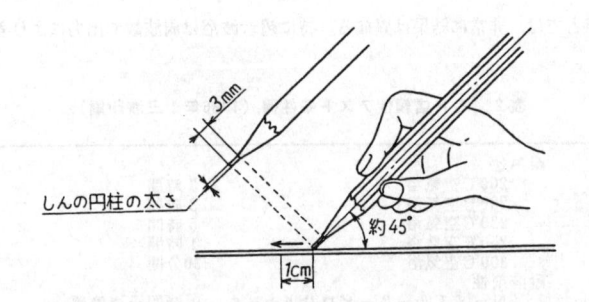

図3 鉛筆硬度試験の状態（JIS K 5400）

また，図4のように30度にフィルター表面をクロスカットして，セロテープを圧着後，剥離して，その形状を見ることもある。

パネルに組み込み，実装すると，上記の方法はフィルター単独テストと条件が異なり問題点もあるが，現在では，硬度も，接着性も目安としてこの方法を参考にしている。

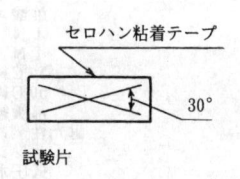

図4 接着性テストの例

7 白ボツと黒ボツ（ピンホール）

ガラス基盤上に作ったフィルターの色パターンに，白抜けの白ボツや黒ボツがなくても，セルに組んで実装すると，いくつかの欠点画素が発生することがある。この欠点画素の数は，規格は

まだないが，黒ボツはTFTパソコンでは，480×640パネルで一画面内で20個以下に，つまり，0.006％以下ならばだいたい合格といえる。ただし，直径2.8mm以内に4個あれば不良品とするのが目安である。カーナビ用では，欠点は0.01％以内としているが，やはりまだ標準規格はない。

パネルの欠陥については，白ボツや，黒ボツの大きさが，一画素の大きさの約半分以下のものを対象に数える。これより大きいボツが，たとえ1個でもあれば不合格品である。白ボツのほうが目立つので，規格もきついようである。かつては，1枚のフィルター基板の面の中央部と周辺部とで，規格の緩やかさが異なっていた。現在でも，一部のメーカーでは，その規格である。CFカラーフィルターの欠損部を検出しやすいように，特定の波長を通す検査用カラーフィルタを用いる方法がある。CFの赤，緑，青の光を吸収し，その間の光を通すものである。図5に示す（特開平5-99787から引用した）。

なお，見出されたピンホールは，その部分を灰色のインキでスポッティングするのが便利である。

また，擦り傷は，160μm長ならば，許容している。

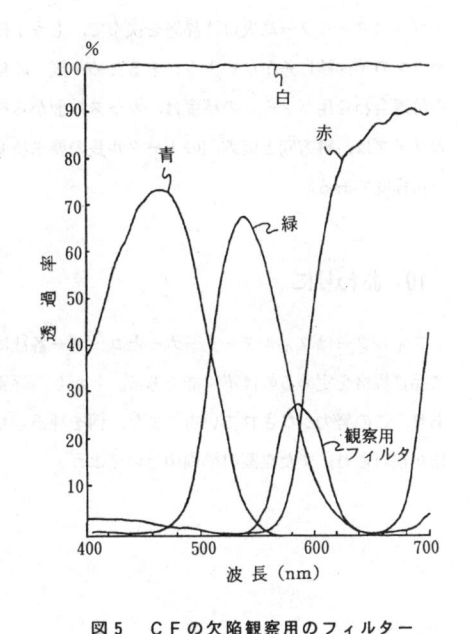

図5　CFの欠陥観察用のフィルター
R，G，Bの部分が暗くなる。白ボツや色の薄い部分が明るく，見やすくなる。（特開平5-99787）

8　表面の平坦性測定法

フィルターの表面の凹凸の測定法には，大別して，2つの方法がある。フィルター表面に対して，接触法と非接触法である。接触法は，フィルターパターンの表面に触針を当て，一次元方向に走査させる。フィルターの凹凸に応じて，触針が動くので，その変位量を検出する。触針の先端は半球状であるので，半球の径により凹凸度のデータが異なる。JIS B 0651に測定機，B 0659に表面アラサの標準片の規格がある。　非接触法はレーザを用いる光波干渉色表面粗さ測

定基で，JIS B 0652で決められている。

9 パターン位置精度

ガラスフィルター基板は液晶層を挟んで，もう1枚の対抗基板と対応する。このため，2枚のガラスの熱伸縮に差がないようにするため，同一の材質のガラスを用いる。そして2枚のガラスの位置合わせ用パターンの精度は，ガラス端面から指定値の±50μm以内である。CFパターンのサイズは，縦方向と横方向のトータル長の要求精度は異なるが，縦方向±10μm，横方向±20μm程度である。

10 おわりに

フィルターはフィルターメーカーとユーザー各社により品質に対する要求が異なる。したがって品質規格を定めるのは不可能である。しかし，評価法は各社でできるだけ統一するのが便利であり，この努力がなされている。また，何を評価したらよいかも不十分である。現在，多くの規格が検討され，また立案の準備中といえよう。

第10章　カラーフィルターの市場

シーエムシー編集部

1　カラーフィルターの市場動向

　カラーフィルターは，ＬＣＤの主要部材であり，最近のＬＣＤ市場の拡大に伴って，急速に伸びている。'96年の販売数量は約2,200万枚（10インチ換算）だったが，'97年は推定 3,300万枚と50％増になっている。一方で，販売金額は23％程度しか増えていない。価格低下による収益の伸び悩みがメーカーにとって頭の痛い要因になっている。

　表1の市場規模は，内製，外販メーカーすべてを合わせた数字である。ちなみに外販メーカーは全生産量の4割強程度を占めている。内製メーカーのほうが多いわけである。

　カラーフィルターは，ノートパソコンの急激な需要拡大により，市場が大きくなっていった。'94年から'95年にかけては需給が非常にタイトだったが，この市場拡大に伴い，メーカー各社が増産体制を整え，同時に新規参入なども見られ，徐々に品薄状態が解消された。この結果，'96年以降は値崩れにも近い状況で下がってきている。需給タイト時には最高で1枚（ＴＦＴ向け10インチサイズ）あたり10,000～12,000円だったが，最近はほぼ 5,000円程度で取り引きされるようになっている。直近の調査では 4,000円くらいが相場となっているようだ。

　なお，カラーフィルターの原価は 2,000～ 3,000円といわれる。材料の内訳は，ガラス基板が30％，カラーレジストが20％，ＢＭ成膜が20％，ＩＴＯ膜が20％，オーバーコートが5％と推定される。

表1　カラーフィルターの市場規模
（単位：億円，万枚／10インチ換算）

	1996年	1997年
生産数量	2,200	3,300
生産金額	1,100	1,350

表2　カラーフィルター用顔料分散レジストの市場規模

	1996年	1997年
販売金額	90億円	110億円（推定）

(1) カラーフィルター用顔料分散レジスト

　カラーフィルターの形成法は，今や顔料分散法が主流である。これに伴い，顔料分散カラーレジストの市場も，急拡大を続けている。

価格は，'95年1リットルあたりで26,000～29,000円，最近はカラーフィルターの価格低下とともに下がってきているようだ。

(2) カラーフィルター用顔料，染料

カラーフィルター用色素の大半は顔料である。染料法は減ってきている。

カラーフィルター用顔料の価格は赤色顔料（アントラキノン系）が1kgあたり18,000円，緑色顔料（フタロシアニン系）で同4,000円前後，青色顔料（フタロシアニン系）が同4,000～5,000円となっている。

(3) ブラックマトリクス材料

ブラックマトリクスの主流はクロム系である。ただ，樹脂BMの採用例も最近増え始めている。クロム系BMのほとんどは，クロムターゲットを使ったスパッタリング法で成膜されている。

クロムターゲットは，スパッタリング装置によって形状は様々となっている。角形と円柱形があるが，角形は，5×15インチ～5×80インチがあり，円柱形は，直径が3～4インチから10インチがある。

クロムターゲット全体の市場規模は60億円程度ある。このうち，LCD向けが40％弱で，このほかには半導体用フォトマスク，光磁気記録用ハードディスク，ハーフミラー，装飾用などがある。

さらに，LCD向けのクロムターゲットの5割以上は電極用で，BMクロムターゲットの市場規模は10億円ほどとみられている。電極用が4N品なのに対して，BM用は主に3N品が使われている。価格差から考えると，重量ベースではBM用の方が多いと考えられる。

なお，価格は3N品の5×15インチサイズで20～30万円となっている。

一方，樹脂BMは，IBMのノートパソコン「Think Pad 755C」，シャープの「液晶ビューカム」，セイコーエプソンのカーナビゲーション用モニターなど採用例が増加している。ただ，今のところ市場規模は数億円ほどである。

(4) オーバーコート剤

カラーフィルター用オーバーコート剤の市場規模は約40億円と推定される。販売価格は，TF

表3　カラーフィルター用顔料の市場規模

	1996年	1997年
販売金額	2.0億円	2.5億円（推定）

表4　ブラックマトリクス用クロムターゲットの市場規模

	1996年	1997年
販売金額	9.5億円	11億円（推定）

表5　カラーフィルター用オーバーコート剤の市場規模

	1996年	1997年
販売金額	40億円	49億円（推定）

T用とSTN用で異なり，TFT用が1kg当たり15,000円，STN用が同2万円弱となっている。

2 メーカー動向

(1) カラーフィルター

前述のように内製メーカーと外販メーカーとに分かれる。ただ，鳥取三洋電機は主に内製だが，一部を外販している。

内製メーカーは，主なもので13社（鳥取三洋電機を含む），外販は17社で，内・外製合わせると30社前後になる。

まず，外販メーカーについて見てみよう。実績・シェアともに高いのは凸版印刷，大日本印刷，ミクロ技術研究所となっている。トップの凸版印刷のシェアは約30％，上位3社で市場全体の半分以上を占める。

凸版印刷は，滋賀工場，新潟工場の2カ所合計で月産80万枚の生産能力を持つ。現在はフル稼働状態にあるという。染色法，印刷法，顔料分散法，蒸着法によりカラーフィルターの製造を行っているが，主力は顔料分散法によるTFT-LCD向けのカラーフィルターである。

2位の大日本印刷は，大利根工場，久喜工場の2カ所で製造している。月産能力は2工場合わせて50万枚となっており，凸版印刷同様，フル稼働の状況にある。製品の主力は，凸版印刷と同じくTFT-LCD向けカラーフィルターであるが，STNカラーフィルターの製造設備を導入し，今後，STN向けの比率も高めていく計画だという。

一方，後発組の攻勢も目を見張るべきものがある。特に，東レと住友化学系のエスティーアイテクノロジーの2社は，積極的な事業展開を推し進めている。東レは，ポリイミドベースの非感光性樹脂を用いた独自の顔料分散法（エッチング法）で'94年に参入し，月産50万枚の生産を行っている。また，'97年11月下旬には，増産計画を打ち出している。

(2) カラーフィルター用顔料分散レジスト

カラーフィルター用の顔料分散レジストのメーカーは，富士フイルムオーリン（旧・富士ハントテクノロジーエレクトロニクス），凸版印刷，凸版印刷グループの東洋インキ製造，大日本印刷グループのザ・インクテック，ヘキストジャパン，日本合成ゴム，新日鐵化学，日立化成，東京応化工業，積水ファインケミカルなどである。

このうち，東洋インキ製造は凸版印刷へ，ザ・インクテックは大日本印刷へ，それぞれ製品のすべてを納入している。この2社の分だけでカラーフィルター用顔料分散レジストの国内総生産量の半分を占める。

とはいえ，シェアで圧倒的なトップの地位にあるのは，富士フイルムオーリンである。凸版印

表6 外販カラーフィルターメーカーと製造法

メーカー	工場	顔料分散法	染色法	印刷法	電着法	その他	備考
凸版印刷	滋賀工場 熊本工場 新潟工場	○ ○	○	○		○	蒸着法
大日本印刷	久喜工場 大利根工場	○ ○		△	△		印刷はPT法
ミクロ技術研究所	大曽駒工場 厚木工場	○ ○					
東レ	瀬田工場 滋賀事業場	○ ○					
ホーヤ (HOYA)	長坂工場	○					
エスティーアイテクノロジー	住友化学愛媛工場	○					
東洋紙業	徳島東洋紙業		○				
日本シイエムケイ	技術センター	○					
三菱化学	黒崎事業所	○					
アンデス電気	オプトエレクトロニクス	○					
日本写真印刷	本社工場		○				生産中断
光村印刷	那須工場		○				
ケミトロン（神東塗料より引き継ぎ）	千葉工場				○		撤退方向
日本ペイント	岡山工場				○		レジスト電着法
共同印刷	本社工場					○	染料分散法
日本製紙						○	転写法
出光興産	(開発中)				△		ミセル電解法

(注)・△は開発段階
・大日本印刷の電着法は日本石油化学との共同開発
・備考の「転写法」は「着色フィルム転写法」
・このほか，旭硝子も，ガラス基板からITO成膜までの一貫生産の能力を有している。

刷を含めたほとんどのカラーフィルターメーカーに納入している。東洋インキとザ・インクテックの2社を除いた部分では，富士フイルムオーリンがほとんど独断場であり，その他のメーカーは，シェア的には微々たるものでしかない。

　富士フイルムオーリンの製品は，「カラーモザイクシステム」というシリーズで，今まで2000,5000, 6000シリーズといった幅広いタイプを供給してきた。最新の7000シリーズも登場し，品揃

表7　カラーフィルター内製メーカーと製造法

メーカー	工場	顔料分散法	染色法	印刷法	電着法	その他	備考
京セラ	川内工業	○					
セイコーエプソン	諏訪南事業所	○					
富士通	米子富士通	○					
キヤノン	平塚工業	○					強誘電性LCD
オプトレックス	広島オプト	○					
日本アイ・ビー・エム	野洲工業	○					
鳥取三洋電機	デバイス事業部 島根三洋工業	○	○ ○				
カシオ計算機	甲府工場	○					
日立製作所	茂原工場	○					
松下電器	石川工場	○					
スタンレー電気	秦野工場				○		CHS-LCD
シャープ	奈良工場					○	転写法
三洋電機	岐阜工場					○	転写法

（注）備考の「転写法」は「着色フィルム転写法」

えが一層充実し，ライバルメーカーとの差は開くばかりだという。

(3) カラーフィルター用顔料，染料

　カラーフィルター用顔料メーカーは，日本チバガイギー，大日本インキ化学，東洋インキ製造，大日精化，山陽色素，三国色素，ヘキストジャパンなどである。

　トップは日本チバガイギーで，半分以上のシェアを持つ。同社は特に赤色顔料であるアントラキノン系（商品名：クロモフタルレッドＡ２Ｂなど）をほぼ独占的に供給している。自動車塗料向けの用途も持つなど，幅広い商品を取り揃えているのが強みとなっている。また，これらを安価に供給できるトップシェアメーカーならではの優位点もある。

　また，緑色顔料，青色顔料分野では，主流となるフタロシアニン系を中心に東洋インキ製造が優勢となっている。

　染色法用の染料分野では，日本化薬，ダイワ化成，三井化学（旧・三井東圧化学）が生産している。

(4) ブラックマトリクス用クロムターゲット

クロムターゲットのメーカーは，東ソー，日立金属，日本真空冶金，三井金属工業，住友金属鉱山，ジャパンエナジー，三菱マテリアル，三菱化学系の菱化マッセイである。

トップは東ソーで，60％のシェアを持つ。同社は，原料である電解クロムを自社内で調達している唯一の国内メーカーである。ちなみに他のメーカーは，日本重化学工業から電解クロムを購入している。

2位は日立金属（シェア20％），3位が日本真空冶金（同10％）である。上位3社までで国内シェアの90％を占めているのである。

BM成膜はそれぞれのメーカーで行っている。主な販売先は成膜加工メーカー（アルバック成膜，ジオマテックなど），LCDパネルメーカー，カラーフィルターメーカー，ガラス基板メーカーである。

(5) ブラックマトリクス用黒色レジスト

ブラックマトリクス用黒色レジストのメーカーは，富士フイルムオーリン，東京応化工業，新日鐵化学などである。また，顔料分散カラーレジストのメーカーも何社かが参入を狙っているようだ。ブラックマトリクス用黒色レジストの製造は，顔料分散カラーレジストの技術が応用できるからである。

さらに，カラーフィルターメーカーも，内製化を進めている。凸版印刷，大日本印刷，エスティーアイテクノロジーといったメーカーがそれだ。

(6) カラーフィルター用オーバーコート剤

カラーフィルター用オーバーコート剤のメーカーは，日本合成ゴム，日立化成，新日鐵化学，宇部興産，チッソ，東京応化工業，積水ファインケミカル，三洋化成，日産化学などである。トップは日本合成ゴムで，全体の80％近くのシェアを持つ。

タイプ別では熱硬化型と光硬化型があるが，熱硬化型が圧倒的に多い。メーカーは，日本合成ゴム，日立化成，チッソ，三洋化成である。光硬化型は，新日鐵化学となっている。

最近の新技術として触媒化学工業が，ポリシルセスキオキサンをベースとした無機オーバーコート剤を開発したというニュースがある。

第11章 カラーフィルターと関連ケミカルスの特許動向

1 カラーフィルターと関連ケミカルスの特許（1973～1994年）

シーエムシー編集部

1.1 カラーフィルター製造技術の分類

　ＬＣＤ用カラーフィルター（ＣＦ）製造に関連する周辺技術を，大きく表１のように分類した。

　この分類に基づき，対象とするＬＣＤ用ＣＦ関連の公開特許公報は，基本的に昭和58年（1983年）から平成6年（94年）までの期間の中で，2,379件を抽出している。

表1　ＬＣＤ用カラーフィルター（ＣＦ）製造の周辺技術の分類

分類			内容
ＣＦ画素画素形成用ケミカルス	(1) 画素形成法		染色法，顔料分散法等の各画素形成技術
	(2) 組成物		各画素形成法用組成物
	(3) 色素		各画素形成法用色素
画素以外の構成要素	(4) ブラックマトリクス(BM)		ＢＭの形成法とケミカルス
	(5) 保護膜		保護膜の形成法とケミカルス
	(6) その他構成要素		その他構成要素の形成法とケミカルス
(7) 周辺技術・装置			周辺の加工・補修・検査技術および装置
(8) 画素配列・構造			画素配列と構造の関連技術

1.2 画素形成技術と特許の展開

　画素形成法は，複数の形成法を組み合わせた方法もあり，数多い。これら画素形成法を表2のように分類した。

　ここでは，ミセル電解法，インクジェット法，熱転写法，電子写真法，染料分散法（内添法），ゾルゲル法，カラー銀塩写真法，蒸着法，その他，とより細分類した。

　この画素形成法に該当する公報の総数は，1,048件である。

年別にその件数の推移を，表2，図1に示す。図2は平成6年（94年）までの公報の総数の分類別件数比はである。図3は平成6年（94年）に限った分類別件数比である。総件数は大きく伸びているが，それぞれの公報の推移を見ることができる。印刷法，顔料分散法，電着法，ミセル電解法，電子写真法の件数が多くなってきている。一方，染色法，カラー銀塩写真法，蒸着法などは減っている。

(1) 染色法

① 形成法

ゼラチン，カゼイン，ポリアクリルアミド，ポリビニルアルコール，ポリビニルピロリドンなどの可染性水溶液高分子材料に，重クロム酸塩等の感光剤を加えて感光性を付与して，ガラス基板上に塗布する。ネガ型のフォトマスクを介して紫外線露光してパターンを刻み，酸性染料や反応性染料で着色する。これを3回繰り返してR，G，Bを形成する（平6－51301；京セラ，番号は公開特許，以下同様）。

表2 画素形成法の分類

分 類	分 類
(1)染料法	(9)染料分散法
(2)印刷法	(10)熱転写法
(3)顔料分散法	(11)ゾルゲル法
(4)電着法	(12)カラー銀塩写真法
(5)着色フィルム転写法	(13)蒸着法
(6)ミセル電解法	(14)その他形成法
(7)電子写真法	(15)複数に係わる法
(8)インクジェット法	(16)特定しない技術

表3 画素形成法別公開特許の件数推移

	S48〜58	59 (84)	60 (85)	61 (86)	62 (87)	63 (88)	1 (89)	2 (90)	3 (91)	4 (92)	5 (93)	6 (94)	計
(1)染 料 法	4	7	12	28	31	10	11	7	5	8	3	7	133
(2)印 刷 法	1	1	2	1	5	4	7	6	20	12	10	21	90
(3)顔 料 分 散 法			2	3		8	5	13	6	12	12	14	75
(4)電 着 法		6	14	8	2	9	7	6	4	25	14	22	117
(5)着色フィルム転写法				2	1		2		6	3	8	6	7	35
(6)ミ セ ル 電 解 法						1	1	15	11	18	8	12	66
(7)電 子 写 真 法	3					1			1	3	10	5	13	36
(8)インクジェット法				1	1		4	2	2	1	2	4	2	20
(9)染 料 分 散 法	2			6	3	2		2	1		2	1	1	19
(10)熱 転 写 法					5	1			6	2		3	1	18
(11)ゾ ル ゲ ル 法	1		4	2	8	2	14	4	1	2	4	1	43
(12)カラー銀塩写真法	1	2	4	1	1		11	15	4	2	1	1	43
(13)蒸 着 法	3	12	10	7		3	1				3	1	40
(14)その他形成法			1	4	3		9	9	7	11	16	16	8	84
(15)複数に係わる法	1				2	3	3	7	3	2	14	17	8	60
(16)特定しない技術			1	2	4	18	15	18	31	22	15	20	23	169
計	16	31	54	73	74	73	93	125	95	147	127	140	1048

染色法ではその構造から多層法と単層法がある。多層法では，各1色分着色後，アクリル，ウレタン，エポキシ樹脂などの防染膜を施す，あるいはタンニン酸等による染色媒体表面の化学処理を施して混色を防ぐ。

リフトオフ法による工程を用いた多層法では，工程が煩雑なため，結果的に高価につくことに

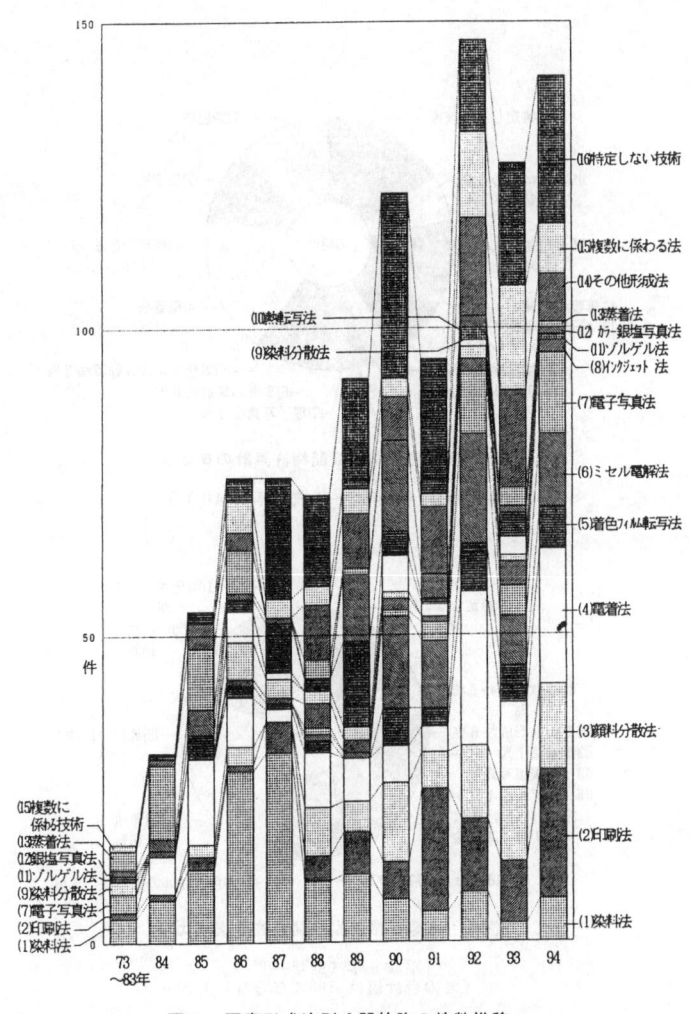

図1 画素形成法別公開特許の件数推移

なる（平5-19113；東芝）。

単層法では，被染色層を中間層を形成せずに，連続型で形成し，マスキング層を介してR，G，Bを染色し，CFを形成するものと，R，G，Bのそれぞれの被染色層を分離して形成し，マスキング層を介して同様に染色するものとがある。ただし，前者は染料の隣へのブリードが問題となる（平2-87115；大日本印刷）。

同法のCFは透過率，色度の点で優れているが，LCDの大型化に伴い，大面積にわたる色度

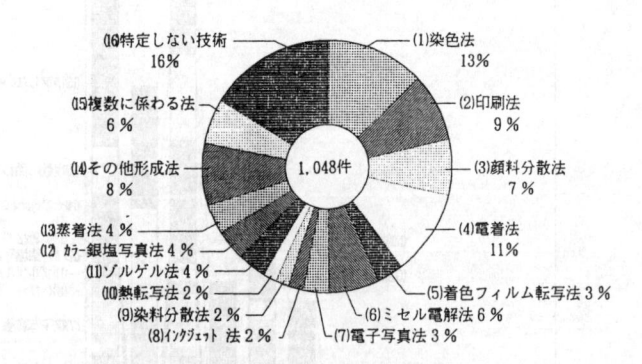

図2　画素形成法別公開特許累計の構成比

〔昭和48年（73年）～平成6年（94年）〕

(16)特定しない技術 16%
(15)複数に係わる法 6%
(14)その他形成法 8%
(13)蒸着法 4%
(12)カラー銀塩写真法 4%
(11)ゾルゲル法 4%
(10)熱転写法 2%
(9)染料分散法 2%
(8)インクジェット法 2%
(7)電子写真法 3%
(6)ミセル電解法 6%
(5)着色フィルム転写法 3%
(4)電着法 11%
(3)顔料分散法 7%
(2)印刷法 9%
(1)染色法 13%
1,048件

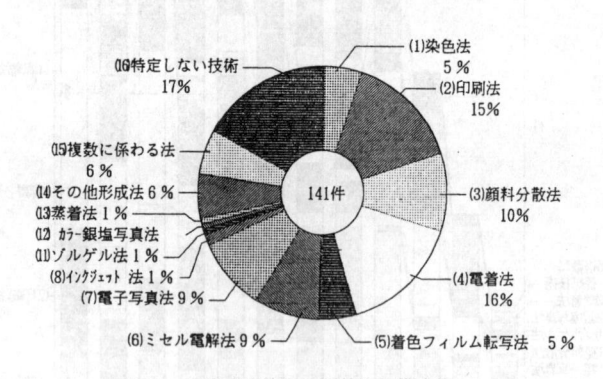

図3　画素形成法別公開特許の構成比

〔平成6年（94年）〕
（％の合計値は100にならない）

(16)特定しない技術 17%
(15)複数に係わる法 6%
(14)その他形成法 6%
(13)蒸着法 1%
(12)カラー銀塩写真法
(11)ゾルゲル法 1%
(8)インクジェット法 1%
(7)電子写真法 9%
(6)ミセル電解法 9%
(5)着色フィルム転写法 5%
(4)電着法 16%
(3)顔料分散法 10%
(2)印刷法 15%
(1)染色法 5%
141件

の均一性の不足，工程の複雑さからくるコスト高，あるいは染料を用いることによる耐熱性，耐候性の不足が避けられない（平6-294907；エイジーテクノリジー）。

また一般的に，パターン形成後に染色の工程が必要であり，製造工程が長くなるため，歩留りが悪くなる。よって，コスト高になる。染色される樹脂，染料は耐熱性，耐水性に劣り信頼性に欠けることになる。

② 技術の展開

従来の多層法に対し，昭62-138802（日本合成ゴム）では，ビニル系重合体を被染層の防染処理により不溶性皮膜とすることで，混色防止を果たし，防染膜を不要とすることを示した。

特に，63年以降は単層法ＣＦの形成法が中心となっている。被染色層にフォトレジストの開口部を設け，画素間にシリコーン層をつくる（平4-195102；東レ），隔壁をもうけて選択的に染色する（平4-86801；東芝），フォトレジストを使って選択的に染色する（平5-224009；シャープ）などの動きがある。

より能率より高精度なパターン化については，被染色膜として蛋白質を使う場合，蛋白質分解酵素の水溶液を用いてエッチングすることも示されている。これは，従来，蛋白質膜のエッチングでは温水が使われているものの，エッチング時間が長いことからサイドエッチングを招いていたためである（平6-194513；カシオ計算機）。

その他，現像液に純粋にアルカリ金属元素を含む塩類を微少量混入したものを使うことで，パターニングされた画素のエッジ部は突起のない滑らかな形状になる，という提示がある（平2-168203；カシオ計算機）。また，アニオン染料で染色する場合，可染性樹脂の低分子量物を含む水溶液で現像するという提示もある。現像には20～70℃の中性～酸性水溶液を使用していたところ，現像時間が長く，また脱落した樹脂粥粕状物の再付着の問題を伴っていた。界面活性剤でも十分解決できなかった（平4-360102；日本化薬）。

反射型ＬＣＤ用ＣＦとしては，特に所望の分光特性が淡く安定して染色されることが求められる。一般に使われる染料は鮮やかで光吸収力の強いものであり，これらは比較的短時間で染色の飽和染色状態となってしまう。この対策として，被染色層をパターニング後，加熱処理のうえ染色することで，低濃度分光特性が，容易に安定に得られ，かつ後処理においても脱色の防止，耐熱性の向上が図られた（平6-235813；シャープ）。

環境対策上からも，固定化に酒石酸カリウムアンチモン等の毒物を使わず，オゾン雰囲気で紫外線を用いる方法も提示されている（平5-210007；エヌ・ベー・フリップス）。

　（主要特許：特公昭52-17375，特公昭52-17376，特開昭59-155830（凸版印刷），特開昭62-138802（日本合成ゴム）

③ 企業展開

出願者数は28社，公報総数は 133件である。出願者数および公報数は62年を中心にピークとなっており，その後は減少傾向にある。表1からも，例えば凸版印刷のように，おおむね継続して出願している企業は少ない。

従来，染色法ＣＦは，撮像素子用ＣＦ等として使われてきた経緯もあり，ここで取り上げた公報でも昭和58年ころ以前のものは，目的・内容面でＬＣＤ用ＣＦと重複している。したがって，当時の出願者は撮像素子用ＣＦの製造に係わる企業でもある。

公報において，「液晶カラー用ＣＦ」として本格的に登場するのは，昭和59年からである。

表1 染色法の出願者別公開特許の件数推移

	S48〜58	59 (84)	60 (85)	61 (86)	62 (87)	63 (88)	1 (89)	2 (90)	3 (91)	4 (92)	5 (93)	6 (94)	計
ソ ニ ー	1												1
大 日 本 印 刷	1						1	1					3
日 立 製 作 所	2				1			1	1				5
大日本スクリーン製造		2											2
精 工 舎		1	3	15	5	1							25
松 下 電 器 産 業		3	3			1	1		1				9
凸 版 印 刷		1		1	2							2	7
シ チ ズ ン 時 計			1										1
三 菱 電 機			4		1		3	2					10
コ ニ カ			1							2	1		4
キ ャ ノ ン				2									2
松 下 電 子				4	3								7
スタンレー電気				2	4	1							7
アルプス電気				1	1								2
セイコーエプソン				2	4		4						10
カ シ オ 計 算 機				1	1	1	1	1			1		6
日 本 ビ ク タ ー					2								2
三 洋 電 機					2								2
日本合成ゴム					1		1						2
東 芝					1	2		1		1			5
日 本 化 薬					3	2				2			7
シ ャ ー プ					2						1	1	4
三 星 電 子									2				2
デ ュ ポ ン									1				1
九 州 日 本 電 気										1			1
東 レ										2			2
フィリップス											1		1
コ ダ ッ ク												3	3
計	4	7	12	28	31	10	11	7	5	8	3	7	133
出 願 者 数	3	4	5	8	13	8	6	6	4	5	3	4	

(2) 印刷法
　① 形成法
　印刷法に使われるインクは，基材として有機ビヒクル，エポキシ樹脂などであり，これに着色材として0.1μm以下に粉砕して透明性を向上させた顔料を加えている。
　印刷法には，オフセット印刷法，スクリーン印刷法等があるが，現在は比較的精度が高い平版式オフセット印刷法が主流となっている。同印刷法は，印刷パターンを描いた金属にインクを載せ，それをゴム性のブランケットと呼ばれる弾性体に転写し，基板上に写す方法である。印刷法は粘性のあるインクに圧力をかけて圧着するため，パターン端部の精度が出にくいが，BMをあらかじめ形成しておくことで，色パターンの精度が補償される（平6-51301；京セラ）。
　印刷法は，コスト面では材料費，設備費，生産工程数が小さいことから，安価にすることが可能である。寸法精度の面では，凹版オフセット法では15〜20μm程度の細線が作成可能であり，高精細も限定的には可能である（平6-109918；松下電器産業）。
　② 技術の展開
　テーマ別に最近の動きをみると，印刷面の平坦化に関しては，印刷版のパターンを対応するBMの画素幅の40〜60％として，20〜30回の重ね刷りをする（平5-188214；富士通）。あらかじめ形成した遮光パターンの枠内にインクを印刷し，融点以上に着色樹脂を加熱して流動化して平坦化する（平5-127013；凸版印刷）。印刷時の加熱によりお互いに重なる着色パターンを相互に融合させ，平坦化を図る（平6-308313；大日本印刷）。熱可塑性インクを用いることで，BMの隔壁に埋めたインクを加熱して平坦にする（平6-45509；富士通）。BM形成後，着色インクを印刷して，BM上の背面露光により未硬化部分は溶剤で除去する（平6-174913；富士通）。
　精度関連では，凹版に熱硬化性インクを着肉のあと，画線部内壁に接触した部分のインクを加熱硬化させて，接着剤を塗布した基板上に印刷する。凹版の形状を忠実に再現する（平5-147195；松下電器産業）。
　画素の色むらに関しては，印刷パターンの断面形状をほぼ矩形とする（平5-60916；松下電器産業）。厚みむらに関しては，すくなくとも2回薄膜印刷を繰り返すことで色むら，厚みむらのない画素を得る（平5-45513；キヤノン）。
　表示品質の向上のために，まず透明樹脂ペーストを印刷し，次いで着色樹脂ペーストを重ね印刷していく（平5-72414；富士通）。
　分光特性の精度管理では，着色顔料の含有率が高いインクから順次印刷していく（平6-109913；凸版印刷）。
　着色インクの混色防止のために，BMよりも厚く透明樹脂層を設け，層上にインクを印刷してはみ出した部分はその溝におとす（平6-118220；富士通）。

グラビアダイレクト方式の取り組みもある。同方式は設備が高価だが，凸版，平版等に比べ着厚量が多く，ガラス等への印刷も容易という特徴を持つ（平5-281409；富士通，平6-214106；富士通）。

（主要特許：特開昭59-29225（松下電器産業））

③ 企業展開

出願者数は17社，公報総数は90件である。CFのトップメーカーである凸版印刷が20件であり，次いで松下電器産業が16件，大日本印刷14件である。

表1 印刷法の出願者別公開特許の件数推移

	S48~58	59 (84)	60 (85)	61 (86)	62 (87)	63 (88)	1 (89)	2 (90)	3 (91)	4 (92)	5 (93)	6 (94)	計
シチズン時計	1												1
松下電器産業		1			2	1	3		2	2	2	3	16
セイコーエプソン			1				2	1					4
セイコー電子			1										1
日本写真印刷				1								1	2
大日本印刷					1				6	5		2	14
凸版印刷					2	1		4	11		1	1	20
東芝						1	2			1	1	2	7
アルプス電気						1							1
共同印刷									1		1	1	3
東洋紡績									1				1
富士通										1	2	7	10
光村印刷										1		3	4
コニカ										1			1
大関正直										1			1
キヤノン												3	3
東洋合成											1		1
計	1	1	2	1	5	4	7	6	20	12	10	21	90
出願者数	1	1	2	1	3	4	3	3	4	7	6	9	

(3) 顔料分散法

① 形成法

顔料分散法は，顔料を均一に分散した感光性の樹脂をガラス基板に塗布し，紫外線露光により着色パターンを形成する方法である。これらをRGBの3色を繰り返す。このとき，紫外線照射の前に，通常は酸素遮断膜（紫外線を吸収し，感光性を劣化させる酸素を遮断する役割をもつ）を塗布される。

用いられるレジスト樹脂は，感光基のスチルバゾルを導入した高感度なPVA樹脂，感光性ポ

リイミド,あるいは感光性アクリル等である。また顔料としては安定性,耐光性に優れる有機顔料や無機顔料が使われ,例えば,緑ではフタロシアニン系顔料等が使われる(平6-51301;京セラ)。

CFの要求特性の高度化につれて,耐熱,耐光,耐薬品性等の信頼性に優れる同法は,従来の染色法にかわって主流になっている。

ただし,このように耐熱性においても十分実用的であるものの,材料の有機顔料が高価であり,また顔料分散工程において多量の顔料を必要とするため,材料コストが非常に高いものとなっている(平5-19113;東芝)。

同法のいま1つの特徴である精度に関しては,フォトリソグラフィによるためパターン精度は高い。例えば,最小サイズで20～30μm□程度の大きさで形成可能である。もっとも,ビデオカメラ用ビューファインダーのLCD向けのCFでは,さらに微細な着色画素が要求されている。これらの画素の要求サイズは10～15μm□程度となってきている。これらは従来の同法では困難である。顔料粒子の光の乱反射による線幅が大きくなること,および,主に使われている露光法のプロキシミティ法ではフォトマスクが感光性樹脂に直接接触しないため,光の回り込みを招くことが主な原因になっているためである(平6-347632;大日本印刷)。

② 技術の展開

顔料分散法には,着色基材に感光性がある場合を着色感剤法,感光性がない場合をエッチング法といわれる。この両方を組み合わせて工程を簡単にし,均一なキュアを得る方法が示されている。基板上に,着色レジスト,感光性樹脂を塗膜しフォトリソを行う。一色ずつ着色のつど必要とされたレジストの剥離,樹脂のキュア工程を必要とせず,キュアは全ての着色が終了後にまとめて行うものである(平6-138314;増山新技術研究所)。

酸素遮断膜の観点から設備,工程の簡略化も図られている。まず,ポリビニルアルコール製の酸素遮断膜の塗膜下で,フォトマスクを介して着色レジストを露光硬化,現像を行い,洗浄後,この洗浄水を酸素遮断膜として基板の上下から高圧水銀灯で照射,未反応モノマーを完全重合させる方法である。液体皮膜を使うことで工程が簡単で十分な効果も得られている(平6-109916;凸版印刷)。

着色レジスト残の問題はCFとしての色純度等の点からも重要である。この着色レジスト残の除去方法として,現像工程でガラス表面に残った残渣をフッ化水素酸を含有する溶液に浸漬して除去(平5-224014;キヤノン),着色レジストを現像して,各パターンを得るごとに,着色レジストが溶解可能な溶剤で洗浄(平6-281808;カシオ計算機),パターン形成後に界面活性剤を含む溶液で顔料を除去するもので,樹脂膜の密着性に優れる(平6-60915;キヤノン)等があげられる。

着色レジスト残の問題は,次の色の着色レジストの塗膜上も支障をきたす。カラーパターンの

密着性を向上させて, 剥がれ, 浮きの防止をするため, 着色レジストの塗布, 加熱仮硬化, 露光現像, 加熱本硬化後残渣を除去したあと, 再度加熱硬化する (平6-148420；キヤノン)。

着色レジスト残の問題に対し, 別の立場からの解決を図ることも考えられている。無色の樹脂膜の上に着色樹脂膜を形成する方法である。着色樹脂膜の剥離残があっても無色のため支障はない (平5-164910；積水化学)。

画素部のオーバーエッジ等の不良防止, 製造工程の簡単化のため, 例えば, 残りの1色を紫外線カットフィルタを介してレジスト塗布後背面露光で硬化する (平5-173013；スタンレー電気), 残りの1色を背面露光でキュアする (平6-308318；京セラ) 方法が示されている。

表1 顔料分散法の出願者別公開特許の件数推移

	S48~58	59(84)	60(85)	61(86)	62(87)	63(88)	1(89)	2(90)	3(91)	4(92)	5(93)	6(94)	計
工業技術院			1										1
大日本印刷			1			1	1	1			2		6
キヤノン				2		2		1	1	3	3	2	14
日本電気 (NEC)				1									1
松下電器産業						1	1	11			1		14
ミノルタカメラ						4	1						5
凸版印刷								1		2		4	8
富士写真フイルム								1					1
三洋電機								1					1
京セラ									1	2	1	1	5
セイコーエプソン									2	1			3
三星電管									1		1		2
富士通										1	2		3
宇部興産										1			1
スタンレー電気										1	4		5
積水化学											1	1	2
ホーヤ (HOYA)											1		1
増山新技術研究所											1	1	1
カシオ計算機												1	1
計			2	3		8	5	13	6	12	12	14	75
出願者数			2	2		4	3	5	5	8	7	8	

また, この背面露光の方法を使うことで, 光強度と顔料濃度で膜厚をコントロールできる (平6-18715；積水化学)。

その他, 画素と遮光部の構造面から, 断線, クラックの発生防止対策のため, 遮光部と画素との段差を滑らかなものとする製造方法の改善 (平5-45510；松下電器産業), フォトマスク上の塵埃の影響を防ぐため, 異なるフォトマスクを使って2回以上露光処理する (平5-93810；京セラ)

などが，最近の動きである。

　　（主要特許：特開昭60-129707(工業技術院，諸星インキ，大日本印刷)，特開昭60-129738(工業技術院，諸星インキ，大日本印刷)，特開昭60-129742(工業技術院，諸星インキ，大日本印刷)，特開昭60-237403(凸版印刷)，特開昭60-237441(大日本印刷)）

③　企業展開

出願者数は19社，公報総数は75件である。キヤノン，松下電器産業が14件，次いでＣＦのトップメーカーである凸版印刷が8件，大日本印刷が6件と続く。

顔料分散法は上記の特開昭60-129707等に始まる。

(4)　電着法

①　形成法

電着法では,色素を分散した高分子樹脂を溶媒中に溶解あるいは分散させ,電極上に析出させる。使われる高分子樹脂は，透明度と安定性に優れるポリエステルを高分子基材とし，これに水に溶けるとマイナスイオンになるカルボキシル基を導入したものである。この高分子に顔料（粒径は$0.1～0.2\mu m$）を分散して水に溶かす。電着槽でＣＦ基板上の電極にプラスの電圧を印加することで，電極上にマイナスに帯電した高分子が析出する。これを各色分繰り返す。高分子が析出した電極上は，絶縁性になることから，その後析出することはなく，混色することはない。使われる高分子樹脂は熱硬化性樹脂であるため，着色層は耐熱，耐光，耐薬品性に優れる。また膜厚は印加電圧で制御されるため，膜厚制御性にも優れる。

②　技術の展開

電着法では，それぞれの基本的な工程の組み合わせによる様々な取り組みがみられる。

例えば，透明導電膜を形成した基板上に，レジストを塗膜して，画素部分のレジストを除去し，電着法により着色層を形成する。レジストからの工程を3回繰り返す方法（平4-104102；日本ペイント）。透明導電膜を形成した基板上に，一面に電着法により着色層を形成し，この着色層をパターニングする。これを3回繰り返す方法（平4-172303；セイコー電子）。さらに，基板上に一面に透明電極を形成，その上にレジストを塗布，フォトリソによりＢＭ部分を開口させ，電着法でＢＭを形成，そして，順次画素部分を開口していって，各色の着色画素を形成していく方法も提示されている。この方法では着色膜の位置のずれがないメリットがある（平6-273615；シャープ）。

1回の露光で全てのパターニングが可能な方法も示されている。透明導電膜，遮光膜を形成し，遮光膜上に感光性塗膜を形成し，少なくとも光透過率が3段階に異なるパターンを有するマスクを介して露光，現像し，開口部の透明導電膜上に電着法で順次着色層を形成していく方法である（平6-51114；日本石油）。

少ない露光・現像処理回数で効率よく形成する方法としては，基板上に導電膜，BM用金属膜，レジスト膜を形成し，フォトリソにより，画素部に相当するレジスト膜，BM用金属膜を除去し，開口部に着色層を形成し，それを各色ごとに繰り返す方法がある（平6-94911；カシオ計算機）。

電極パターン上に電着膜を形成する方法においては，バイポーラ現象問題をともなう。このバイポーラ現象とは，本来析出しない非通電部の透明電極の一部にも着色材が析出してしまう現象である。この対策として，電極パターンのうち，電着用端子部の面積を拡大し，パッド型形状をも含めるものとする（平6-308321；セイコー電子），電着用端子部の近傍に着色用端子とは別に独立したダミー電極を設ける（平6-300911；セイコー電子）などのように電極パターンの改良がされている。

表1 電着法の出願者別公開特許の件数推移

	S48〜58	59 (84)	60 (85)	61 (86)	62 (87)	63 (88)	1 (89)	2 (90)	3 (91)	4 (92)	5 (93)	6 (94)	計
セイコー電子		5	9			6	2	1		7	1	2	33
セイコーエプソン		1						1					2
大日本印刷			4								2	4	10
松下電器産業			1				1					1	3
凸版印刷				2				2		1		1	6
東芝				1						3	2		6
三洋電機				1							2		3
シチズン時計				1								1	2
富士写真フイルム				1									1
旭硝子				1								1	2
飯村・中野				1									1
日本ビクター						1							1
日立製作所						1							1
沖電気						2		1					3
日本ペイント						1				3	1	1	6
スタンレー電気							1				2	1	4
ホーヤ（HOYA）							2	1			1		3
IBM							1			1			2
コマツサリア								1				1	1
シャープ									2	2		2	6
京セラ										2	1		2
日本石油										5	2	3	10
関西ペイント											2		2
三菱電機											1		1
神東塗料											1		1
シブレイ・ファーイースト											1		1
カシオ計算機												4	4
計		6	14	8	2	9	7	6	4	25	14	22	117
出願者数		2	3	7	2	3	5	5	3	9	9	12	

持続導電性を有する光導電性層の利用による電着法も考えられている。基板上に光導電性層を設け、ここにマスクを介して露光することで画素部分の導電性を発現させ、電着法にて、着色材を析出させる。フォトレジストを不要とし、工程が簡略化する（平5-297215；大日本印刷）。

（主要特許：特開昭59-90818（諏訪精工舎、現セイコーエプソン），特開昭59-114572（第二精工舎、現セイコー電子））。

③ 企業展開

出願者数は27社，公報総数は117件である。セイコー電子が33件，次いで大日本印刷，日本石油の10件である。

(5) 着色フィルム転写法

① 形成法

着色フィルム（感光フィルム）転写法は，ベースフィルムと1色に着色された感光性樹脂層からなる感光性フィルムを使い，これを透明基板に貼り合わせて，露光，ベースフィルムの剥離，現像の工程を繰り返して，着色画素を形成する方法である。いわゆる転写法には様々な方法があるため，それらと区別するためこの名称とする。

ベースフィルムは可撓性を有し，加圧，加熱下でも大きな変形，収縮，伸びをしないことが求められることから，ポリエチレンテレフタレート，ポリエチレンフィルム，ポリカーボネート等があげられる。

着色された感光性樹脂層は，例えば，エチレン性不飽和化合物，カルボキシル基含有フィルム性付与ポリマー，光重合開始剤または光重合開始剤系化合物，および顔料または染料からなるものである（平6-289210；日立化成）。これに，ポリエチレン等の保護フィルムを貼り合わせて外部からの損傷，異物の付着を防止する。

この構造をもつ感光フィルムは，プリント配線板の製造時にエッチングレジスト，ソルダレジスト等としても使われている。

② 技術の展開

昭61-99102（旧 山陽国策パルプ）では，一つの色相着色剤を含む感光性樹脂層を支持体に塗布乾燥した感光性フィルムについて，その感光性樹脂の層を透明基板上に転写して，所定のパターンのマスクを介して露光，現像して画素パターンを形成する方法を提示した。

さらに，感光性フィルムに所定のパターンのマスクを介して露光，現像してパターンを形成したのち，透明基板上に転写して画素パターンを形成する方法（昭61-99102；旧山陽国策パルプ），感光性フィルムを透明基板上に加熱圧着し，マスクを介して露光，ベースフィルムの剥離，現像して画素パターンを形成する方法(昭63-187203；大日本印刷），着色感光性樹脂上にポリ酢酸ビニル重合体の接着層を構成した感光性フィルムを用いる方法（平2-24624；大日本印刷）などが示

されてきた。

湿式現像法を使わない方法も提示されている。感光性フィルムのパターニング材料層にエキシマレーザ光を照射することで，パターン形成し，粘接着層を有する透明基板上へパターン形成する方法である。転写の前にパターン検査を行うことができるメリットがある（平6-102410；松下電器産業）。

着色フィルムの構造から，基板に対する密着性の追随性の問題も伴う。そこで，2色目以降のベースフィルムの厚みを1.6〜10μmとすることで，追随性がよく密着性，現像時の剥がれがきわめて小さいものとなった。この着色フィルムを用いる方法では，既存の画素（1〜5μm）の上に貼り合わせることから，段差が生じる。段差があると接着不良，剥離等を招く。ベースフィルムを薄くしすぎると破れるなどの不都合が生じ，一方，厚すぎると光の散乱により露光の際の解像度を低下させる（平6-289211；日立化成）。

画素の抜け（白抜け）もなく，また画素上に他の色相の感光性樹脂層の残膜がなく，形状の良い画素パターンを得るため，感光性フィルムの着色感光性樹脂層をガラス基板に転写し，ベースフィルムを剥離し，パターン露光，現像を行った後，加熱処理を実施する工程をとることとした（平5-34113；富士写真フイルム）。

（主要特許：特開昭61-99102（旧 山陽国策パルプ・大日本印刷），特開昭61-99103（旧 山陽国策パルプ・大日本印刷），特開昭63-187203（大日本印刷））

表1 着色フィルム転写法の出願者別公開特許の件数推移

	S48〜58	59(84)	60(85)	61(86)	62(87)	63(88)	1(89)	2(90)	3(91)	4(92)	5(93)	6(94)	計
日本製紙（注）				2									2
住友ベークライト					1								1
凸 版 印 刷						1		1					2
大 日 本 印 刷						1				3			4
東洋インキ製造								3	1	2			6
ヘキストセラニーズ								1					1
日 立 化 成								1			5		6
富士写真フィルム									1	3	3	1	8
大日本インキ化学									2				2
日 本 電 装										1			1
コ ニ カ											1		1
松下電器産業												1	1
計				2	1	2		6	3	8	6	3	35
出 願 者 数				1	1	2		4	2	4	3	2	

注）旧 山陽国策パルプ

③ 企業展開

出願者数は12社,公報総数は35件である。富士写真フイルムが8件,東洋インキ製造,日立化成の各6件が続く。

(6) ミセル電解法
① 形成法

水に必要に応じて支持電解質等を加えて電気伝導度を調整した水溶媒体に,フェロセン誘導体よりなるミセル化剤と色素(疎水性色素)とを加えて十分に攪拌して分散させると,この色素を内部に取り込んだミセルが形成される。これを電解処理すると,ミセルが陽極に引き寄せられて陽極上でミセルが崩壊,内部の色素材料が陽極に析出して薄膜を形成する。一方酸化されたフェロセン誘導体は陰極に引き寄せられて再びミセルを形成する。この,ミセルの形成と崩壊の繰り返される過程で,色素が透明電極上に析出して色素薄膜が得られる(平5-241015;出光興産)。

電着法では顔料を含む高分子膜を透明電極上に形成するため,同法でCFの目標とする色濃度を得るためには$2\sim3\mu m$の膜厚が必要とされる。そのバラツキは±0.5以内である。一方,ミセル電解法では着色材のみで直接形成するため,薄くすることが可能であり,$0.5\sim1.0\mu m$とされる(平6-235812;シャープ)。

② 技術の展開

従来のミセル電解法では,パターニングされた電極(ストライプ状,モザイク状)の電極を用いて電解を行う際,単に目的電極に定電位を印加するだけであるため,電解液の自然対流が顔料薄膜の堆積速度を決定してしまい,電解により形成された顔料薄膜に膜厚分布が生じ膜厚が不均一になる。このため,顔料に濃淡斑が生じ,膜表面の凹凸により平滑性を失う問題が伴っていた。

そこで,周期的に変化する電圧または電流を電極に印加して電解を行うようにし,この目的電極以外の電極に,フェロセン誘導体界面活性剤の酸化還元電位以下の電位を印加することで,均一な膜厚,色斑,凹凸のない薄膜を提供するものである(平5-241015;出光興産)。

電極基板上の顔料の薄膜は,電極中心部より周辺部の方が厚くなるという現象も見られる。これは,ミセルの破壊が周辺部では垂直方向と水平方向から起こるため,中心部より多くの顔料が積層するためとも見られている。そこで,少なくも最終的にCFとして表示に用いる透明電極部の外周の領域でかつ同一透明基板上に第二のアノードとして電極を形成して電解することで解決した(平6-130215;セイコーエプソン)。

分散液系の中で分散の不安定になることにより,顔料の凝集が起こり,数μmの薄膜上に数十μmの粗大粒子が析出する問題が発生する。その対策として,ミセル分散液中の平衡濃度を特定の範囲に調整することで,粗大粒子の発生を防ぐことができる(平5-103974;出光興産)。

CFの低抵抗化のため,顔料のみで作製した従来のCF層にさらに導電性物質を分散,含浸さ

せる工夫もされている。透明電極上に顔料層を形成した後, 導電性微粒子を分散した溶液中に浸漬し, 乾燥するものである(平6-34809；セイコーエプソン)。

(主要特許：特開昭63-243298(出光興産))

③ 企業展開

出願者数は4社, 公報総数は66件である。出光興産が25件, キヤノンが39件の2社で計64件である。

表1 ミセル電解法の出願者別公開特許の件数推移

	S48〜58	59(84)	60(85)	61(86)	62(87)	63(88)	1(89)	2(90)	3(91)	4(92)	5(93)	6(94)	計
出 光 興 産						1		6	3	4	6	5	25
セイコーエプソン							1	9	8	14	1	6	39
松 下 電 器 産 業											1		1
シ ャ ー プ												1	1
計						1	1	15	11	18	8	12	66
出 願 者 数						1	1	2	2	2	3	3	

(7) 電子写真法

① 形成法

電子写真方式によるＣＦの形成法は, 支持体上にすくなくとも透明導電膜層と電子写真感光体層からなる層(光導電体)を設け, この光導電体全面に帯電を行う工程と, 露光により非画面部分の電荷を除去し, 潜像パターンを形成する工程と, 画素パターンに相当する静電潜像にトナーを付着させる現像工程をＲＧＢの3回, もしくはブラックを加えて4回繰り返してＣＦを製造するものである。

同方式では, 帯電から露光までの一連の工程において使用するエネルギー量が少なく, 大型の基板サイズにも対応することが容易であるという特徴を有する(平6-43315；三菱製紙)。

しかし, 感光体とトナーに課せられた制約からきわめて狭い条件の中から, 地汚れのない濃度の高いＣＦを作製することは難しい。現像時に現像バイアスを印加しなければならず, 非画素部への地汚れと重なり, 結果として透明性が劣るものとなり, ＣＦとしての十分な分光特性が得られづらい, という課題がある(平5-249311；凸版印刷)。

② 技術の展開

基板上に透明電極を設け, その上に可視光域に吸収域をもたない電子写真感光体を形成させ, その上にカラートナー層を設ける製造方法においては, 可視光域にまったく吸収域を持たない感光体の選択が難しく, さらに製造されたＣＦにおいて, しばしばひび割れを生じやすかった。ま

た，可視光域に吸収域を持たない感光体しか使えない。そこで，電子写真感光体と対向する非感光性の誘電体層に形成される静電潜像を利用することにより，使用できる感光体は可視領域に吸収域を有していてもよく，その選択範囲を広くすることができる（平6-43315；三菱製紙）。

また，プロセス上から見ると，ＣＦの形成後，加熱処理および各種溶剤による処理がされるため，静電写真用液体現像液および光導電層においてもこれに対して耐性が必要とされる。しかし，光導電層は透明性を必要とされるため，十分これらの種々の耐性を満足させるものが得られず，高温で着色したり，溶剤によるクラックの発生，あるいは溶剤によるストライプの剥離等が生じた。そこで，透明支持体上に設ける光導電層をポリビニルカルバゾールと多官能モノマーとを含む組成物を硬化してなるものとすることにより，透明性を維持しつつ，また芳香族系の溶剤にも耐性があるため，現像液に使用できるバインダーの樹脂の範囲を広めることができる（平5-127015；東洋インキ製造）。

感光体組成物を少なくともＮ－ビニルカルバゾールとＮ－アルコキシアルキル（メタ）アクリルアミドとの共重合体からなるものも提示されている。これは，膜厚が薄くても十分な電子写真特性を有しており，かつ耐溶剤性もあり，クラック，しわ，また溶解，剥離の発生をおこさない特徴を有する（平6-250423；凸版印刷）。

ドライ方式も示されている。基板上に選択的に導電パターンと非導電パターンを形成して，非導電パターン上にコロナ帯電を行い，カラートナーによって帯電パターンを現像，焼き付けを行う方法である（平6-59115；スタンレー電気）。

地汚れについては，基板上に絶縁フィルムを重ね，画素がつくられた部分には帯電させないようにパターニングし，かつアースされている所定の導電性マスクを介して，非画素部上の絶縁フィルムを剥がすことで，除去する方法が提示されている（平5-27231；凸版印刷）。

表1 電子写真法の出願者別公開特許の件数推移

	S48～58	59(84)	60(85)	61(86)	62(87)	63(88)	1(89)	2(90)	3(91)	4(92)	5(93)	6(94)	計
キヤノン	3												3
東芝						1							1
凸版印刷								1	3	9	3	11	27
大日本インキ化学										1			1
シャープ											1		1
東洋インキ製造											1		1
三菱製紙												1	1
スタンレー電気												1	1
計	3					1		1	3	10	5	13	36
出願者数	1					1		1	1	2	3	3	

(主要特許：特開昭48-16529（キヤノン），特開昭56-69604（キヤノン），特開昭56-117210（キヤノン），特開昭53-234203(東芝))

③ 企業展開

出願者数は8社，公報総数は36件である。キヤノンは昭48，昭56年の計3件が見られるが，凸版印刷は27件に達している。

(8) インクジェット法

① 形成法

インクをノズルから噴出させて，インク滴を着色層上に付着させていく方法である。

あらかじめ基板上に被染色層を設け，その上に染料を主成分とするインクをインクジェット装置で噴射し，各画素に対応する被染色層の所定の位置を染色する方法と，樹脂と顔料または染料の混合物をインクとして各画素を形成する方法がある。

特開昭59-75205（諏訪精工舎）に同インクジェットを用いるＣＦの製造法が提案されている。

なお，ここでは，インクジェットとは別の流下ヘッドあるいはダイによってインクを流出，噴出する方法も加えた。

② 技術の展開

インクは溶媒の蒸発と競合しながら着色層内に浸透する。よって，インク溶媒が蒸発する前に層内に十分浸透し，染着する必要がある。また，このときの十分な染着条件を作りだすにはヘッド内のインクの加温，着色層を含む基板全体の加温，そして，温度上昇によるインクの蒸発を防ぐために系全体を加湿することを考える必要があり，装置が非常に複雑化する。また，この方式で被染色膜を染色する場合，インクの浸透性が不足して膜表面に残ってしまいかねず，その後の洗浄等の後処理の際に除去されずに，鮮やかな濃染されたＣＦを得ることが難しいという問題をともなっている（平5-173010；東レ）。

インクジェットによる染料の目的領域以外への広がり（インクのにじみ）を防止するため，レジスト層（平5-19114；松下電器産業），上層にシリコーンゴム層を設けたレジスト層（平5-232313；東レ），撥インク層（平6-118217；東レ），フッ素化合物が含有された層（平6-186416；東レ）などのように，隔壁，あるいはそこにヌレ性の悪い物質で拡散防止を施すなどして，開口部にインクを充填する方法が示されている。

インクジェットによる方法は，透明な被染色層を染料インクで染色するため，散乱の少ない透明度の高いＣＦが得られるが，反面，被染色を形成した後に染色するため染料の熱による昇華および溶剤による溶出が起こりやすく，高い耐熱性，耐薬品性が得られにくいという課題を伴う。このため，これらを解決する目的として，樹脂と顔料または染料の混合物をインクとする方法があるが，同方式に適した耐熱性や耐溶剤性の高いインクは実現されていない（平5-224007；東レ）。

流下ヘッド，ダイの方法は昭62-109002(松下電器産業)，昭63-205607(松下電器産業)，昭63-205608(松下電器産業)，平1-102504（東芝），平3-280002（凸版印刷），平4-106502（共同印刷），平5-142407（東洋合成），平5-11105(東芝)がある。前6者は境界領域を設けた画素部にインクを滴下，充填する方法である。後2者はノズルからインクを連続的に噴出させて，ストライプ状のパターンを形成する方法である。

（主要特許：特開昭59-75205（諏訪精工舎，現セイコーエプソン））

③ 企業展開

出願者数は10社，公報総数は20件であり，このうちインクジェット方式は94年までは12件である。諏訪精工舎（セイコーエプソン），富士通，大日本塗料，三菱電機，東レの全てと，松下電器産業の平5，東芝平1の各1件である。

表1　インクジェット法の出願者別公開特許の件数推移

	S48〜58	59(84)	60(85)	61(86)	62(87)	63(88)	1(89)	2(90)	3(91)	4(92)	5(93)	6(94)	計
セイコーエプソン		1		1			1						3
松下電器産業					1	2					1		4
富士通						2							2
東芝							2				1		3
大日本塗料								1					1
凸版印刷									1				1
三菱電機										1			1
共同印刷										1			1
東レ											1	2	3
東洋合成											1		1
計	1	1		1	1	4	2	2	1	2	4	2	20
出願者数	1	1		1	1	2	1	2	1	2	4	1	

(9) 染料分散法

① 形成法

染料によりあらかじめポリマーを着色し，フォトリソグラフィ法でパターニングし，ＣＦを形成する方法である。染料内添法ともいわれる。

同法は染料を着色材として使うことから，コントラストに優れ，また染色法に比べ耐水性，耐薬品性に優れ，耐熱性も比較的よいことから，注目されている方

製造方法	色材	コントラスト
染色法	染色	1200
分散法	染色	1180
分散法	顔料	200
印刷法	顔料	150
電着法	顔料	180

（平4-306601；東芝）

法の1つである。

表は製造方法別コントラストの比較である。これは，2枚の偏光板をクロスニコルの状態にし，その間にＣＦを挟み，背後より3波長のバックライトで照らして測定したコントラストを示している。顔料を色材に用いたタイプは明らかにコントラストが低い（平4-306601；東芝）。

② 技術の展開

ポリイミド前駆体溶液に染料を混入した溶液を基板上に塗膜し，フォトリソによりパターニングした前段の色パターンを高温度で熱処理することで，耐熱性を増し，前段の色パターンの上に保護膜を形成することなく，次段の色のパターニングができる（昭61-180203；共同印刷）。染色法では各色の画素間に保護膜を設けている。

染色法で使われる天然材料にかわって，アクリル系，ノボラック系等の合成樹脂を用いる。染料分散法を用い，各画素を固化して色層をパターニングしていく方法により，精度面の向上，材料管理面の安定化を図ることができた（平4-128703；富士通）。

同法は顔料分散法のように，感光性樹脂の中に染料を分散させると感光性が失われてしまうため，ポリイミドのような非感光性樹脂の中に染料を分散させて，塗布し，ポジ型レジストによりパターニング，エッチングの工程を繰り返す。染色法より工程が煩雑でコスト高となる難点があった。このため，150～400nmの波長を有するエキシマレーザ光を，透明基板の一主面上に設けた非感光性樹脂被覆のパターン非形成部を直接光化学反応により除去することにした。これにより，従来の染料分散法に比べ大幅に工程を低減した（平4-306601；東芝）。

もっとも，ポジ型フォトレジストに染料を使うと光学活性に支障をきたす（ネガ型レジストはフォトレジスト組成物としては膨潤する問題を含む）。そこで，ポジ型レジスト組成物に樹脂と実質的に同じ極性を有し，溶剤に可溶性である染料を用いることで，光学活性の支障を克服したとの提示もある（平2-127602，ポラロイド）。

表1 染料分散法の出願者別公開特許の件数推移

	S48~58	59(84)	60(85)	61(86)	62(87)	63(88)	1(89)	2(90)	3(91)	4(92)	5(93)	6(94)	計
大日本スクリーン製造	2												2
共同印刷				4	2	1							7
精工舎				2									2
コミッサリア					1								1
日本化薬						1	1						2
富士通								1		1	1		3
ポラロイド									1				1
東芝											1		1
計	2			6	3	2	1	1	1	1	2		19
出願者数	1			2	2	2	1	1	1	1	2		

③ 企業展開

出願者数は8社, 公報総数は19件である。これら公報のすべてが, 厳密に染料分散法に限ったものではなく, 染色法, 顔料分散法等に相互に包含されたかたちも予想され, これの数字が全てを表してはいないと見られる。

(10) 熱転写法

① 形成法

同法はフルカラープリントとしても活用されつつある方法である。

あらかじめ染料あるいは顔料を分散させた物質を塗布した支持体（シート）を透明基板に接触させ, そのシートの反対側より局部的に加熱して, 染料あるいは顔料を透明基板に定着させる方法である（昭61-221702；松下電器産業）。

局部的に加熱する熱源の熱プリントヘッドの代わりに, レーザを用いる方法もある。

湿式処理は不要であり, 熱プリントヘッドやレーザを使えばマスクも不要である。

② 技術の展開

レーザ光を照射する方法（昭61-252501；リコー）もあるが, 光のフラッシュ（強力光源）を用いて, 昇華性染料よりなる着色材料をマスクを介し, 所定のパターンで基板に転写する方法も提示されている（平2-176708；イーストマンコダック, 平5-53006；住友化学）。レーザ照射に対して, 照射時間, 照射強度の均一さなどの面でもフラッシュ露光のほうが有利であるとするものである。

色材としては昇華性染料を使用すると加熱エネルギーにより色材の制御が容易であり, 使われる主なものとなっている。

支持体の着色層に, 鱗片状粉末と球体状粉体の混合導電性微粉末を含むものとする方法も示されている。これは, ＣＦの表面抵抗を下げることができ, 応答速度を高めることができるものであり, さらに, 鱗片状粉末は全光線透過率を低下させることを防ぐ役割をもつ（昭61-72203；松

表1 熱転写法の出願者別公開特許の件数推移

	S48〜58	59(84)	60(85)	61(86)	62(87)	63(88)	1(89)	2(90)	3(91)	4(92)	5(93)	6(94)	計
松下電器産業				3				1	1				5
リコー				2									2
日本電信電話(NTT)					1								1
セイコーエプソン								1					1
イーストマンコダック								4	1		1		6
共同印刷										1			1
ソニーケミカル											1		1
住友化学											1		1
計				5	1			6	2	1	3		18
出願者数				2	1			3	2	1	3		

下電器産業)。

③ 企業展開

出願者数は8社，公報総数は18件である。このうち，松下電器産業が5件，イーストマンコダックが6件である。

(11) ゾルゲル法

① 形成法

無機材料（ガラス等）の合成法の一つであるゾルゲル法は，金属の有機および無機化合物の溶液から出発し，溶液中での化合物の加水分解および重合等によって，金属酸化物または水酸化物の微粒子が溶解したゲル（ゾルがゼリー状に固化したもの）化し，さらにはセラミック化する方法である。着色は，塗膜後染着，あるいはあらかじめ着色剤を混合・分散させる（平5-232308；松下電器産業）。

バインダーとして有機物を使用する印刷，電着法等によるＣＦでは紫外線により退色しやすく，染料を使う方法も同様にそれ自体退色しやすい。このため，光吸収範囲が広く設定でき，生産性の高いＣＦ提供することができる（平5-232308；松下電器産業）。

また，工程が単純であるため低コストで製造が可能である。

同法では信頼性が高く，性能に優れ，簡便な方法で形成できる。このため，1枚パネル方式の投射型ＬＣＤ用に使用できるとの指摘もある（平6-308314；シャープ）。

このゾルゲル法の欠点として次の点が指摘されている。

①有機顔料を溶剤に分散させることの難しさ。凝集しやすく，ＣＦの分光特性を低下させる。②金属アルコキシドを含むインク組成物を透明基板上に塗布した後，ゾルゲル処理を行って金属酸化物塗膜を得るのに長期間（例えば3～5日）を要する。また，同薄膜に割れ，亀裂の発生防止のための乾燥条件を厳密にコントロールする必要がある。③金属アルコキシドを含むインク組成物はゾルゲル処理において加熱され，溶剤が揮散されるので，得られた金属酸化物薄膜の平滑性，膜圧の均一性の保持は難しい（平5-307111；ＨＯＹＡ）。

② 技術の展開

着色層の素材としては，ヵ－アルミナ含有層（昭63-133101；日本写真印刷），酸化チタン，酸化ジルコニウム（平1-246506；セイコーエプソン），低アルカリオウケイ酸ガラス（平1-270001；セイコーエプソン）等があげられている。

着色法としては，例えば，活性膜層として活性アルミナあるいは活性シリカを形成し，昇華染料あるいは熱溶融蒸気化する染料を同膜に染着させる方法をとることで，金属マスクの移動のみで複数色のストライプパターンが簡易に精度良くできる（平2-72301；セイコーエプソン）などの例もある。

ポリシラン層を設け選択的に紫外線露光して染色パターンの潜像を形成し，塩基性染料の染色浴にて染色する（平5-188215；日本ペイント）。

また，レジストを使用する場合の対策として，無機活性層の微細孔中に不要なレジストの侵入を防ぐ無機活性層にあらかじめ有機物を含浸させ，フォトリソにより選択的に染着させる方法（平2-39104；日本写真印刷）がある。

一方，あらかじめ着色剤を含有させておく方法で，あらかじめ有機着色剤を含有させた二酸化珪素膜からなる方法（平3-80204；日本板硝子），着色性金属元素を含む金属材料とアルコキシドの混合物の焼成物を着色層とする方法（平4-306619；東芝）がある。

また，着色料の顔料があらかじめ溶解もしくは均一に分散された金属アルコキシドを含有する混合液を使う方法の提示もある。加水分解および脱水縮合反応に付することによって，着色ゾルを生成し，この着色ゾルを透明基板上に塗布して乾燥させることによって着色ゲルを生成する。その後加熱することで透明基板上に着色膜を形成する方法（平6-308314；シャープ）である。

③ 企業展開

出願者数は13社，公報総数は43件である。このうち，日本写真印刷が16件，セイコーエプソンが11件であり，比較的先発でもある。しかし，全体的にも件数は減っている。

表1　ゾルゲル法の出願者別公開特許の件数推移

	S48～58	59 (84)	60 (85)	61 (86)	62 (87)	63 (88)	1 (89)	2 (90)	3 (91)	4 (92)	5 (93)	6 (94)	計
セイコーエプソン	1						8	2					11
日 本 電 気			2	1	1								4
キ ヤ ノ ン			1										1
日本写真印刷			1	1	5	2	5	2					16
日本ビクター					1								1
小 糸 製 作 所					1								1
富 士 通							1						1
日 本 板 硝 子									1				1
松下電器産業										1	1		2
東 芝										1			1
日本ペイント											2		2
エイジーテクノロジー											1		1
シ ャ ー プ												1	1
計	1		4	2	8	2	14	4	1	2	4	1	43
出 願 者 数	1		3	2	4	1	3	2	1	2	3	1	

⑿　カラー銀塩写真法
　①　形成法
　カラー銀塩写真法は，感色性の異なる感光乳剤を多層にコートしたカラーフィルムを用いて，多色ドットパターンの原図を撮影し，現像してＣＦを形成するものである。したがって，通常のカラー写真と同様な原理で多色ドットパターンを形成することができ，量産に適し，低コストにて製造できるメリットがある。
　基本的には，支持体上に白黒ハロゲン化銀乳剤層が設けられた写真材料の乳剤層に，パターン露光を行い，現像操作を繰り返して，支持体上に2色以上のパターンを形成するものである（外式現像法）。もっとも，この方法では乳剤層の塗布工程は1回であるものの，露光および現像の操作は各色ごとに行わなければならない。
　一方，内式現像法では，各色の画素を形成するための露光が1回で済むため，位置合わせの精度不良の問題がなく，隣接画素間，あるいは画素とＢＭ間の重なり部や隙間のないパターンを得ることができる（平4-70601，コニカ）。
　顔料分散法のようにスピンコート法による樹脂膜の厚さは，約2％の誤差が生じ，また混ぜた顔料の種類と量によって樹脂液の粘度が変化し，色調設定に係わる画素のそれぞれの厚みを揃えることが困難とされる。さらに，製造工程の長さ，設備面などの点からも，カラー銀塩写真法は大幅に有利である。
　②　技術の展開
　構造的には，光学的に等方性のフィルム（ポリエーテルサルホン，三酢酸セルローズ，ポリサルホン等）上に感色性の異なる3種の感光乳剤を多層に塗布したもので，フィルムの上から赤感層，中間層，緑感層，中間層，黄色フィルター，青感層，保護膜が順次積層されている（昭60-151689,アルプス電気）。
　フィルムＬＣＤに対応するＣＦの形成法も示されている。この場合，ＣＦ層をプラスチック板あるいはフィルム上に設けることが望ましい。この可撓性フィルムを支持体とするＣＦの製造方法であって，同透明支持体上にＲＧＢの光に感光する3層のハロゲン化銀乳剤を有する感光材料に，ＲＧＢ（あるいは，シアン，マゼンタ，イエロー）のモザイクまたはストライプの繰り返しからなるパターンを有するフィルタ原版を通して露光を行い露光後の感光性材料を外式反転処理することにより所定のパターンを得るものである。ＩＴＯなどの透明電極膜をその上に設けてもクラックなどの発生がない利点を有している（平4-70601；コニカ）。
　感光性発色フィルムを使って，これを露光，現像して，格子状のブラックマスクパターンとマスクパターンの多数の遮光部を埋める透光性の着色パターンとを形成し，透明基板に粘着させる方法も提示されている。写真原版を作製し，その原版を用いて量産できるため，生産性および画

素パターンの寸法精度,品質の安定化の点で優れたCFが提供できる(平5-264810;富士通)。
(主要特許:特開昭55-6342(富士写真フイルム,外式現像法),特開昭62-148952(コニカ,内式現像法))

③ 企業展開

出願者数は9社,公報総数は43件である。うち,リコーが31件である。
当初,富士写真フイルムが外式現像法を提示し,その後リコーが内式現像法を提案してきた。

表1 カラー銀塩写真法の出願者別公開特許の件数推移

	S48〜58	59(84)	60(85)	61(86)	62(87)	63(88)	1(89)	2(90)	3(91)	4(92)	5(93)	6(94)	計
富士写真フイルム	1												2
セイコーエプソン		2											2
シャープ			1										1
三洋電機			1										1
シチズン時計			1										1
アルプス電気			1										1
コニカ				1	1		11	13	3	2			31
アグファゲバルト								1	1			1	3
富士通											1		1
計	1	2	4	1	1		11	15	4	2	1	1	43
出願者数	1	1	4	1	1		1	3	2	1	1	1	

(13) 蒸着法

① 形成法

色素を真空蒸着,スパッタリングし,着色層を形成する方法であり,特開昭55-146406に提案されている。得られた着色層は高い耐熱性を有する。また,同法は色素そのものにより着色層が形成されるため,染色法のような媒染層が不要なので着色層はきわめて薄膜化され,かつ非水工程によることができる。

得られた着色層のパターニング法は,ドライエッチング法およびリバースエッチング法(またはリフトオフ法)などがとられる。パターニング法は,着色層上にフォトレジストでマスクパターンを形成したのち,エッチングレジストマスクとして非レジスト部分の着色層をイオンないしプラズマ雰囲気中で蒸発させて除去し,希望の形状の着色層からなる着色パターンを形成する方法である。

リフトオフ法は,除去すべき着色部分の下部にレジストパターン(アンダーマスク)が位置するように,基板上に除去可能なレジストパターンと着色層をこの順に積層し,着色層下のレジス

トパターンの基板から着色層にはなんら直接的な作用を及ぼすことがなく除くことによって，レジストパターンとともに着色層を同時に除去し，非レジストパターン部の着色層を基板上に残存させて着色パターンを形成する方法である。

なお，色素を蒸着させる際，色素の熱分解を避けるように，蒸発温度の制御が必要となる（特開昭63-249105）。

② 技術の展開

着色層をエッチング液にて溶出させる場合，ドライエッチング法がとられるが，耐エッチング性の良いレジストの選択は容易でない。レジスト膜を厚くすると画素上への残存，それによる色分解能の低下を招きやすい。昭和58年からのキヤノンの公報では，フッ素メタクリレート重合単位を主体とするポジ型レジスト，無機材料からなるパターンマスクを形成する方法を提示している（無機材料はSiO_2等を加熱蒸着法等で形成）。昭59-146005（キヤノン）ではカルコゲンガラスをあげている。

色素のみの場合の強度，基板との密着性不足から色素層にクラック，剥離等が発生しやすいため，色素とともにSiO_2等の無機化合物（昭60-126603；キヤノン），または樹脂（昭60-126602，キヤノン）を同時に蒸着する。これと同様の考えで，有機色素と無機物とを同時に蒸着，スパッタにより塗膜（平5-3-7111；HOYA），有機色素と透明混合物質を同時に高周波励起イオンプレーティングで気相蒸着（平5-181007；村山）の方法もある。

その他，アンダーマスクとして溶解可能な絶縁膜の上に形成する方法（昭60-191289；キヤノン），レジストの残渣を除去するため，色素の真空蒸着槽を酸素を充満して，蒸着する方法（昭60-84505；キヤノン），高周波スパッタで無機顔料膜を形成する方法（昭60-119505；セイコーエプソン）が示されている。

表1 蒸着法の出願者別公開特許の件数推移

	S48〜58	59 (84)	60 (85)	61 (86)	62 (87)	63 (88)	1 (89)	2 (90)	3 (91)	4 (92)	5 (93)	6 (94)	計
大日本印刷	1	1		1									3
キヤノン	2	9	9	4		3							27
セイコーエプソン		1	1				1						3
松下電器産業			1										1
日本電気					1								1
三菱電機					1								1
ホーヤ（HOYA）											1		1
村山洋一											2		2
富士通												1	1
計	3	12	10	7		3	1				1	1	40
出願者数	2	4	2	4		1	1				2	1	

パターニングでは色素の重なり防止の効果もあるレーザビームで不要色素を昇華(昭62-276505；三菱電機)する方法も提示されている。

(主要特許：特開昭55-146406(大日本印刷))

③ 企業展開

出願者数は9社，公報総数は40件である。うち，キヤノンが27件である。

公報の件数は，近年は少なくなってきている。製造に手間を要し，光学特性範囲(吸収波長等)が特定されるなどの指摘がある。

(14) その他形成法

これまでの製法以外の形成法について，必ずしも厳密な分類ではないが，下表のとおり整理した。

表1 その他形成法とその内容

	特徴	公報例と出願者
着色ガラス	低融点ガラスに顔料を混合し，基板上にパターン化，焼成。耐熱性高い。	昭59-151135，平1-235903 平5-319870，平5-257008 平6-160618 計5件
金属イオン拡散	マスクを介して，基板に金属イオン等を熱拡散して着色。平滑性に優れ，耐熱性，耐光性が高い。	昭60-119506，平1-235901 平1-235902，平5-188365 平6-27317 計5件
感熱発色	光書き込み形の感熱発色薄膜(光吸収剤膜およびこれに隣接する発色剤膜，顕色剤膜との組み合わせ)。フォトプロセス，厳密な位置合わせ不要，色にじみ等の原因除去	昭60-128402，昭61-98331 2件とも日本電信電話
陽極酸化膜	透明電極上に金属薄膜形成，陽極酸化法により透明化，染色，封孔処理。CFの形成ではフォトプロセスが不要，電着法より色素の選択が容易。安価，高精度。	昭61-160701 シャープ 平5-158029 リコー 計2件
干渉膜	金属薄膜，透明樹脂膜により多層膜干渉フィルタ形成。耐候性に優れ，透過率の自由度が高いため鮮やかな色が容易に実現可	昭63-77004等 富士通4件 平5-140902等 東洋紡9件 計13件
アジド化合物	アジド化合物とメチン基を有する化合物等の分散層に光照射により発色。多色発色，乾式方式が可能。	昭61-184703〜184705 の松下電器産業3件
粘着剤	粘着剤，感光粘着性発現剤の利用により粘着物質上に着色性粉末を付着。	昭63-316002 セイコーエプソン 平4-265901，平5-150111 等大日本印刷12件，計13件
インク充填	基板に設けた凹部に着色剤を順次充填，硬化する。平坦で画素の厚さ幅が安定する。	平1-287504，平3-256005 平4-39603，平4-349401 計4件

(つづく)

	特　　徴	公報例と出願者
非接触印刷	カラーインクを版材に着肉させ高電圧，磁界の印加により，基板に転移．非接触のためパターン精度高く，色の重なりが防止．	平1-202701，平1-293305の松下電器産業2件
着色繊維	着色した繊維，テープ，ガラス繊維等を織り上げることなどにより画素として配置容易に形成，安価，安定した分光特性を示す．	平2-146503等東洋紡績5件平2-890050，平5-724120の2件が大日本印刷，計7件
マイクロカプセルインキ	色素を，感光性樹脂を封入したマイクロカプセルインキ（特定の波長のみ感光硬化）を使用．露光，現像が簡略化．	平4-9001　オプトレックス平4-358124　昭和電工の2件
ジアゾニウム化合物	ジアゾニウム化合物と反応してアゾ顔料またはアゾ料を形成するカップリング成分含有層の形成．防染処理不要，3画素同一平面に形成．	平5-72413，平5-100108の大日本インキ化学2件
色材注入	透明基板と樹脂膜を重ねて画素部に着色樹脂を注入，充填．混色防止，工程簡略化．	平6-148626カシオ計算機平6-230214，平6-281926の富士通2件，計3件
その他	静電塗装（昭60-119504） 感光ガラス（昭64-46705） 着色材積層の輪切り 　（平1-112204，平6-109917） 樹脂基板の染色（平4-73715） 着色片接着（平5-19113） 顔料吹きつけ（平6-18713） ほか，合計21件	回折格子（昭61-151618） 電解重合（昭64-82091，平4-301604， 　　　　　　　　　　　　平4-310902） 型押転写（平4-9903） 化学発色（平4-106524） キレート電解（平5-88012） ホログラフ（平6-313812）

表2　その他形成法の内容別公開特許の件数推移

	S48〜58	59 (84)	60 (85)	61 (86)	62 (87)	63 (88)	1 (89)	2 (90)	3 (91)	4 (92)	5 (93)	6 (94)	計
着色ガラス		1					1				2	1	5
金属イオン拡散			1					2			1	1	5
感熱発色			1	1									2
陽極酸化膜				1							1		2
干渉膜						4			9				13
アジド化合物						3							3
粘着剤						1				5	7		13
インク充填							1		1	2			4
非接触印刷								2					2
着色繊維								6			1		7
マイクロカプセルインキ										2			2
ジアゾニウム化合物											2		2
色材注入												3	3
その他				2	1		1	3	1	7	2	3	21
計		1	4	3		9	9	7	11	16	16	8	84

表3 その他形成法の出願者別公開特許の件数推移

	S48~58	59(84)	60(85)	61(86)	62(87)	63(88)	1(89)	2(90)	3(91)	4(92)	5(93)	6(94)	計
松下電器産業		1	1			3	6		1		1	1	14
セイコーエプソン			2			1	2			1			6
日本電信電話(NTT)			1	1									2
シャープ				1									1
日本電気				1									1
富士通						5				2		2	9
日本合成ゴム							1						1
東洋紡績									5	9			14
大日本印刷									1	6	8	1	16
トーイン								1					1
I B M									1				1
凸版印刷										1		1	2
リコー										1	1		2
オプトレックス										1			1
昭和電工										1			1
ソーン イーエムアイ ビーエルシー										1			1
東芝										2	2		4
大日本インキ化学											2		2
ローム											1		1
奥野製薬											1		1
カシオ計算機												1	1
新日本製鉄												1	1
積水化学												1	1
計		1	4	3		9	9	7	11	16	16	8	84
出願者数		1	3	3		3	3	2	3	9	7	7	

1.3 画素形成用ケミカルスと特許の展開

(1) 画素組成物の技術と特許の展開

画素形成用の組成物に関しては,画素形成法別に次の6分類とした。

① 染色法用ケミカルス

② 印刷法用ケミカルス

③ 顔料分散法用ケミカルス

④ 電着法用ケミカルス

⑤ その他の形成法用ケミカルス

〔着色フィルム転写法,ミセル電解法,電子写真法,インクジェット法,染料分散法(内添法), ゾルゲル法, 熱転写法, カラー銀塩写真法, 蒸着法等〕

⑥ 複数の形成法に係わる(あるいは方法を特定しない)組成物(ケミカルス)

この分類による各画素組成物の公報の推移を表1,図1に示す。

公報件数は急速に伸びている。これは顔料分散法用組成物の件数の拡大によるものであり,顔料分散法用以外の総数はほぼ横ばい状態である。

① 染色法用ケミカルス

染色法では,一般的に染色可能な樹脂で形成した微細なレリーフパターンを染色して着色する

表1 画素形成用組成物の用途別件数推移

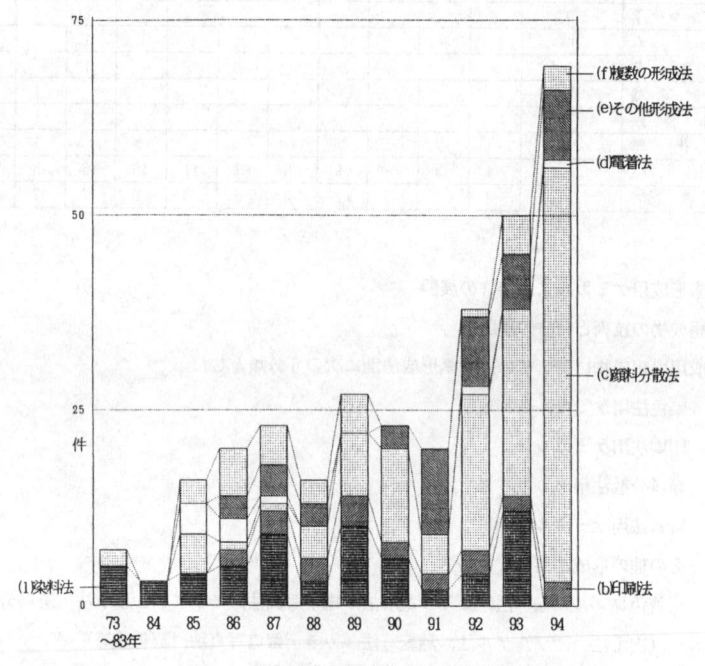

	S48～58	59(84)	60(85)	61(86)	62(87)	63(88)	1(89)	2(90)	3(91)	4(92)	5(93)	6(94)	計
(a)染料法用組成物	5	3	4	5	9	3	10	6	2	4	12		63
(b)印刷法用組成物				2	3	3	4	2	2	3	2	3	24
(c)顔料分散法用組成物			5	1	1	4	8	12	5	20	24	53	133
(d)電着法用組成物			4	3	1					1		1	10
(e)その他形成法用組成物				3	4	3		3	11	9	7	9	49
(f)複数の形成法用組成物	2		3	6	5	3	5			1	5	3	33
計	7	3	16	20	23	16	27	23	20	38	50	69	312

図1 画素形成用組成物の用途別件数推移

工程を，必要な色数を繰り返す（レリーフ染色法）。このレリーフパターン樹脂としては，従来ゼラチン，カゼイン，フィッシュグルー等の天然蛋白質に重クロム酸アンモン，重クロム酸セリウム，重クロム酸ナトリウム等の重クロム酸塩を添加して，感光化したものが用いられている。そして，このレリーフパターンに酸性染料を用いて染色する。

これらの感光性樹脂には次の問題点がある。
- 耐熱性に劣る。180～200℃で1時間ほど加熱すると無色透明から黄色に変色する
- 感度低く，生産性上がらない
- 感光性樹脂としての安定性（長期保存による腐敗，コロイド凝集の発生）
- 光硬化剤として有害な重クロム酸塩を用いる
- 樹脂および酸性染料中にはアルカリ金属（Na，Ca，K等）の含有（数千ppm程度）されていることにより，液晶層の導電流の増大を招く

しかし，これらの染色法は水溶性感光液を使用し，パターニングは溶剤による毒性，臭い，引火性の心配がない利点がある（4-204656；富士薬品等）。

以上の諸問題を解決すべく，例えば，樹脂中にカチオン性の基を染着座として導入した合成の染色基材が多数提案されている。特に，カチオン基として3級アミンまたは4級アンモニウム塩を導入したものは良好な染色性を示し，安定性の面でも十分満足のゆく性質が得られている。このような3級アミンまたは4級アンモニウム塩を導入したカチオン性ポリマーを感光化するために，各種の方法が提案されている（3-100602；凸版印刷）。

1) ポリマー中に光架橋を起こすカルコンのような感光基を導入（例；59-48758等）
2) ポリマーにアジド化合物やジアゾ化合物等の光架橋剤の添加（例；58-199342，59-155412，62-127735 等）
3) 重合性のモノマーと光重合開始剤を添加（例；60-221755 等）
4) 側鎖に光重合性の不飽和結合を導入し光重合開始剤により架橋（例；63-144346 等）

表2 染色法組成物と評価

公　報	組　成　物	評　価
――	天然蛋白質系。ゼチラン，カゼイン，フィッシュグルー等と感光剤として重クロム酸類	膜厚，染色性が変動しやすく，暗反応を生じる場合あり。環境汚染
58-199342	2-ヒドロキシエチルメタクリレートとN,N-ジメチルアミノプロピルメタクリレートやそのメチルクロライド等の窒素含有アクリル酸エステルを用いた共重合体，および架橋剤(ジアゾ化合物，アジド化合物)	現像時に膨張しやすいため解像度が低い，残

（つづく）

公報	組成物	評価
59-155412	4級アンモニウム塩基を含む単量体，N-ビニル-2-ピロリドン，およびメタアクリル酸エステルの3元共重合体にアジド化合物を添加した感光性組成物	膜率が低い，染色性が高すぎるためにコントロールできない，耐熱・耐光性が低いなどの問題あり
61-141401	3級アミノ基を含む単量体，水酸基含有単量体，およびアクリル酸エステルの3元共重合体に感光剤添加	
61-283610	N-アルキルアクリルアミド，4級アンモニウム塩基を含む単量体，および必要に応じてアクリル酸アルキルエステル等の第3単量体成分の共重合体を用いる感光性組成物	感度，解像度，残膜率は高いが，染色性が高過ぎるためコントロール不可
62-194203	被染色性モノマー，親水性モノマー，メタクリル酸エステル，疎水性モノマーの4元共重合体に，感光剤を加えるか，感光性化合物を反応させてなる感光性組成物	水現像できず，感度が低く，かつ染色性が低いという問題あり
63-133148	スチルバゾリウム基を有するポリビニルアルコールを着色感光性のバインダーに使用	耐熱性低く，180〜200℃の加熱で可視部の光透過率の低下
1-241542	4級アンモニウム塩基を含む単量体，アクリルアミド系モノマーおよび水酸基含有単量体の3元共重合体に感光剤添加	感度，解像度，残膜率のいずれも低いという欠点
1-282504	高濃度染色化。平均分子量11万のアクリルアミドとN-(1,1-ジメチル-3-オキソブチル)アクリルアミド(モノ比5:1)共重合体にジアゾ樹脂を水溶性高分子に対し10%以上混入して3μ以下の解像度を出しているが，染色濃度がでないためパターン形成後に無水クロム酸水溶液に浸漬して水溶性染料で染色	ジアゾ樹脂を水溶性高分子に対し10%以上混入することは，180〜200℃の加熱の際，可視部の光透過率が低下し良好なCFが作製できず

(4-204656；富士薬品，5-5987；東芝)

② 印刷法用ケミカルス

　印刷法は，低コスト化と量産化を同時に可能にするとともに，大画面も可能なCFの製造方法としての特徴をもつ。使用される印刷インクには，例えば，アルキド樹脂，ロジン変性フェノール樹脂等をアマニ油，桐油，サフラワー油等の乾性油または半乾性油溶媒に溶解し，高沸点石油系溶剤により粘土調整したものがある。

表1　印刷法における対策例と評価

対策	提案	評価
インクとガラス基板の密着不良改善	63-237002　ガラス基板の印刷面のシランカップリング処理	CF上に積層されるオーバープリント層，導電膜の密着不良の発生
画素の不統一の改善，印刷膜の平滑化	62-231786　インクと同溶剤雰囲気中に印刷CF基板をおく	基板と着色パターンの接着性そのものを改善するものでない
	62-280804　光硬化性インクの使用	ガラス基板との接着性悪く，事実上問題あり

(5-320553)

しかし，印刷法においては，ガラス基板とインクとの密着性不足に起因する画線の太りや細り，ピンホールの発生等により印刷形状が悪化し，特に微細パターンの再現が困難であるという問題がある。また，後工程である配向膜形成時において着色パターンが高温(250℃)に曝されると，インク成分である乾性油が黄変化し，CFとして要求される透明性が減ずるという問題がある。

密着性の改善，印刷膜の平滑化などについて，提案がなされているが，その課題点も指摘されている（表1），（以上，5-320553；大日本印刷）。

表2　一般の印刷インクの構成原材料

色　　料		ビヒクル	添加剤（補助剤）
（顔料） 無機顔料 有機顔料	（染料） 油容染料 分散染料 その他染料	油（植物油，加工油等） 樹脂（天然樹脂，合成樹脂等） 溶剤（アルコール，エステル等） 可塑剤	ワックス ドライヤ その他（分散剤， 　　　　光重合開始剤等）

(61-15106；シチズン時計)

③ 顔料分散法用ケミカルス

顔料分散法は，着色部材として，極微細な顔料等を高感度な感光性樹脂を形成できるとともに，工程的には，染料による着色工程を不要とすることにより，工程簡略化を可能とするものである。

顔料分散組成物は，樹脂，顔料，溶剤，および必要に応じて分散剤からなる。この顔料としては，有機顔料，無機顔料があげられる。

以上の顔料を用いた感光性樹脂組成物の例を表1に示す。

表1の例では，組成物を3本ロールミルを用いて2時間分散，混練し，基板上にスピンコータ

表1　感光性樹脂組成物の例

	組　成　物	重量部
高分子結合剤	メタクリル酸／ベンジルメタクリレート 共重合体 (25/75重量％比，重量平均分子量30,000)	15
光重合性化合物	ペンタエリトリトールテトラアクリレート	9
光重合開始剤	2-メチル-[4-(メチルチオ)フェニル]-2-モルフォリノ-1-プロパノン ジエチルチオキサントン 2-(o-クロロフェニル)-4,5-ジフェニルイミダゾリル二量体	2 2 0.5
顔　　料	クロモフタルレッド A2B(チバガイギー社製)	20
溶　　剤	3-メトキシブチルアセテート エチレングリコールモノメチルエーテル	45 10

(6-289601)

ーを用いて乾燥膜厚2μmとなるように塗布し,赤色カラーフィルターを作製する。
顔料を分散させた着色樹脂組成物を用いたCFの作製方法としては,
・ポリイミド樹脂を主成分とするCF（60-237403）

表2　顔料分散法用組成物の公開特許と内容別分類

分　類		公開特許
樹脂別	アクリル系	1-152449, 1-254918, 2-38439, 2-38442, 2-144502 2-181704, 2-199403, 2-199404, 3-53201, 3-153780 4-194941, 4-301802, 5-19467, 5-39450, 5-127382 5-313009, 5-313363, 5-323607, 6-1938, 6-75372 6-75373, 6-95378, 6-110207, 6-186414, 6-201913 6-273612, 6-300912, 6-301202, 6-324209, 6-324484 6-324485, 6-332165, 6-348010
	ポリイミド・ポリアミド系	60-184202, 60-184203, 60-184204, 60-184205, 61-254906 62-212603, 63-60422, 64-56418, 1-229203, 1-231005 2-4201, 4-106127, 4-181202, 5-100112, 6-201911
	エポキシ系	4-194942, 6-93082, 6-102669
	PVA系	60-129738, 4-329545, 5-215913, 5-333551
	スチレン系	2-208602, 6-230212
	ノボラック樹脂	4-153657, 4-175754, 6-194827
	その他	グリシジル(メタ)アクリレート(4-194943), シロキサンポリマー(6-273616) ポリパラバン酸系(4-173865), ポリビニルピロリドン(5-61196) ポリビニルアセタール系(6-122713) 不飽和基含有ポリカルボン酸(6-228239, 6-332177) 有機カルボン酸化合物(5-232700, 5-343631) その他(1-200353, 3-168258, 3-168702, 4-179954, 4-223468)
官能基・結合種別	カルボキシル基	6-308315, 6-308316
	その他官能基	カルボキシル基等複数基(6-184482), アクリロイル基(1-102429) ポリオキシエチレン基(5-197146), スチルバゾリウム基(3-4204) ピロリドニル基(6-194514, 6-194515)
	エチレン性不飽和二重	4-179955, 4-340965, 4-355451, 4-369653, 5-173011 5-295057, 5-333551, 6-11831, 6-19133, 6-148417 6-148418, 6-289214, 6-289215, 6-289601, 6-289613
	その他結合種	環内に不飽和結合(6-202324)
機能別	アルカリ可溶型	5-273411, 6-51513, 6-148888, 6-214393
	酸硬化型	4-163552, 4-177203, 6-194826
	その他	導電性樹脂(6-82619), 感温性ゲル化樹脂(5-313008)
添加剤関連	着色材との重量比	63-182627, 2-287304, 5-142411, 6-289209
	褪色性部材	6-347633, 6-348003
	重合開始剤	63-155103, 2-153353, 4-164901, 4-164902
	分散剤	5-215914, 5-247354, 5-333547, 6-3521, 6-174910 6-175362
	制泡剤	5-333548, 5-333549
	溶剤	2-140705, 6-331814
	その他	酸化防止剤(5-173124), シランカップリング剤(6-118219) 界面活性剤(2-804)
特性関連		pH値(6-336552), チキソトロピー性(6-348023) 屈折率(5-346506)

- PVA誘導体（60-129707, 60-129738）
- アクリル系樹脂（2-144502, 2-199404, 3-53201）
- ポリアミド系樹脂（62-212603, 2-287304）

などがあげられる（6-289209；凸版印刷）。

ポリイミド系樹脂に関しては，ポリイミド系単独では透明性，耐光性，耐薬品性等の特徴をもつが，顔料分散ははなはだ困難であり，顔料の凝集を防ぎ，均一に分散させるために分散助剤を添加する必要がある。また，耐溶剤性がないことから，フォトレジストのコート時，剝離時にポリイミド膜に亀裂が生じて透明性が失われる（6-201911；凸版印刷）。

すなわち，顔料分散性の悪さから色の濁りが発生し，良好なCFが得られない。また，その前駆体（ポリアミド酸）のイミド化のためには高温での熱処理を必要とする（4-173865；東燃化学）。

アクリル系樹脂では，150℃付近から徐々に分解し，400℃で完全に分解し耐熱温度が低い。そのため，トップコートおよびITO膜形成の後工程に大きな支障を来す（6-273616；東レ）。

表2は，顔料分散法用組成物に関し内容別に公報を分類したものである。これらの分類は，公報の指定する範囲に基づくものであり，厳密には重複している場合もあり得る。

④ 電着法用ケミカルス

電着法は，電荷をもつ可溶性高分子樹脂と顔料を水溶媒中に溶解ないし分散させ，その中に2つの電極を入れ直流電流を通すことにより，材料の電荷と反対の極性をもった電極上に可溶性高分子樹脂と顔料を析出させるものである。

電着法には，材料の電荷と被塗物の電極の取り方によりアニオン型とカチオン型に分類される。一般にはアニオン型がよく用いられている。

アニオン型では，特殊なポリエステル／メラミン樹脂系と顔料を水溶液中でコロイド分散体を

表1　電着法用高分子樹脂，中和剤と問題点

種類	高分子樹脂	可溶化のための中和剤	問題点
アニオン型	アクリル樹脂，ポリエステル樹脂，マレイン油樹脂，ポリブタジエン樹脂，エポキシ樹脂等を単独あるいは混合物として使用。またメラミン樹脂，フェノール樹脂，ウレタン樹脂等の架橋性樹脂との併用もある。	アニオン性物質で中和。アミン類（トリエチルアミン，ジエチルアミン，ミノエチルエタノールアミン，ジイソプロパノールアミン等）無機アルカリ（アンモニア，苛性ソーダ等）	1色目のCFの電着層は，2色目のレジスト現像工程でアルカリ現像液により溶解してしまうという欠点あり
カチオン型	アクリル樹脂，エポキシ樹脂，ウレタン樹脂，ポリブタジエン樹脂，ポリアミド樹脂等を単独または混合物として使用。またウレタン樹脂，ポリエステル樹脂等の架橋性樹脂との併用もある。	酸性物質で中和。酸（酢酸，ギ酸，プロピオン酸，乳酸等）	上の欠点はないが透明電極膜が還元されて変色し光透過率が著しく低下する課題あり

（6-75109より）

形成させたものをよく用いる。この高分子樹脂は多数のカルボキシル基を持ち，これが有機アミンや無機アルカリ等の中和剤で中和された塩となっている。中和剤で塩となった高分子樹脂は水中で負イオン化し，これが解離状態となり電気化学的に正電極上に析出する(6-75109；増山新技術研究所)。

表1は電着法用高分子樹脂，中和剤およびそれらの問題点に関し整理したものである。

⑤ その他形成法用ケミカルス

その他形成法は，着色フィルム転写法，ミセル電解法，電子写真法，染料分散法，ゾルゲル法，熱転写染色法，銀塩写真法である。

(着色フィルム転写法用)

ベースフィルム(仮支持体)と感光性樹脂層からなる感光性フィルムは，プリント基板製造時のエッチングレジスト，メッキレジスト，ソルダレジスト等として一般に使用されている。これを用いて多色の微細なCFを簡単に高精度で形成することができる。同法では，着色樹脂層を基板上に貼付し，ベースフィルム剥離後パターニングする方法，パターニング後ベースフィルム剥離する方法などがあり，また透明樹脂層によってパターン形成後染色する方法などが提案されている。

ベースフィルムとしては，可撓性を有し，好ましくは紫外線透過性で，加圧もしくは加圧および加熱下においても著しい変形，収縮もしくは伸びを生じないことが必要である。例えば，ポリエチレンテレフタレートフィルム，トリ酢酸セルロースフィルム，ポリスチレンフィルム，ポリカーボネートフィルムがあげられ，特に二軸延伸ポリエチレンテレフタレートフィルムが特に好ましい(5-2107；富士写真フイルム)。

このベースフィルムと着色感光層との間の接着剤層に関しては，「画素形成法」に分類した。

表1 着色フィルム転写法の着色感光層塗布液組成例

組　成　物	赤	青	緑	黒
ベンジルメタクリレート/メタクリル酸共重合体 (モル比＝73/27, 粘度＝0.12)	60	60	60	60
ペンタエリスリトールテトラアクリレート	43.2	43.2	43.2	43.2
ミヒラーズケトン	2.4	2.4	2.4	2.4
2-(o-クロロフェニル)-4,5-ジフェニルイミダゾール2量体	2.5	2.5	2.5	2.5
イルガジン・レッド BPT(赤色)	5.4			
スーダンブルー (青色)		5.4		
銅フタロシアニン(緑)			5.4	
カーボンブラック(黒)				5.4
メチルセロソルブアセテート	560	560	560	560
メチルエチルケトン	280	280	280	280

(4-212161；富士写真フイルム)

(ミセル電解法用)

　ミセル電解法は，染色法，顔料分散法，電着法に比べ画素膜厚を半分以下にできる。しかし，この画素は顔料が堆積しただけの膜であるため，顔料の微粒子の粒子径の違いにより光の散乱を生じ，そのためＣＦの分光特性が異なったり，また粒子径が大きい場合にはＬＣＤパネルとした際に電気光学特性にも影響を与える場合もある。

　生産性の問題からは，一般に成膜速度を向上させるには界面活性剤濃度を約1.5ｇ／1くらいに低くする必要がある。しかし，顔料濃度に対し界面活性剤濃度を低くしすぎると，コロイド溶液が凝集してしまい，成膜が不可能となる。よって，成膜速度を早くするために，顔料濃度に対する界面活性剤濃度を規定することは重要な問題である（4-335602では顔料粒子1mmol当たり0.05～0.125mmolの範囲）。

(電子写真法用)

　ＣＦ用液体現像剤は，電気絶縁性液体，着色有機顔料，および透明無機微粒子，バインダー用樹脂，電荷調整剤等からなる。電気絶縁性液体は誘電率3.5以下，体積抵抗10^7Ω／cm^3以上の炭化水素系溶剤。バインダー用樹脂はアルキッド樹脂，アクリル樹脂，スチレン樹脂，ポリアミド樹脂など。

　ＣＦの製造において，バインダー成分としては，電気絶縁性の溶剤に少なくとも一部溶解し，顔料粒子の密着性を保持するもの，また顔料の分散を良好ならしめるものが使用される。また，ＣＦには耐溶剤性，耐アルカリ性等の性質も要求されるため，現像剤においては，電気絶縁性の溶剤に一部溶解する必要があるが，ＣＦの形成後は溶剤に対しての安定性を要求される。このような樹脂としては，ＣＦの形成後に加熱により硬化皮膜を形成するものが好ましく，ポリブタジエン等が用いられている。しかし，ポリブタジエンは現像剤の製造工程において酸化したり，ロットの変動により特性が変化することが起こり，安定した現像剤を得ることが容易でなかった（6-348067；東洋インキ製造）。

(染料分散法用)

　染料分散法に関しては，2-127602；ポラロイドに染料含有のポジ型組成物を用いたＣＦの形成が開示されている。この方法は工程が短く，分光特性の優れた染料を用いることができる点は優れているが，ノボラック樹脂の着色，染料を大量に用いるための現像性低下などの問題点があった（4-175753；日本化薬）。

(熱転写染色法用)

　フォトリソ法によるＣＦ製造では，製造工程が複雑で，かつ長時間を要し，コストが高いという欠点を有していたことから，2-295790，米国特許 4,962,081等に感熱転写を用いる方法が開示されている。しかし，後工程で，苛酷な加熱処理工程を経るため，熱転写により形成されたＣＦ

はこの熱処理工程で色の滲みが生じる欠点を有していた(5-27113；コニカ)。
(銀塩写真法用)
　ハロゲン化銀乳剤の感光性とカプラーの発色現象を利用した従来のハロゲン化銀カラー写真法を利用してＣＦを作製する方法が62-63901に提案されている。同法の場合，ＣＦ膜の平面性は期待できるが，感光層ごとにシアン，マゼンタ，およびイエロー発色カプラーを単独に含有させ，2層以上を同時に発色させることでB，G，Rの各色を望みの色相に合わせなくてはならないため，感光材料の構成が複雑になったり，または露光時の光分解フィルターの選択や時間の調節が容易でなく，さらに現像処理も反転処理のため煩雑で，簡易迅速処理に適さないという問題があった(63-261361；富士写真フイルム)。
　55-6342では外式発色現像法が開示されている。この方法では，分光特性の異なる画素間に基づくレリーフが生じ，特にカラーＬＣＤ作製後の画質劣化の大きな原因となる。すなわち，カラーＬＣＤでは，液晶分子の配向に基づく分光特性が液晶層の厚みに影響される。よってＣＦの画素間に段差を生じると，カラーＬＣＤ作製後の画素ごとの分光特性が望みのものと異なるという画質の劣化を招く（2-281203；コニカ)。

表2　画素形成用組成物の公開特許の件数推移

①染色法用組成物

	S48～58	59(84)	60(85)	61(86)	62(87)	63(88)	1(89)	2(90)	3(91)	4(92)	5(93)	6(94)	計
松下電器産業	3	2	2					1					8
大日本スクリーン製造	1												1
積水化学	1												1
シャープ			1								1		2
工業技術院				1							1		2
日本化薬				1		2	1	2			1	3	10
日本合成ゴム					1			1					2
セイコーエプソン					1	2	1						4
カシオ計算機					1	1		1					3
富士写真フイルム					1	1							2
チッソ					1		1	1					3
東芝					2						1		3
飯村・中野					1								1
三菱化学						1							1
凸版印刷							4	2	2		1		9
日東紡績							1						1
東京応化							1						1
コニカ										1	3		4
富士薬品										1			1
東レ											4		4
計	5	3	4	5	9	3	10	6	2	4	12	3	63
出願者数	3	2	3	5	6	3	6	5	1	4	5		

②印刷法用組成物

	S48～58	59(84)	60(85)	61(86)	62(87)	63(88)	1(89)	2(90)	3(91)	4(92)	5(93)	6(94)	計
日本写真印刷				1									1
シチズン時計				1									1
小糸製作所					1								1
東洋インキ製造					1								1
共同印刷					1								1
松下電器産業						1				1		2	4
凸版印刷						2		1	1		1		5
セイコーエプソン							2	1					3
東レ							1						1
大日本インキ化学							1						1
三浦印刷								1					1
東芝										1			1
大日本印刷										1	1		2
住友セメント												1	1
計				2	3	3	4	2	2	3	2	3	24
出願者数				2	3	2	3	2	2	3	2	2	

③顔料分散法用組成物

	S48～58	59(84)	60(85)	61(86)	62(87)	63(88)	1(89)	2(90)	3(91)	4(92)	5(93)	6(94)	計
工業技術院			1										1
東レ		4	1				1	1			1	3	11
宇部興産					1			1		1	1	1	5
キヤノン						4				1			5
ミノルタカメラ							1						1
三井東圧化学							2						2
松下電器産業							3	1					4
日本合成ゴム							1				2	1	4
凸版印刷								7	1	1	1	12	22
富士写真フイルム								1			1	3	5
三菱電機								1					1
日立化成									2			1	3
東洋インキ製造									1			1	2
大日本印刷									1			2	3
日本化薬										7	1	4	12
チッソ										1		2	3
積水ファインケミカル										2	4	2	8
三洋化成										3			3
富士薬品										1			1
東洋合成										2			2

(つづく)

	S48〜58	59(84)	60(85)	61(86)	62(87)	63(88)	1(89)	2(90)	3(91)	4(92)	5(93)	6(94)	計
東 燃 化 学										1			1
積 水 化 学											9	2	11
シ ャ ー プ											1	1	2
日 立 製 作 所											1	3	4
王 子 化 学											1	3	4
互 応 化 学											1	1	2
住 友 化 学												3	3
東 京 応 化												1	1
精 工 舎												1	1
東 芝												1	1
新 日 本 製 鉄												1	1
日 本 触 媒												1	1
東 ソ ー												1	1
東 亜 合 成 化 学												1	1
ヘキストジャパン												1	1
計		5	1	1	4	8	12	5	20	24	53	133
出 願 者 数		2	1	1	1	5	6	4	10	12	25	

④電着法用組成物

	S48〜58	59(84)	60(85)	61(86)	62(87)	63(88)	1(89)	2(90)	3(91)	4(92)	5(93)	6(94)	計
セイコー電子			4	1									5
東 神 塗 料				2									2
凸 版 印 刷					1								1
日本ペイント										1			1
増山技術研究所											1		1
計			4	3	1					1	1		10
出 願 者 数			1	2	1					1	1		

⑤その他形成法用組成物

	S48〜58	59(84)	60(85)	61(86)	62(87)	63(88)	1(89)	2(90)	3(91)	4(92)	5(93)	6(94)	計
共 同 印 刷				1	3						1		5
精 工 舎				2									1
日本写真印刷					1								1
セイコーエプソン						1				2			3
富士写真フイルム						1				2	1		4
日 本 化 薬						1				1			2
コ ニ カ								2	9	2	1		14

(つづく)

	S48〜58	59(84)	60(85)	61(86)	62(87)	63(88)	1(89)	2(90)	3(91)	4(92)	5(93)	6(94)	計
松下電器産業									2		1		3
富　士　通										2			2
イーストマン コダック											1		1
ホーヤ（HOYA）											1		1
トクヤマ											1		1
東洋インキ製造												2	2
住　友　化　学												5	5
三井東圧化学												1	1
大日本印刷												1	1
計				3	4	3		3	11	9	7	9	49
出　願　者　数				2	2	3		2	2	5	7	4	

(2) 画素組成物特許の企業別動向

　出願者数は59社，公報総数は312件である。

　形成法別の出願者数では，染色法，印刷法，顔料分散法，電着法，その他，複数の形成法に係わる組成物の順に20，14，35，5，16，15社であり，特に顔料分散法は公報件数とともに，近年の出願者数の拡大が顕著である。

(3) 色素の技術と特許の展開

　色素を8つの画素形成法別に分けた。これらの公報の件数の推移を図1，表1に示す。

　この中で印刷法，顔料分散法に単独に分類される件数は少ないが，複数の形成法に係わる色素に分類される公報には印刷法，顔料分散法に関連するものが多い。

　各画素形成法に共通した問題には，

・分光特性

・分散性

・色素の粒径（光の散乱対策）

などがある。

　例えば，「色素の粒径」に関しては，次の指摘がある。

　従来提案されたCFは，照射エネルギーの省力化や表面の凹凸，分光特性，耐熱性などの向上を目的としていた。耐熱性，耐光性を向上させるために着色材料を透明樹脂中に分散させたCFが知られている。しかし，従来例では，CF材料である感光性ポリアミドに通常の顔料を加えると，顔料の粒径が大きいため光の散乱が起きてしまう。その結果，液晶駆動時の暗状態で光抜けという問題を招く。これは，LCDとしてコントラスト低下という欠点になる（5-113560；キヤノン）。

図1 画素形成用色素の用途別件数推移

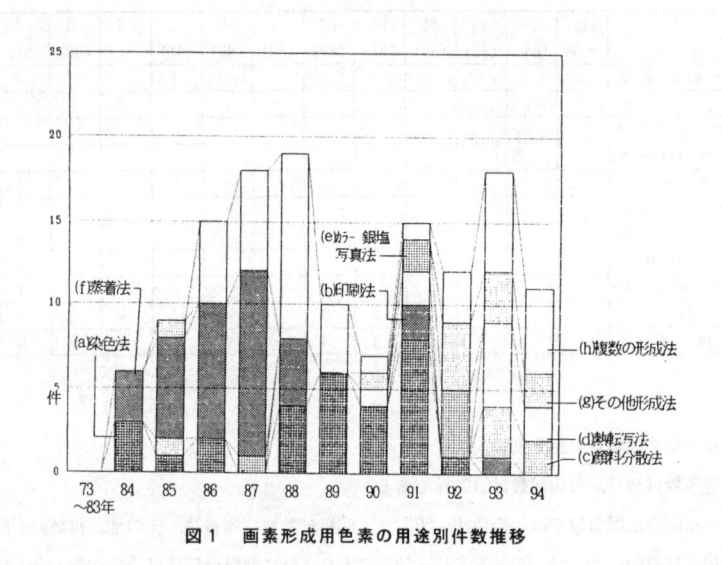

表1 画素形成用色素の用途別件数推移

	S48~58	59(84)	60(85)	61(86)	62(87)	63(88)	1(89)	2(90)	3(91)	4(92)	5(93)	6(94)	計
(a)染 料 法	3	1	2		4	6	4	8	1				29
(b)印 刷 法						4			2		1		7
(c)顔 料 分 散 法			1								3	2	6
(d)熱 転 写 法								1	2		5	2	10
(e)カラー銀塩写真法						1			2	4			7
(f)蒸 着 法	3	6	8	11									28
(g)その他形成法			1						1	4	3	2	11
(h)複数の形成法				5	6	11	4	1	1	3	6	5	42
計	6	9	15	18	19	10	7	15	12	18	11	140	

カラーフィルターの製造法の代表である顔料分散法は，着色材として微細な顔料を高感度な感光性樹脂に分散させた組成物を使うことから，高い耐久性を有する。また，染色法における染色工程がないことから，製造工程上も簡略化される。

顔料分散法では，最小で20~30μm□ほどの画素サイズが得られることから，高耐久性の特徴もあり，カラーフィルターの製造方法として広く使われてきた。しかし，今日的には要求画素サイズが10~15μm□ほどに展開してきている。このさらなるファイン化に向けては，感光性樹脂組成物に分散された顔料自体の光の乱反射，および，生産性を優先して主に使われるプロキシミ

ティー法という露光法の特性に課題を残している。

　顔料分散組成物は，樹脂，顔料，溶剤，および必要に応じて分散剤からなる。この顔料としては，有機顔料，無機顔料があげられる。

　有機顔料ではフタロシアニン系，アゾ系，インジゴ系，アントラキノン系，キナクリドン系，ペリレン系などである。各3原色では色再現性から表2の顔料が用いられる。また，色再現性を高めるため他の顔料も混合して用いられる。なお，無機顔料では，カドミウム赤，カドミウム黄，コバルト緑，コバルト青，酸化クロム，群青などである。

　以上の顔料を用いた感光性樹脂組成物では，例えば「高分子結合剤，光重合性化合物，光重合開始剤，顔料，溶剤からなる組成物を，3本ロールミルを用いて2時間分散，混練し，基板上にスピンコーターを用いて乾燥膜厚2μmとなるように塗布する」などの手順がとられる。

　「色素」については，染色法，印刷法，顔料分散法，熱転写法，カラー銀塩写真法，蒸着法，その他の形成法，複数に係わる法（または形成法を特定しない）の8つの画素形成法に分類した。「その他」は，それぞれ公報の件数の少ない電着法，ミセル電解法，ゾルゲル法，染料分散法である。

表1　カラーフィルター用着色樹脂組成物に用いられる有機顔料

3原色	有機顔料	色再現性向上用混合顔料
赤	アントラキノン系，キナクリドン系 （例；C.I.Pigment Red177, Red209）	例；黄色顔料 （C.I.Pigment Yellow139）
緑	ハロゲン化フタロシアニン系 （例；C.I.Pigment Green7, Green36）	例；黄色顔料 （C.I.Pigment Yellow139）
青	フタロシアニン系 （例；C.I.Pigment Blue15, Blue60）	例；紫顔料 （C.I.Pigment Violet23）

表2　色素と公開特許

分類	公開特許				
(a)染色法	59-30509, 61-173203, 64-6904, 1-319702, 3-36502, 3-181902,	59-204010, 63-155004, 64-23201, 2-19803, 3-38601, 3-192203,	59-204011, 63-226602, 64-88505, 2-108004, 3-58002, 3-219601,	60-249102, 63-286801, 1-216302, 2-285302, 3-78702, 4-372905	61-162557, 63-286802, 1-253703, 2-504436, 3-100502
(b)印刷法	63-123004, 3-215579,	63-125902, 5-100111	63-127201,	63-254402,	3-61581

（つづく）

分類	公開特許				
(c)顔料分散法	60-129739, 6-230210	5-113560,	5-119213,	5-339512,	6-174909
(d)熱転写法	2-295790, 5-173017,	3-17602, 5-188216,	3-23403, 5-188217,	5-27109, 6-18712,	5-173016 6-207113
(e)カラー銀塩写真法	62-148952, 4-32803,	3-157604, 4-186202	3-252605,	4-9052,	4-9053
(f)蒸着法	59-46628, 60-43602, 61-27507, 61-151601, 62-108203, 62-136606,	59-126506, 60-43603, 61-27508, 61-165704, 62-108204, 62-215924,	59-127036, 60-43604, 61-103104, 62-89905, 62-108205, 62-280807	60-42706, 60-192903, 61-105508, 62-89906, 62-136604,	60-42707 61-27506 61-140902 62-108202 62-136605
(g)その他の形成法	60-208280, 4-156401, 6-51115	2-101193, 5-288914,	4-68301, 5-288919,	4-136802, 5-333207,	4-143725 6-59114
(h)複数の形成法 （または形成法を特定しない）	61-246258, 62-74960, 62-235366, 63-165803, 63-235372, 1-303407, 4-274410, 5-295283, 6-220339,	61-254903, 62-74963, 63-81164, 63-165804, 63-268768, 2-300264, 5-5067, 5-331378, 6-294906	61-254904, 62-98302, 63-95269, 63-221170, 1-109302, 3-115362, 5-255599, 6-9891,	61-256304, 63-116920, 63-147103, 63-223064, 1-233401, 4-123020, 5-271567, 6-95100,	61-268761 62-197459 63-155105 63-235371 1-278569 4-264404 5-281414 6-102411

注）着色フィルム転写法に該当する公報は1994年まではない。

着色フィルム転写法に該当する公報はない。
　顔料分散法に関しては，複数に係わる法に分類した公報も多く，表3のように顔料分散法に分類した公報の件数は少ないものとなっている。
　① 染色法用色素
　染色法によるCFの製法は，ガラス基板上にストライプ状，モザイク状などの薄膜状の透明なカチオン性基を有する合成樹脂の皮膜またはゼラチン，カゼイン，グルーなどの蛋白質系高分子物質の皮膜を設けて被着色皮膜とし，これを染料を用いて染色することを原理としている。これらのCFは通常原色系3原色R（赤），A（緑），B（青）または補色系3原色であるY（黄），M（マゼンタ），C（シアン）に着色された着色層を有している（Mは省略されることもある）。
　要求される特性は，光学特性，後工程の熱処理から耐熱性，水に対して良好な溶解性を有し酸性の染色浴中で長期安定であることである。蛋白質系高分子物質はカチオン性基を有しているため，通常水溶性のアニオン性染料により染色される。光硬化性の合成樹脂を用いる場合は，樹脂成分中にカチオン性基を保持せしめることにより，アニオン性染料で染色されるようになる。所

表1　染色法用色素

	組　成　物	効　果
59-30509	一般式Ⅰの色素（撮像素子用）	アルカリ金属含まず。素子のアルカリ防汚
59-204010	赤フィルター用ⅡおよびⅢ，青Ⅳ，緑ⅤおよびⅥ	各複数の組み合わせで色再現性良好
59-204011	緑フィルタ用ⅤおよびⅦ，他は同上	同上（撮像素子用）
60-249102	フタロシアニン系Ⅷ（撮像素子用）	$\lambda_T = 50\%$が570nm以上。シアンより良
61-162557	スルホン基の金属イオンをNH_3へ置換	水溶性色素の金属イオン除去
61-173203	同上	金属イオン除去で素子の寿命拡大
63-155004	赤はⅨと黄染料，緑はⅩと黄，青i	色純度，染色性，色バランス等に優
63-226602	アゾⅱの対称または非対称2；1クロム錯塩	光学特性と優れた耐光性，耐熱性
63-286801	緑層ハロゲン化およびスルホン化したフタロシアニン系	ハロゲン化で緑色得，スルホン化で水溶性
63-286802	赤色。含金属アゾ染料（金属錯体形成）	光による分解退色抑制で耐光性向上
64-6904	緑色。水溶性フタロシアニン － アゾ化合物ⅲ	良好な染着性，耐光性，分光特性
64-23201	赤色。水溶性アゾ化合物ⅳ	光学特性，耐光性，分光特性良好
1-216302	特に緑色。フタロシアニン系染料で染色	耐候，耐光性向上で脱色退色減少
1-253703	フタロシアニン系と1重量％以下過酸化物	染料分散層での変色防止
64-88505	特に緑。水溶性フタロシアニンⅤ又混合物	シアン又黄色染料との組み合わせで光特性良
1-319702	水溶性フタロシアニンⅵ，ⅶの各遊離酸	酸素不在下で変色なし
2-19803	青～緑。ほぼ同上（置換基一部異なる）	酸素不在下，耐光・堅牢性改善
2-108004	青～緑。ほぼ同上（ⅶの一部異なる）	同上

望される光学特性を得るために，数多くの水溶性アニオン染料が，単独であるいはこれらの組み合わせで検討されている（4-372905；日本化薬）。

② 印刷法用色素

染料より顔料の方が耐熱性が良いため，例えば有機顔料あるいは無機顔料用を含めた紫外線硬化型樹脂組成物を透明基板上に印刷する方法が提案されている（61-15106；シチズン時計）が，組成物の中の顔料微粒子が大きいと，光を反射するため透過率が低下することから，分光特性は

表1　印刷法用色素

	組　成　物	効　果
63-123004	ハロゲン化フタロシアニン100とジスアゾイエロー5-50比	緑層。後者が前者の青色成分カット
63-125902	フタロシアニン100とジオキサンバイオレット30-80比	青層。後者が前者の緑色成分カット
63-127201	粒径0.05～0.4μmの顔料	小径のため反射抑制で透過率向上
63-254402	色素を芯としたマイクロカプセル分散のインキ	インキ特性は色素とは無関係でバラツキ小
3-215579	低沸点溶剤希釈遠心分離で大粒除去	1μ以下で透光性，分離特性優れる
3-61581	径0.3μm以下の顔料（凹版オフセット）	画線溝50μでも明瞭パターン形成
5-100111	顔料粒度分布が1μ以下が80％以上	品質のバラツキの抑制

注1）カギカッコ内の公報は同一出願者である（以下カギカッコについては同様）
注2）「比」は組成物への混合重量比

CRTに比べ劣り，CIE色度図上での色再現性も悪いCFしか得られない(63-127201；松下電器産業)。

③ 顔料分散法用色素

顔料を用いる画素形成法には，顔料分散法（内添法），電着法，電界ミセル法，印刷法などがあげられる。これらは耐熱性，耐光性に優れ，しかも染色法に比べ，CFを作成するプロセスが簡略である。しかし，顔料を用いる方法は画素を可視光が透過する関係で，顔料粒子が透過波長の1／2の粒子径まで微粒子化処理されていなくてはならない。したがって，CF用顔料としては微粒子化が容易であることも兼備していなくてはならない。

一般に顔料を分散する際，2種以上の顔料を併用するとヘテロ凝集しやすく，良好な透過率を持った分散体が得にくく，また安定したレオロジーも得にくい。したがって，CF用顔料に要求される諸条件を満たす顔料は少なく，また2種以上の顔料を混合して使用することも困難なことが多いため，染料を用いる方法に比べその選択が難しく，分光特性的にも使用されうる顔料の選択が限られる。

さらに，日本アイビーエム社の報告（第7回光学四学会連合講演会・色彩工学コンファレンス「512色表示，10.4サイズTFT－LCD用カラーフィルタ」，1990年）から，顔料を用いる方法では，顔料がCFの画素中で粒子として存在しているため，偏光板を通して得られた偏光が顔料粒子によって一部散乱され偏光性が損なわれ（消偏作用という），液晶の表示品位，特にコントラストが染料を用いる方法に比べ低く，黄色顔料を用いる場合，その性質が顕著であるという問題をもっている（5-281414；日本化薬）。

同法に単独に分類される公報は6件であるが，「複数の形成法に係わる法」には，顔料分散法に関連する公報が多い。

表1 顔料分散法用色素

	組　成　物	効　果
60-129739	径1μ以上の顔料含有率10％以下	光透過率低下抑制で実用的透明性
5-113560	CF中の顔料粒径が 0.4μ以下とする	光の散乱防止によりコントラスト向上
5-119213	反応性染料とバインダポリマーの結合体形成	顔料の消偏作用抑制で高コントラスト化
5-339512	アントラキノン系黄色顔料と他固溶体	分光特性よく，消偏作用少ない
6-174909	各顔料の最大粒径と混入率	高透明性，高彩度で鮮やかなカラー
6-230210	アルカリ水溶液，有機溶剤に可溶なI	分光特性・解像度優。スカムない

④ 熱転写法

フォトリソ法によるCF画素形成法に対し，製造工程が大幅に簡略化される感熱転写を用いる

方法が開示されている（米国特許4923860, 特開平2-295790）。

しかし，後工程において過酷な熱処理工程を経るため，熱転写により形成されたCFには，熱処理工程で色のニジミや退色が発生する欠点を有している（5-27109；コニカ）。

次表では，5-27109を除いて全てイーストマン・コダックである。

表1　熱転写法用色素

	組　成　物	効　　果
2-295790 ┐ 3-17602 ┘	赤色がイエロー染料Ⅰ，マゼンタ染料Ⅱ混合 緑色がイエロー染料Ⅲ，シアン染料Ⅳの混合	メロシアニンイエローよりも光安定性高い インドアニリンシアンよりも光安定性高い
3-23403	フェニルまたはチエニルアゾアニリンブルー染料	染料混合CF層より光安定性高い
5-173016	赤色がイエロー染料ⅤorⅥとマゼンタⅦ混合	光安定性高く，高質で鮮明度良好
5-173017	緑色がイエロー染料とシアン染料Ⅷの混合	同上
5-188216	緑色がイエロー染料とシアン染料Ⅸの混合	同上
5-188217	青色がマレイブルー染料Xからなる色素層	同上
6-18712	青色がベンズ-c, d-インドールメロシアニンブルー i	熱と光の安定性高い。鮮明度高い
6-207113 ┐ 5-27109 ┘	青色がアリーリデン系ブルーからなる色素層 緑色がイミダゾール系シアンと黄色色素混合	熱安定性，分光特性が良好 熱安定性，鮮明で色純度が高い

⑤　カラー銀塩写真法用色素

カラー銀塩写真材料を外式発色現像法により形成する方法が，55-6342（富士写真フイルム）に開示されている。同方法では分光特性の異なる画素間に基づくレリーフが生じ，特にLCD製作後，画素の劣化が大きくなり，したがって，LCDにおいては液晶の分子の配向に基づく分光特性が液晶にかかる電圧によって決まり，その電圧は液晶層の厚みに影響される。よって，画素間に段差を生じるとLCD製作後の画素ごとの分光特性が希望のものと異なることにより画質の劣化を招くという問題がある。

表1　カラー銀塩写真法用色素

	組　成　物	効　　果
62-148952 ┐ 3-157604 3-252605 ┘	各乳剤層ごとに2種以上のカプラー含有 Ⅰのイエローカプラー Ⅱのイエローカプラー	カプラーの選択範囲が拡大。特性改善 分光特性，色再現性等に優れる 同上
4-9052 ┐ 4-9053 ┘	高濃度臭化物イオンとⅢを含む現像液 高濃度臭化物イオンとⅣを含む現像液	適当な濃度を得る。カブリ抑制 同上
4-32803	Ⅴと発色現像薬のカップリング反応生成物	耐熱性に優れる
4-186202	各色の感光色素とハロゲン化銀の色感層	工程短縮。色再現性に優れる

従来，この問題を解決するために，外式発色現像液にバイアスカプラーを添加する方法があるが，この場合，バイアスカプラーが色素を生成する際の潜像を奪うため，形成されたＣＦの濃度が低下する欠点があった。このようなことから，種々の用途に利用するのに充分な濃度を得ることができ，かつ分光特性を異にする画素間のレリーフが低減された優れたＣＦ用外式発色現像液およびそれを用いたＣＦの開発が進められている（4-9053；コニカ）。

⑥ 蒸着法用色素

蒸着法(55-146406；大日本印刷)は，着色層として染料や顔料の色素薄膜を蒸着などの気相堆積法で形成する方法である。

この蒸着色素層は，蒸着性を有する色素の特性から一般的に耐熱性が良いという特徴を有する。また，着色層のパターニング方法の1つとして，フォトリソ工程を直接適用できる利点も有している。しかし，耐熱性があって容易に蒸発気化可能であり，かつフォトリソ工程での溶剤処理に耐えねばならないという製造面での制約が強いことから，使用できる色素が限られてしまう。このことから，蒸着に適する使用可能な色素の選択が容易でないため，蒸着法は普及するに至って

表1 蒸着法用色素

	組　成　物	効　果
59-46628	ペリレン，キナクリドン，アントラキノン系等の使用	耐光性優れ，電気化学的に安定
59-126506	ペリレンテトラカルボン酸誘導体（Ｉ）	熱的安定で，蒸着塗膜が容易
59-127036	含フッ素メタクリレート系レジストと上の顔料	上の色素膜とリフトオフ法によるパターニング
60-42706	フタロシアニンとイソインドリン系（黄）の併用	緑層。前者の分光特性の欠点補充
60-42707	フタロシアニンとキナクリドン系（マゼンタ）の併用	青層。前者の分光特性の欠点補充
60-43602	赤色層Ｉ，緑60-42706，／青フタロシアニン	左の色素ＣＦ。熱的安定，物性良好
60-43603	同上／青フタロシアニンとキナクリドンの組合せ	同上
60-43604	赤色層Ｉ，緑と青がフタロシアニン系色素	同上
60-192903	フタロシアニンとアントラキノン(黄)の緑層	後者の併用で前者の青色成分カット
61-27506	赤Ｉ，緑フタロシアニン(Ph)，青Phとキナクリドン	耐溶剤性，分光特性に優れる赤層
61-27507	赤Ｉ，緑Phとアントラキノン，青Phとキナクリドン	同上
61-27508	赤Ｉ，緑Phとアントラキノン，青色素Ph	同上
61-103104	Ph層とイソインドリノン系の2色重複層	シアンとイエローの重複により分光特性優
61-105508	蒸発源の色素を予め固形化して蒸発	蒸発時飛散防止，工程効率アップ
61-140902	オクター4,5-フェニルフタロシアニン系／の緑層	耐熱性，耐溶剤性，分光特性に優れる
61-151601	同上／とイソインドリノン系による緑色層	同上
61-165704	同上／とアントラキノン系による緑色層	同上
62-89905	キナクリドン系誘導体色素Ⅱを含む色素層	耐熱・耐溶剤・耐光・分光特性優
62-89906	イソインドリノン系誘導体Ⅲを含む色素層	同上
62-280807	上のⅡとⅢを同時に含む色素層	同上
62-108202	ペリレン系色素（Ⅳ又はⅤとその誘導体）	赤層。特に密着性，分光特性優れる
62-108203	アントラキノン系赤色層（Ⅵとその誘導体）	同上
62-108204	キナクリドン系と／イソインドリノン系orアントラキノン系	赤。キナクリドンの分光特性の欠点補充
62-108205	ペリレンテトラカルボン酸と／同上	ペリレンテトラカルボン酸の分光特性を補充
62-136604	アントラキノン系赤色層（Ⅶ）	単一層でも分光特性に優れる
62-136605	アントラキノン系とイソインドリノン系（黄）	アントラキノン系の分光特性の欠点補充
62-136606	ペリレン系とイソインドリノン系又はアントラキノン系	ペリレン系の分光特性の欠点を補充
62-215924	銅フタロシアニン中の塩化銅含有率低減化	液晶への影響（抵抗値低下）抑制

注）組成物欄の「／」は，同上や省略の範囲を示す

いない。

　上の蒸着法の条件に比較的よく満足する色素として，例えばペリレンテトラカルボン酸系，アントラキノン系，ペリノン系がある。これらの赤色色素は優れた蒸着性および耐溶剤性を有するものの，その分光特性に青色分光成分を有しており，厳密に赤としてみた場合は十分でなく，赤色着色層を形成する色素としては必ずしも満足のゆくものではない。緑色色素では，例えばフタロシアニン系ではそのフタロシアニン環が化学的にも熱的にも極めて安定であるが，分光特性では概して青色側によっている場合が多い（61-140902，62-136606など；キヤノン）。

　表1の公報は，日本電気の3件を除いて全てキヤノンである。

(4) 色素特許の企業別動向

　出願者数は24社，公報総数は140件である。

　印刷法，顔料分散法，熱転写法，カラー銀塩写真法，蒸着法の出願者数はそれぞれ3，6，2，2，2社と少ない。カラー銀塩写真法を除いて，これらに関連する公報は「複数の形成法に係わる色素」に多い。蒸着法は，28件中，キヤノンが25件と集中しているが，昭和63年（88年）以降平6（94年）年までの公報には見られない。

表1　画素形成用色素の公開特許の件数推移

①染色法用色素

	S48~58	59(84)	60(85)	61(86)	62(87)	63(88)	1(89)	2(90)	3(91)	4(92)	5(93)	6(94)	計
富士写真フイルム		1											1
住友化学		2		2									4
三菱化学			1				2						3
日本化薬						1	2	2	6	1			12
カシオ計算機						1							1
松下電器産業						2							2
凸版印刷							2	1					3
イーストマンコダック								1					1
東芝										1			1
富士通										1			1
計		3	1	2		4	6	4	8	1			29
出願者数		2	1	1		3	3	3	3	1			

②印刷法用色素

	S48〜58	59 (84)	60 (85)	61 (86)	62 (87)	63 (88)	1 (89)	2 (90)	3 (91)	4 (92)	5 (93)	6 (94)	計
松下電器産業						4							4
凸版印刷									1		1		2
大日本印刷									1				1
計						4			2		1		7
出願者数						1			2		1		

③顔料分散法用色素

	S48〜58	59 (84)	60 (85)	61 (86)	62 (87)	63 (88)	1 (89)	2 (90)	3 (91)	4 (92)	5 (93)	6 (94)	計
ザ・インクテック（諸星インキ）		1											1
キヤノン											1		1
IBM											1		1
日本化薬											1		1
住友化学												1	1
積水化学												1	1
計		1									3	2	6
出願者数		1									3	2	

④熱転写法用色素

	S48〜58	59 (84)	60 (85)	61 (86)	62 (87)	63 (88)	1 (89)	2 (90)	3 (91)	4 (92)	5 (93)	6 (94)	計
イーストマンコダック								1	2		4	2	9
コニカ											1		1
計								1	2		5	2	10
出願者数								1	1		2	1	

⑤カラー銀塩写真法用色素

	S48〜58	59 (84)	60 (85)	61 (86)	62 (87)	63 (88)	1 (89)	2 (90)	3 (91)	4 (92)	5 (93)	6 (94)	計
コニカ					1			2	3				6
松下電器産業										1			1
計					1			2	4				7
出願者数					1			1	2				

⑥蒸着法用色素

	S48〜58	59 (84)	60 (85)	61 (86)	62 (87)	63 (88)	1 (89)	2 (90)	3 (91)	4 (92)	5 (93)	6 (94)	計
キヤノン		3	6	8	8								25
日本電気					3								3
計		3	6	8	11								28
出願者数		1	1	1	2								

	S48~58	59(84)	60(85)	61(86)	62(87)	63(88)	1(89)	2(90)	3(91)	4(92)	5(93)	6(94)	計
大日本印刷			1								2		3
セイコーエプソン								1		1			2
東芝										2			2
日本化薬										1	1		2
住友化学												1	1
共同印刷												1	1
計			1					1		4	3	2	11
出願者数			1					1		3	2	2	

1.4 画素以外の構成要素と特許の展開

(1) ブラックマトリクス（BM）の技術

BMに関連した技術を，BM形成技術，BM組成物，BM用遮光成分に分けて，これらの公報の件数の推移をみると図1，表1のようになっている。BM形成技術については細分類した。87年，94年に件数が大幅に伸び，特に94年においてはそれぞれの技術の伸びが顕著である。

① BM形成技術と特許の展開

ブラックマトリクス（BM）は，カラーフィルタのRGBの各画素の境界部分や信号線など

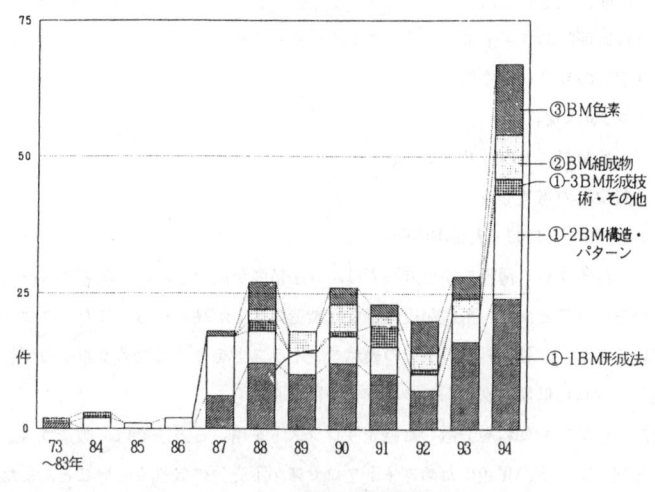

図1 BMの内容別件数推移

表1 BMの内容別件数推移

		S48~58	59 (84)	60 (85)	61 (86)	62 (87)	63 (88)	1 (89)	2 (90)	3 (91)	4 (92)	5 (93)	6 (94)	計
① BM形成技術	①-1 形成法	1				6	12	10	12	10	7	16	24	98
	①-2 構造・パターン		2	1	2	11	6	4	5	5	3	5	19	63
	①-3 その他	1	1				2		1	4	1		3	13
	計	2	3	1	2	17	20	14	18	19	11	21	46	174
② BM組成物							2	4	5	2	3	3	9	28
③ BM用色素						1	5		3	2	6	4	13	34
計		2	3	1	2	18	27	18	26	23	20	28	68	236

の金属配線上部に設けられている。これは，画素間隙からの光の洩れ防止による発色効果や表示コントラストの向上が目的である。また，アクティブマトリックス方式のLCDでは，薄膜トランジスタ(TFT)をスイッチング素子として用いるため，外光入射による誤操作からの保護（光リーク電流の抑制）も目的としている。なお，着色パターンの額縁周辺部にも，LCDパネルとした際の画面端部からの光の洩れ防止によって鮮明画面を提供することを目的に，遮光部が設けられる。

したがって，通常，光遮断性が高く，見た目の色が黒に近い材料（6-174916；東芝）が用いられる。

BMの形成方法としては，
・蒸着クロム薄膜のフォトエッチングによるレリーフ形成
・親水性樹脂のレリーフ染色
・黒色インクの印刷
・黒色感光性レジストのレリーフ形成
・黒色電着塗料の電着形成

などがある（6-214109；大日本印刷）。

しかし，蒸着クロム薄膜を使う方法では，寸法精度が高いものの，蒸着やスパッタなどの真空成膜工程を伴うことから，工程が複雑となり製造コストが高くなる。また，クロム膜の表面反射率が高いことから，強い外光の下での表示コントラストを高めるためクロムの反射率を抑える必要が生じ，さらに低反射クロムのスパッタを行う必要もある。

一方，黒色染料や顔料を分散した感光性レジストを用いる方法では，製造コストは安価となるが，感光性レジストが黒色のためフォトプロセスが不充分になりやすいこと，また充分な遮光性

が得にくいなど，クロム薄膜に比べて高品位のBMが得られないという課題がある。印刷法では，製造コストの低減は可能であるが，寸法精度が低いという問題がある（6-214109）。

表2　BM形成技術と公開特許

分　　類			公　開　特　許				
①－1 B M 形 成 法	(a)染色法		62-253123, 6-324324, 62-192721,	63-159806, 6-324325 63-177111	63-159808,	63-159810,	5-297211
	(b)印刷法						
	(c) 顔料分散法	・背面露光	62-160421, 1-293306, 3-209203, 5-34517,	62-247331, 2-77014, 3-252622, 5-27110,	63-128302, 2-184803, 3-252623, 5-303012	63-144390, 2-277005, 3-284704,	1-138530 3-42602 4-69602
		・リフトオフ	62-153904, 5-273408	63-66502,	1-241501,	3-231201,	5-273407
		・その他	2-264203				
	(d)電着法 (e)着色フィルム転写 (f)ミセル電解法 (g)電子写真法 (h)ゾルゲル法 (i)蒸着法 (j)無電解メッキ法		1-158401, 1-257904, 2-803, 3-263002 4-321010, 63-131127, 4-109219, 55-166605, 62-178905, 2-271302, 5-341117, 6-109915, 6-214107,	1-170902 3-246518, 6-59119, 5-142408 63-144305, 5-297216, 2-176602, 1-277804, 4-90501, 6-73553, 6-118225, 6-222209,	（関連）; 3-246519, 6-301022 63-147104, 5-297217, 2-176603, 1-277805, 5-40258, 6-75110, 6-175118, 6-235810,	63-124003, 4-317003 63-155003, 6-130214, 5-303013 2-236502, 5-241016, 6-75111, 6-186417, 6-258513,	1-145626 2-34803 6-160619 2-251801 5-303090 6-94909 6-192843 6-301022
	(k)その他		63-309916, 4-265903, 6-167607,	64-29803, 5-232312, 6-258518	2-287404, 5-249310,	3-63603, 6-1871,	4-142501 6-3520
①－2 B M 構 造 ・ パ タ ー ン	複層構造	(a)遮光材等の複層	62-153902, 2-146502, 5-164912, 6-331816, 6-331821,	63-173023, 3-204617, 6-3518, 6-331817, 6-337307	63-282702, 3-293302, 6-109909, 6-331818,	64-33504, 4-304423, 6-202101, 6-331819,	64-56403 5-127014 6-308478 6-331820
		(b)画素材のみの複層	59-204009, 62-258404, 2-287303,	61-105583, 62-294222, 3-55503,	62-79402, 63-40101, 5-53009,	62-96926, 63-183421, 5-210011	62-250416 1-295205
	(c)膜厚関連		59-159131, 63-33730,	61-61132, 2-115803,	62-106404, 6-174915	62-106405,	62-269928
	(d)パターン (e)立体構造		60-43631, 62-150221, 2-193184, 6-138455,	3-24501, 62-150222, 3-15025, 6-230213,	6-82615, 63-231401, 4-97203, 6-265713,	6-273743, 64-25124, 4-110901, 6-331815	6-337308 2-166404 5-241013
①－3　その他			63-66501, 3-246503, 6-289218 （基礎）;	63-184706, 3-246504, 58-200283,	2-244122, 4-156403, 59-188690	3-43702, 6-118221,	3-120502 6-174916

膜厚に関しては，クロム膜の厚みが0.07〜0.1μmであるのに対し，黒色レジストでは3〜4μm程度の厚みであるため，ＣＦとしての平滑性の面では大きく劣る（6-308318；京セラ）。
　遮光特性についてみると，クロム，ニッケルなどの金属膜の場合，膜厚が1000〜2000Åでは光濃度が3〜4と極めて優れている。黒顔料を分散させた感光性レジストではＬＣＤの遮光層に必要とされる光学濃度3.5を得るのに2〜3μmの膜厚を必要とされ，ＣＦの平坦性問題が出てくる(6-130217；東芝)。
　光学濃度とは遮光性を表す値であり，入射光量の10％光透過量を光学濃度1，光透過量1％が光学濃度2，光透過量0.1％が光学濃度3となる。数値が大きいほど遮光性が良いことを示す。
　一方，ＢＭ形成技術に関しては，表2に示すようにＢＭ形成法，ＢＭ構造・パターン，およびその他に3分類した。ＢＭ形成法では形成法別にさらに分類したが，なかでも顔料分散法，無電解メッキ法の件数が多い。ＢＭ構造・パターンでは，ＢＭの構造，膜厚関連，およびＢＭの塗膜パターン関連の3分類とした。この中ではＢＭの複層構造化の動きが目立っている。従来のＢＭの問題点を複層構造化により解決を図ろうとするものである。

1）　ＢＭ形成法
（染色法）
　染色法では，従来，電極あるいは画素の形成とＢＭの形成とそれぞれパターニングの操作がとられていたことから，その整合精度，製造工程に問題を残していた。
　電極がパターニングされた基板上に，あるいは画素形成された基板上に被染色性樹脂を塗膜後，背面露光でＢＭを形成することによって(62-253123；カシオ計算機，63-159806，63-159808；精工舎，5-297211；東レ)，より簡便に，高い精度にＢＭが形成できるようになる。また，基板上に黒色染色層にフォトレジストのパターニング層を設けることでＢＭ以外を脱色しそこに画素を形成する方法（6-324324，6-324325；凸版印刷）なども提案されている。

（印刷法）
　印刷法単独の方法の件数は少ない。染色法に比べ，量産性やコスト面の優位性を生かそうとするものである。ＢＭの縦横の交差部分を楔状とすることにより，印刷後のコーナー部のダレを最小限に抑制（62-192721；三洋電機），オフセット印刷においてブランケットの方向とＢＭの一方向を一致させることにより，高粘度インキでも断線，白ヌケ防止(63-177111；松下電器産業)の方法が提示されている。

（顔料分散法）
　顔料分散法では，画素形成後，黒色レジストを塗膜して背面露光にて遮光部を形成する方法，およびリフトオフ法による方法と2分類する。

背面露光による方法では，遮光部は画素をフォトマスクとしてセルフアライメントされるため精度が高く，工程も簡略化できる。また，画素間を黒色着色材が充填するため画素がピンホールや欠けがあっても欠陥部を補填することができる。

　　63-128302，　1-138530，　1-293306，　2-184803，　2-77014，　2-277005，　3-42602

　　3-209203，　4-69602，　5-34517，　5-303012

さらに，背面露光に加え，同時にマスクを介するなどして正面からの露光を加える方法も示されている。均一な膜厚が得られるなどのメリットがある。

　　3-252622，　3-252623，　3-284704，　5-27110

上の画素をマスクとした背面露光の方法に対し，基板にまず設けた透明電極パターン上に金属膜を形成し，この金属膜をマスクとして，背面露光にて遮光膜パターンを形成する方法も出されている。

　　62-160421，　62-247331，　63-144390

リフトオフ法は，基板上に感光材料を塗布，フォトリソにて遮光域を除き，さらに黒色レジストを塗膜，硬化して，感光材料部を除くことにより，ＢＭを形成する方法である。簡便かつ高精度の遮光部位の形成が可能となる。

　　62-153904，　63-66502，　1-241501，　3-231201，　5-273407，　5-273408

その他は，上の背面露光でなく着色フォトレジスト塗布面から露光する一般のフォトリソ法であるが，特に酸素中で露光することにより重合開始剤を消費させる方法である(2-264203；松下電器産業)。

(電着法)

ここでの電着法は，同法によりＢＭそのものを形成する方法に加え，同法による画素形成に関連したＢＭ形成法をも含めた。表２では(関連)と示した以降の公報がこれに該当する。

前者では，画素形成後，保護膜・透明電極，感光性樹脂を順次成膜し，背面露光で感光性樹脂をパターニングして開口部に電着法(電気メッキ)にて遮光膜を形成する方法(1-170902；セイコー電子)，画素形成後，この画素間の透明電極上に遮光膜を形成する方法(1-158401；富士通)が示されており，位置精度の高いＢＭが提供される。

後者の(関連)では，電着法で画素形成後，遮光性樹脂を塗膜，背面露光でＢＭ形成(1-145626；セイコー電子)，透明電極膜上にＣｒ膜を設け開口部に電着法で画素形成(1-257904；セイコー電子)などの例がある。

(着色フィルム転写法)

着色フィルム転写法では，同法により画素が印刷法による精度の不十分さを補う(2-802；凸版印刷)，基板全面にわたり平坦性の良好なＢＭ塗膜の提供(6-59119；富士写真フィルム)などが

目的になっている。

(ミセル電解法)

ミセル電解法は，膜素材が顔料のみからなることから膜厚が薄く，遮光率の高いBMが得られる(3-263002；出光興産)方法である。

(電子写真法)

電子写真法は，帯電部にブラックトナーを選択的に付着させる方法であり，簡易で安価な方法を提供するものである（4-321010；松下電器産業，5-142408；凸版印刷）。

(ゾルゲル法)

ゾルゲル法は，金属酸化物などの多孔質膜に黒色着色材を染着する方法である。

パターン化された透明電極間に，リフトオフ法，または画素のマスクによってBMの染着パターンを形成する方法（63-131127，63-144305，63-147104，63-155003；セイコー電子）であり，多孔質膜面を選択的に画素，金属を染着，あるいは多孔質膜面のパターン化の前後に染着（メッキなど）することでBMを形成する方法(2-34803，5-297216，5-297217，6-130214，6-160619；日本写真印刷）などが示されている。

この中で，従来，Crなどの薄膜では表面の反射が59％と極めて高く，光学濃度3.5以上を得るには長時間の薄膜形成処理を要するのに対し，有機金属化合物から形成された多孔質膜上に金属の酸化還元反応によって，全反射率が6％以下，光学濃度3.5以上のBMが形成される（6-130214）。さらに，ポーラスな透明電極を形成することにより，上記の多孔質膜形成の工程を省略する方法も提案されている（4-109219；キヤノン）。

(蒸着法)

蒸着法では，反射率の高い金属に代わって，遮光部が蒸着された非金属材料からなるBM(55-166605；キヤノン)とする提案が出されている。

さらに，画素形成後，樹脂パターンを画素上に設け非透光性金属膜蒸着の後，リフトオフ法でBM形成(2-176602；キヤノン)，感光性樹脂の塗膜・パターニング後遮光材をPVD法で塗膜の後，リフトオフ法でBM形成(5-303013；東芝)の方法が提示されているが，蒸着膜のエッチング工程を不要とするため，基板への損害，廃液処理問題上有利である。

(無電解メッキ法)

無電解メッキ法では，62年に，遮光部をニッケルの無電解メッキを直接ガラス上に形成し，これをパターン形成する方法（62-178905；セイコーエプソン)が提示されている。画素間に無電解メッキ膜を形成する方法(1-277804，1-277805；セイコーエプソン，2-236502；キヤノン，2-251801；日本ペイント，2-271302；三洋電機，4-90501；シャープ）が基本である。

さらに，親水性樹脂のレリーフ，あるいは選択的に無電解メッキ液に接触させることにより，

レリーフ内に金属粒子を析出させる方法（5-303090；大日本印刷）も大日本印刷中心に提案されている。遮光性に優れ，蒸着法・スパッタ法によるＣｒなどに比べ反射率の低いＢＭを提供している。また，この無電解メッキのニッケル膜を硝酸溶液処理によって表面を黒色化することにより，表面の反射率を極端に低減させている（6-109915；凸版印刷）。

また，メッキ法関連では透明電極層に金属電気のメッキ（6-118225；京セラ），同方法または電解還元によるいずれかの方法（5-40258；日本ペイント）もある。

（その他）

その他では，各画素形成の上で，遮光材料を塗膜後，画素表面の遮光材料をエッチング（2-287404；セイコーエプソン），または研磨（6-167607；シャープ，6-258518；キヤノン）により除去することにより遮光部を形成する方法，熱転写法（3-63603；イーストマン・コダック），ＢＭ用転写箔を使う方法（4-142501；大日本印刷），感光性粘着性発現剤を用いる方法（4-265903；大日本印刷），黒色顔料を含有する金属アルコキシドあるいは金属有機金属化合物の塗膜・熱処理パターニングによる方法（5-249310・6-18717；東芝），パネルとして組立後に遮光材を真空充填する方法（6-3520；松下電器産業）がある。

さらに，表2にあげた具体的形成法を特定しないものであるが，ネガ型レジストを利用して遮光膜を形成する方法（63-309916；三洋電機），画素形成後遮光膜塗膜して背面露光する方法（64-29803；松下電器産業），感光性樹脂層とシリコーン層の積層の開口パターン部に遮光材料を充填する方法（5-232312；東レ）がある。

2) ＢＭ構造・パターン

（遮光材などの複層）

遮光材などの複層は，複数の遮光材の複層，あるいは遮光材と画素部との複層などによる複層構造のＢＭをいう。なお，画素材のみの複層は別途に(b)の分類とした。

複数の遮光材の複層構造では，材料別にいくつかの組み合わせがある。

金属膜を使った複層ＢＭには以下の事例がある。

- ・SiNx＋SiGe（光吸収層）＋Cr(3-204617；三星電管)
- ・金属メッキ膜＋追加メッキ（必要に応じさらに有機電着膜）（6-202101；金星社）
- ・蒸着法(CrO)＋無電解メッキ(Ni)（6-331819，6-331820；凸版印刷）
- ・金属層（Cr, Al, Ta）＋金属酸化膜層(5-127014；富士通)
- ・不透明金属層＋黒色レジスト（Ｃｒ，Ａｌ：63-282702；凸版印刷，黒ＩＴＯ：4-304423；東芝，ＣｒＯ：6-331818；凸版印刷）
- ・黒色レジスト＋無電解メッキ（Ｎｉ）（6-109909；凸版印刷）

黒色レジストとの組み合わせでは，黒色レジスト膜を薄くすることで光硬化時間が短縮でき，

外光に対する低反射率のBMを提供する。

黒色樹脂膜を使った複層BMには以下の事例がある。

・画素の重層部＋黒印刷インク層（63－173023；松下電器産業）

・黒レジスト層＋黒色染色樹脂層（3－293302；光村原色版印刷所）

・黒色顔料分散光粘着材層＋黒色顔料層（5－164912；東芝）

・遮光性非感光性樹脂層＋遮光性感光性樹脂層（6－331816，6－331817；凸版印刷）

・黒レジスト層＋黒印刷インク層（6－337307；松下電器産業）

黒色樹脂膜と非着色樹脂層との複層BMでは以下の2例がある。

・感光性樹脂層のマトリクス＋黒インク印刷（62－153902；松下電器産業）

・ミセル電解法による黒色色素層＋透明光硬化性レジスト（6－331821；出光興産）

遮光材と画素部との複層構造では，遮光部に画素材の一部を重ねたものであり，樹脂材の遮光部と赤色画素材の二重とすることで高い遮光性とする（64－33504；共同印刷），フォトリソで形成された黒インク遮光部に印刷法で画素部を形成した際，一部遮光部にオーバーラップすることにより印刷精度の不充分さを補う（64－56403；凸版印刷，6－3518；光村印刷），金属遮光部に青画素材を重ねることにより金属遮光部のピンホールを補修する（6－308478；凸版印刷）などの効果を示している。

(画素材のみの複層)

画素材のみの複層は，画素材のみの積層によって形成されたBMをいう。

STN方式のCF中には色重ねの方式で作成しているものもある(5－297211；東レ)。

59年に，少なくとも2色の原色を重ねることにより各画素の間隙を遮光（59－204009；諏訪精工舎）の提示がなされている。その後，同様の公報がみられる。

　　61-105583，62-79402，62-250416，1-295205

同主旨で画素の形成が染色法によるものと限定しているのは以下のものである。

　　62－96926，62－258404，62－294222，63－183421；全てセイコーエプソン

同様に画素形成が顔料分散法と限定するものは1件ある（3－55503；大日本印刷）。

そのほか，画素の厚さの1／3ずつ画素を3色積層(5－53009；京セラ)，積層部が赤と青からなり，赤が下，青が上となる構造（63－40101；共同印刷），全体の着色層を2層とし遮光部の上下を異なる色とする(2－287303；宇部興産)，また被染色層に染料を熱転写する方法にあって，異なる色を重ね合わせて遮光部を形成(5－210011；イーストマン・コダック)の方法が提示されている。画素形成と同時に遮光部を形成するため，遮光性が優れるとともに，工程が短縮でき，製造コストの低減化が図られる。

（膜厚関連）

ここでいう膜厚関連は，ＢＭ構造の中で画素厚に比較して膜厚を特徴付けることでその効果を示すものである。液晶層と同等の厚みとすることによりスペーサの代わりとする（63-33730；松下電器産業，6-174915；東芝）。画素厚よりＢＭ厚を大きくすることにより，ラビングが施され配向の乱れの抑制（61-61132；カシオ計算機），または画素の欠け，剥離などの発生を減少する（62-106404；キヤノン）。

またＢＭを隣接画素の周辺端部にオーバーラップさせることにより画素面の段切れ防止する方法（62-269928；凸版印刷），ＣＦの外付け方式において色づれ防止のためＢＭをＣＦより厚くする方法（59-159131；松下電器産業）などがある。

（パターン）

ＢＭパターンについては，ＢＭのパターン位置に関するものであり，ＴＦＴの対向電極上に形成（60-43631；キヤノン），ＩＴＯの断線防止などのため表示部以外の額縁部に形成（6-82615；東レ），またシールの強度低下防止，セルギャップの均一性を図るためシール部にも形成（6-273742；セイコー電子，6-337308；凸版印刷）する方法がある。

（立体構造）

立体構造では，ＣＦ層の中におけるＢＭの上下の配置構造などに関するものを分類した。

画素間の窪みに絶縁体からなる遮光層を設けることで平坦化する方法（62-150221，62-150222；キヤノン，5-241013；スタンレー電気）があり，画素・透明導電膜の上の画素間部にＢＭを形成することによりＢＭのキズ防止（64-25124；三菱電機），画素・保護膜と透明導電膜間にＢＭを設けることにより断線防止（4-97203；松下電器産業），また画素・透明電極・配向膜の上にＢＭ形成で対向ショート防止（6-138455；松下電器産業）などの取り組みがある。

さらに，画素部からシール部にかけての周辺部のＢＭ膜を徐々に薄くすることにより，その上の電極膜の断線を防止する工夫もある（2-193184，3-15025；セイコー電子）。

3) その他

その他には，以上のＢＭの形成法，構造・パターン以外の関連技術を分類した。

ＢＭの形成後画素を充填する際，ＢＭ部を覆うシリコーン層を設けて撥水性を付与（63-66501；松下電器産業），あるいはＢＭの交差部の線幅を太くすることにより画素インクの白ヌケ防止（63-184706；松下電器産業）を図る。基板と遮光部との境界を粗面化（3-120502；スタンレー電気），あるいは基板にまず無数の細孔を有するアルミニウム陽極酸化膜を形成する（6-174916；東芝）ことにより，外光の反射を抑制することができ，ＢＭを金属とすることが可能となる。そのほかには，金属遮光部の表面を陽極酸化により絶縁化することにより，透明電極との電気的接続を防止（6-118221；松下電器産業），画素と遮光膜の基板から遮光膜のみを除去し，画素基板の

再生を可能とする方法（6-289218；東レ）などがある。

表1　BM形成技術別公開特許の件数推移

	S48〜58	59(84)	60(85)	61(86)	62(87)	63(88)	1(89)	2(90)	3(91)	4(92)	5(93)	6(94)	計
キ ヤ ノ ン	1		1		5			4	2	1		1	15
三 洋 電 機	1				1	1		1				1	5
松下電器産業		1		1	2	6	2	3		2		4	21
大日本スクリーン製造		1											1
セイコーエプソン		1			4	1	3	2					11
カシオ計算機				1	1								2
凸 版 印 刷						1	1	1	2	1		1	14	21
共 同 印 刷						1	1						2
神 東 塗 料					2								2
スタンレー電気						1				2	1		4
大 日 本 印 刷						1	1			1	4	3	11	21
セイコー電子						6	4	2	4			1	17
精 工 舎						3							3
富 士 通							1				1		2
三 菱 電 機							1						1
日本ペイント								1			1		2
日本写真印刷								1			2	2	5
日 立 製 作 所								1					1
出 光 興 産								1					1
宇 部 興 産									1	1		1	3
光 村 印 刷									1			1	2
三 浦 印 刷									2				2
ホーヤ(HOYA)									2				2
イーストマンコダック									1		1		2
オプトレックス									1				1
三 星 電 管									1				1
シ ャ ー プ											2	1	3
東 芝										1	3	3	7
東 レ											5	2	7
富士写真フイルム											1	1	2
エイジーテクノロジー											1		1
京 セ ラ											1	1	2
金 星 社												1	1
フ リ ッ プ ス												1	1
計	2	3	1	2	17	20	14	18	19	11	21	46	174
出 願 者 数	2	3	1	2	8	8	8	10	12	6	12	16	

以上に分類されないものとして，表示電極部以外の領域に光遮断部が形成されてなること（58-200283；三洋電機），また，ＣＦ層積層以外の領域を不透明性または無反射性としたこと（59-188690；大日本スクリーン製造）を特徴とする。

② ＢＭの形成技術特許の企業別動向

出願者数は34社，公報総数は174件である。

松下電器産業，凸版印刷，大日本印刷の３社が各21件であり，キヤノンが15件と続き，この４社で78件となり，全体の45％に達する。

③ ＢＭ組成物

ＢＭ組成物を，染色法，印刷法，顔料分散法，その他（電着法，無電解メッキ法，銀塩写真法）と，その形成法別に分類する。

1) 染色法

染色法では，被染色材にゼラチンなどの天然系樹脂を使うと，黒色染料の染色性が悪く，そのため染色層を厚くすると，画素部より厚くなれば平坦性を損なう。また，透明電極膜との熱膨張係数の差から，亀裂の発生により断線の原因になりやすい。

・染色法で画素を形成させる方法で，ＢＭを，アミン変成ポリビニルアルコール系樹脂などから選択する感光性合成樹脂より形成することにより，画素をより薄くできる（63-253302；松下電器産業）。

・ビニルラクタム類，４級アミン構造の重合可能な不飽和結合をもつ単量体，および，（メタ）アクリル酸エステルの共重合体を有する可染性感放射線性樹脂。黒色アニオン染料との組み合わせで薄膜でも遮光性に優れる（2-59701；日本合成ゴム）。

2) 印刷法

印刷法は，その生産性の良いことが特徴であるが，カーボン粒子を含むインクではガラス面への密着性が悪く，マトリックスとしてのラインが切れやすいという問題がある。

・酸化重合型インク（例えば，アルキド樹脂ワニス）のオフセット印刷。基板への密着性が優れ（剥離することなく），耐久性が向上（63-26627；アルプス電気）。

・カーボン粒子とシランカップリング剤を含有するインクとすることで密着性が強固になる（64-78223；松下電器産業）。

・以後のインクジェット法にてＣＦ画素形成の際，画素部の基板に確実にインクが濡れて均一な透過性を得るべく，仕切りパターンの臨界表面張力と間隙の被印刷面の臨界表面張力との間の表面張力を有する印刷インクとする（6-347637；大日本インキ化学）。

3) 顔料分散法

コスト面，精度面から黒色感光性樹脂組成物の開発が進められている。しかし，黒色顔料のた

め塗膜の感光性が著しく低下する問題を含んでいる。

黒色感光性レジストの樹脂は，(メタ)アクリル系樹脂，ウレタン系樹脂，エポキシ系樹脂，

表2　BM組成物と公開特許

分類		公　開　特　許				
1)染色法		63-253302,	2-59701			
2)印刷法		63-26627,	64-78223,	6-9915,	6-347637	
3)顔料分散法		1-239523, 4-26801, 5-288916, 6-342104,	2-173602, 4-63870, 5-333544, 6-324207	2-239204, 4-156402, 6-51499,	2-245706, 4-177202, 6-130219,	4-13106 5-188591 6-230215
その他	4)電着法	2-73305				
	5)無電解メッキ法	6-214108,	6-214109,			
	6)銀塩写真法	64-82001,	64-82001			

ポリイミド系樹脂などが検討され，フォトリソ工程から感光性が付与されている。

遮光性色素としては，カーボンブラック，黒色顔料，黒色染料などに組み合わせて，ブルー，レッド，イエローなどの顔料・染料を含有させたものが好ましいとされる。なお，複数の顔料・染料を用いることでカーボンブラックなどの黒色色素の併用は必ずしも必要としない(6-51499；東京応化)。

表3は黒色感光性レジストの組成の例である。
・遮光材分散のポリアミック酸膜から加熱でポリイミド系樹脂のBM形成（2-239204；大日本印刷）

表3　BM用黒色感光性レジストの組成物例(6-51499;東京応化)

組　成　物	重量部
メタクリル酸／メタクリル酸メチル（25／75wt％比）共重合体	6
ペンタエリスリトールテトラアクリレート	4
ジエチルチオキサントン	1.2
ミヒラーズケトン	1.2
2-(o-クロロフェニル)-4,5-ジフェニルイミダゾリル二量体	0.2
エチレングリコールモノエチルエーテルアセテート	20
色素 ┌ C.I.ピグメントブラック　7	4
├ C.I.ピグメントブルー　15.6	11
├ C.I.ピグメントレッド　177	3.5
└ C.I.ピグメントイエロー　139	1.5

- 感光性材料とカーボンブラックにより充分な遮光性（1-239523；セイコー電子）
- ジアミノアントラキノン系ポリアミック酸と光吸収剤からなるペースト。光遮光性に優れる（2-245706；東芝）。
- 熱変成化合物，着色剤，感光性樹脂からなる組成物。フォトリソ時充分に光硬化される（4-26801；シャープ）。
- 感光性ポリマー，光開始剤，カーボンブラック，異なる色の一組の着色顔料からなる組成物。感光性に優れ，電気特性，皮膜強度も充分である（4-63870；宇部興産）。
- フロン代替えのIPA蒸気洗浄に対しても，基板の密着性が劣化せず，シミなどのない光硬化性アクリル系組成物（5-188591，5-333544；凸版印刷）。
- 光－熱変換物質（カーボンブラック，金属酸化物など）を添加した熱硬化性樹脂組成物（ポリイミド樹脂，エポキシ樹脂など）のため，フォトレジストが不要（5-288916；大日本印刷）。
- 着色成分，感光性組成物，アルカリ現像液不溶ポリマ，溶剤からなる感光性ポリマであるため，現像前後において，膜厚・遮光性の変化が少ない（6-130219；東レ）。
- アルカリ可溶性樹脂，キノンジアジド化合物，黒色顔料，溶剤からなるポジ型レジストにより，微細し，黒色濃度の高い性能のBMを提供（6-230215；住友化学）。

4) 電着法

電着法において，遮光膜に金属クロムを用いると，パターニングされた透明導電膜の間に遮光膜を設けた場合，この透明導電膜の間に短絡が起きやすく，電着による画素形成に支障を招く。

- 透明導電膜に比べ少なくとも10倍以上の抵抗値をもつアルカリ可溶性遮光膜（ポリイミドなど）を形成することにより，短絡を防止する（2-73305；凸版印刷）。

5) 無電解メッキ法

蒸着法の高コスト性，黒色感光性レジストのフォトプロセスが不充分になりやすいことなどに対して，無電解メッキ法による方法も提案されている。

- ポリビニルアルコール，またはジアゾ樹脂をも加えた樹脂水溶液にてレリーフを形成後，無電解メッキ法で金属粒子をレリーフ全体に析出させる（6-214108，6-214109；大日本印刷）。

6) 銀塩写真法

銀塩写真法は，可視域（400〜700nm）全域にわたってほぼ一様に光を吸収する黒化銀を，使うものである。

- 水溶性高分子化合物中に感光性ハロゲン化銀粒子，または重クロム酸塩をも含む層を設けて，露光，現像処理により，高いコントラスト比の黒色層が得られる（64-82001，64-82002；松下電器産業）。

表1　ＢＭ組成物の公開特許の件数推移

	S48~58	59(84)	60(85)	61(86)	62(87)	63(88)	1(89)	2(90)	3(91)	4(92)	5(93)	6(94)	計
アルプス電気						1							1
松下電器						1	3	1			1		6
セイコー電子						1							1
凸版印刷								1			2	1	4
大日本印刷								1		1	1	2	5
大日本塗料								1					1
東芝								1					1
東洋合成									1				1
宇部興産									1				1
シャープ										1			1
出光興産										1			1
東京応化												1	1
東レ												1	1
住友化学												1	1
大日本インキ化学												1	1
日東電工												1	1
計						2	4	5	2	3	3	9	28
出願者数						2	2	5	2	3	2	8	

④　ＢＭ組成物特許の企業別動向

出願者数は16社，公報総数は28件である。

公報件数では，特定の企業の件数が多いということはなく，比較的分散している。1994年の件数が多いが，材料メーカーの登場が目立つ。

(2) 保護膜

保護膜を大きく保護膜形成技術と保護膜組成物の2つに分け，さらに前者を3つ，後者を9つに分類した。これらの公報の件数の推移を図1，表1に示す。保護膜組成物については，さらに図2，表2に示す。

① 保護膜形成技術と特許の展開

ＬＣＤのＣＦ基板は，ガラス基板の透明基板上にＣＦを形成し，この上にＩＴＯなどの無機薄膜を蒸着法，スパッタリング法により成膜し，フォトリソグラフィーによりパターニングして透明電極を形成する方法が主流になってきている。このように，このＣＦには，蒸着工程，透明電極形成工程に耐えうるに充分な耐熱性，耐薬品性などがないため，ＣＦ上に保護膜が形成されるケースがある。

保護膜に要求される特性は，耐熱性，耐薬品性に加え，ガラス基板やＣＦとの密着性，コーテ

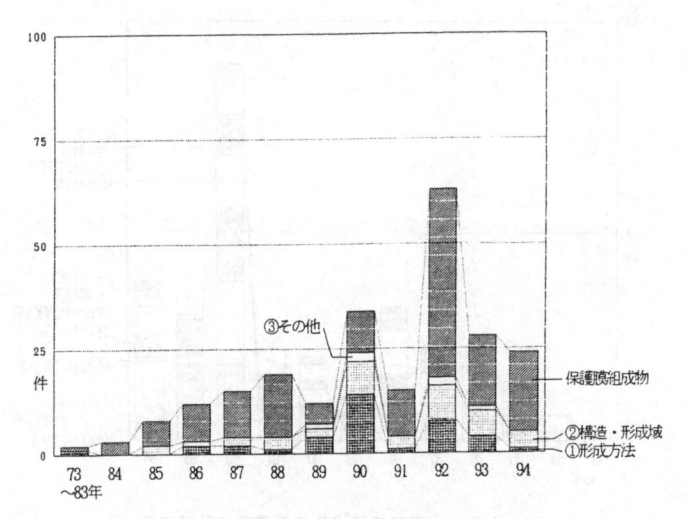

図1 保護膜の内容別件数推移

表1 保護膜の内容別件数推移

		S48〜58	59 (84)	60 (85)	61 (86)	62 (87)	63 (88)	1 (89)	2 (90)	3 (91)	4 (92)	5 (93)	6 (94)	計
保護膜形成技術	①形成方法	1			2	2	1	4	14	1	8	4	1	38
	②構造形成域			2	1	2	3	2	8	3	8	6	4	39
	③その他							1	2		2	1		6
	小計	1		2	3	4	4	7	24	4	18	11	5	83
保護膜組成物		1	3	7	9	11	16	5	10	11	45	17	19	154
計		2	3	9	12	15	20	12	34	15	63	28	24	237

ィング性,透明性,耐傷性などがあげられる。このうち耐熱性は,蒸着工程において保護膜表面が通常 200℃以上に加熱されるため,この条件下で安定であることが必要である(6-145594;日立化成)。

保護膜には平坦性も求められるが,この樹脂液の塗膜方法はスピンコート法,ロールコート法などがとられている。

しかし,比較的平坦な塗膜面が得られるスピンコート法であっても,細部では画素面と画素間の塗膜の厚さが異なることから,硬化時の収縮率の差により,凹部を生じる。保護膜の凹凸を

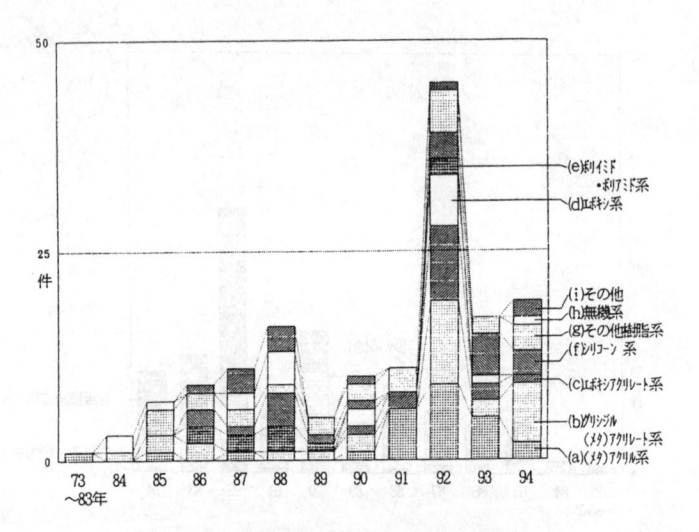

図2 保護膜組成物の内容別件数推移

表2 保護膜組成物の内容別件数推移

	S48〜58	59(84)	60(85)	61(86)	62(87)	63(88)	1(89)	2(90)	3(91)	4(92)	5(93)	6(94)	計
(a)(メタ)アクリル系	1		1		1			1	6	9	5	2	26
(b)グリシジルアクリレート			2	2		1	1	2		10	2	7	27
(c)エポキシアクリレート系								1	2	9	2	1	15
(d)エポキシ系								2		6	1		9
(e)ポリイミド・ポリアミド				2	2	3	1			2			10
(f)シリコーン系				2	1	4	1	1		3	5	3	20
(g)その他樹脂系		1	3	2	2	1	2	2	3	5	2	3	26
(h)無 機 系		2	1		2	4						1	10
(i)そ の 他				1	3	3		1		1		2	11
計	1	3	7	9	11	16	5	10	11	45	17	19	154

なくすため，スピンコート法を改善して樹脂膜の多層塗布する方法もあるが，平坦化がまだ不充分である（5-93806；富士通）。

　保護膜形成時に発生する問題として異物混入がある。例えば，保護膜のスピンコート時の跳ね返りや巻き込み，あるいはその後に生じる静電気による浮遊塵の吸着または付着などの原因により，まだ充分に乾燥硬化していない保護膜に2〜5μm程度の異物混入することがある。そして，このように粘着性を有する状態で混入した異物を取り除くことは事実上困難であり，こうして混

表3　保護膜形成技術と公開特許

分類		公開特許				
形成方法	塗膜方法	61-6624, 1-262502, 2-74923, 4-181215, 5-313012	61-105507, 1-284802, 2-168202, 4-181216,	62-229204, 2-10319, 2-191902, 4-181217,	1-150103, 2-19802, 4-18502, 4-264503,	1-188802 2-67502 4-115202 5-93806
	平坦化	62-280803, 2-282703, 4-216502,	63-287802, 2-282705, 5-27115,	2-12103, 2-284101, 5-203944	2-165103, 2-187305,	2-228605 3-255403
	硬化条件	57-42009,	2-304506,	4-352104,	6-148414	
構造・ 形成域	複層構造	60-42705, 63-197903, 4-77717, 6-138450, （3層）	60-112001, 2-77724, 4-143729, 6-265720, ; 1-108523,	61-198131, 2-101404, 5-127012, 6-281810 1-248128	62-153826, 2-129601, 5-134113,	63-60425 4-62517 6-43317
	膜厚	4-51204,	4-214531,	4-278902,	5-40259,	5-93809
	形成域	62-163017, 2-284118, 4-178602,	63-106601, 2-287321, 4-324423,	2-19826, 3-48801, 5-165023,	2-228603, 3-48802, 5-232309	2-284117 3-161712
その他		64-29802, 5-288921	2-72302,	2-17604,	4-110902,	4-184301

入した異物により保護膜の表面に突起が発生し，液晶層の厚みを狭め，液晶駆動を不安定にせしめる。また，対向電極間の短絡により液晶駆動を不可能にすることがある。さらに，異物や汚れを核として保護膜が弾かれてシミが生じたり，保護膜の厚みムラが生じたりして，透過光の強度にバラツキを生じさせることもある（6-258517；凸版印刷）。

　保護膜表面を平坦化する方法として，保護膜表面を研磨する方法が提案されている（表2以外にも1-193781；東芝，1-206304；セイコーエプソン）。しかし，この方法は研磨という生産性の悪い工程を必要とするため，コストアップの大きな要因となってしまう。また，研磨により保護膜上にキズが発生しやすいなどの問題点もある（6-294907；エイ・ジー・テクノロジー）。

　保護膜形成技術については，形成方法，構造・形成域，その他に3分類した。

　形成方法については，さらに塗膜方法，平坦化，硬化条件に分類した。

1）塗膜方法

　簡便な方法としてスキージ，ドクターナイフによる塗布がある（1-150103，1-188802；松下電器産業）。

　ロールコート法は基板内の膜厚分布が悪く，スピンコート法は膜厚の均一度は良好となるが，

材料使用量が多く，コスト高になる問題がある。そこで，この両方を取り入れて，ロールコーターあるいはバーコーターにより樹脂材料を供給して，スピンコーターの回転により塗布分布形成する方法（2-67502；シャープ）が提示されている。

さらに，グラビアロール表面上の保護膜を均一に制御し塗布する目的で，グラビアロール上に二重スキージ構造によるフレキソ印刷による平坦に塗布する方法（4-18502；セイコーエプソン），自由回転が容易な分子構造よりなる有機高分子樹脂（PMMなど）を基板上に加熱噴霧により付着形成して，基板の起伏を平滑，平坦化する方法（4-181216；松下電器産業），透明で加熱溶融可能な粉体（エポキシ樹脂など）を被着し，加熱により平坦な塗膜を形成する方法（2-168202；凸版印刷），加圧摺動あるいは加熱流動状態で振動を与える方法（4-181215, 4-181217；松下電器産業），低温成膜法であるプラズマ重合法にて，加熱が不要で，充分な硬さを有する膜を形成する方法（61-105507；キヤノン，2-10319；スタンレー電気）などがある。

保護膜の一つの役割である平坦化を加味した塗膜方法が提案されている。

CF上に樹脂層を形成し平坦化させる工程を有する方法（61-6624；ソニー）は様々な技術を包含する広範なものとなっている。無溶剤型のUV硬化樹脂を塗布し，フィルムを介し押圧，UV照射する方法では，押圧法を取り入れるため比較的分子量の大きい高粘度の樹脂が使用でき，体積減少の小さい樹脂が選択できる（2-19802, 2-74923；松下電器産業）。光硬化性透明樹脂液を透光性ローラで平坦化しながら塗布，延伸，光照射する方法（4-264503；富士通）。

また，フィルム状に形成した樹脂膜を熱圧着する方法（1-262502；凸版印刷, 2-191902；セイコーエプソン, 4-115202；富士写真フイルム, 5-93806；富士通），耐熱性透明接着剤を介して耐熱性透明フィルムを貼付する方法（62-229204；大日本印刷），基板上に平滑性フィルムを設け間隙に樹脂液を供給する方法（5-313012；藤森工業）がある。この中で2-191902はフィルム状樹脂を減圧雰囲気中で熱圧着, 4-115202ではドライブユニットの接続部等を除いた保護膜のパターン形成を有利とするため，保護膜の前駆体である樹脂を使用している。これらは平坦な保護膜が簡便に得られる方法を提供している。

2) 平坦化

平坦化は，保護膜を塗布後，平坦化処理をすること。

保護膜形成後，フィルム，ローラーなどの手段にて加圧平坦化(62-280803；凸版印刷, 2-228605；富士通)，保護膜中にスペーサの混入（63-287802；大日本印刷, 2-165103；松下電器産業, 5-203944；凸版印刷），表面を望みの形状に加工した型によるプレス成型（1-284802；大日本印刷），基板の導電膜への通電による発熱で樹脂液をより流動化（4-216502；松下電器産業），保護膜の表面の研磨（2-12103, 2-282703, 2-282705, 2-284101, 2-287305；セイコーエプソン），保護膜の表面の研磨後第二層を設ける（3-255403；東芝, 5-27115；キヤノン）の各方法がある。

3) 硬化条件

硬化条件に関しては，画素形成後，ＵＶ硬化型樹脂を分割領域を含む基板に塗布し，背面露光にてパターニング(57-42009；松下電器産業)，熱硬化性樹脂を塗布後，画素形成部のみ選択的に加熱硬化(2-304506；大日本印刷)，保護膜の成膜温度T_1と透明導電膜の成膜温度T_2との関係を$T_1 \geqq T_2$とする(4-352104；ＨＯＹＡ)，高い平坦性を得るべく，感光性組成物に光照射と同時に加熱してレベリングしやすい状態とする（6-148414；旭硝子）方法がある。

4) 複層構造

保護膜を複層，あるいは密着性向上膜などとの組み合わせにより保護機能の向上が図られている。

安定で信頼性の高い保護膜とその保護膜上に容易に透明電極膜を形成すべく，次の3層構造も提案されている。有機膜＋有機ケイ素化合物（または2種以上のコロイダルシリカを主原料とする混合物の脱水・縮合反応物）＋スパッタリングによる酸化ケイ素からなる3層(1-108523；セイコーエプソン)，あるいは上の構成の中で2層目を有機金属化合物とする3層(1-248128；セイコーエプソン)。

5) 膜厚

膜厚に関する5件は，全て，保護層の厚みを表示周縁部ではテーパー状に徐々に薄くすること，である。これは，周縁部での保護層の段差を生じさせないことにより，その上に形成される透明電極膜の断線を防止することが目的である。

6) 保護膜の形成域

シール部域の保護膜形成の有無(2-228603；光村原色版印刷所は有，4-324423；大日本印刷は無)に関しては，前者はパネルの平坦化，後者はシールの強度が大きいこと，が目的である。さらに，上のシール部域に加え，実装端子部の保護膜を除去したことにより実装信頼性の向上を図る方法(2-19826, 2-284117, 2-284118, 2-287321；セイコーエプソン)に発展している。

類似で，特に単純マトリクスＬＣＤ用で，シールの接着性を高めるべく保護膜とＩＴＯパターンを一致させる方法(3-161712；富士通)もある。また，画素部周辺部の保護膜を除去して保護膜の熱収縮の影響をなくする方法(62-163017；共同印刷)もある。

平坦膜として，画素面全面に塗膜するのでなく，画素面の凹部のみに形成する方法も提示されている。この凹部は，印刷画素の間の凹部(63-106601；凸版印刷)，隣接画素同士の一部を重ね合わせたＣＦにあって，凹部となった画素の中央部（5-232309；ローム）である。

保護膜の形成域を限定する方法として，不被着体パターン(3-48801, 3-48802；シチズン時計)や仕切り壁（4-178602；光村原色版印刷所）を設けてこの内側に保護膜を塗膜する方法も提示されている。

保護膜面を画素面上で2つ以上に分割する方法も提案されている（5-165023；東芝）。保護膜と透明電極との熱膨張の差によるストレスを緩和し，透明電極の剥離，断線不良を防止するためである。

7) その他

その他は，ＣＦ層の所定の厚さにより生じる表面凹凸を保ち，隣接する画素間の隙間を埋めるように保護膜層をも設ける（64-29802；凸版印刷），印刷法によるＣＦ上に平滑化層を設けることで，従来の機械的のみの平坦化によりサイズ面，精密面でも容易に平坦化が図られる（2-176704；凸版印刷），ＣＦ上は低粘度，周辺部は高粘度の保護膜をスクリーン印刷して段差の抑制（2-72302；コニカ），現像時にレジスト残渣を作らないため一色画素形成ごとに無機材料保護

表1　保護膜形成技術別公開特許の件数推移

	S48〜58	59(84)	60(85)	61(86)	62(87)	63(88)	1(89)	2(90)	3(91)	4(92)	5(93)	6(94)	計
松下電器産業	1						2	3		4		1	11
キヤノン			1	1	1						1		4
セイコーエプソン			1		1		2	10		3			17
シャープ				1				1					2
ソニー				1									1
凸版印刷					1	1	2	2			1		7
大日本印刷					1	1	1	1		2	1		7
共同印刷					1			1					2
日本板硝子						1							1
スタンレー電気								1					1
富士通								1	1	1	2		5
東芝								1	1	2	1		5
セイコー電子								1					1
コニカ								1					1
光村印刷								1		1			2
シチズン時計									2				2
富士写真フイルム										1			1
京セラ										2	1		3
ホーヤ（HOYA）										1	1		2
エヌ・ベー・フィリップス										1			1
ローム											1		1
エイ・ジー・テクノロジー											1	1	2
藤森工業											1		1
旭硝子											1		1
東レ												1	1
半導体ｴﾈﾙｷﾞｰ研究所											1		1
計	1		2	3	4	4	7	24	4	18	11	5	83
出願者数	1		2	3	4	4	4	12	3	10	10	5	26

膜形成（4-110902；京セラ），保護膜表面の突起の除去（4-184301；東芝），感光性粘着性発現材料による画素形成法のための保護膜形成（5-288921；大日本印刷）などがある。

② 保護膜形成技術特許の企業別動向

出願者数は26社，公報総数は83件である。

セイコーエプソンが17件，松下電器産業が11件，次いでＣＦメーカーの凸版印刷と大日本印刷が各7件と続き，これらの合計42件で全体の51％を占める。

③ 保護膜組成物の技術と特許の展開

保護膜の役割は，

1) 平坦性
2) 硬度（スペーサが潜り込まないこと）
3) 耐薬品性（透明導電性膜のフォトリソグラフィ過程で用いられる薬液への耐性）

であり，また，

4) 透明性（可視光領域）

も必要となる。

これらの目的のため，

・エポキシ化合物と多価カルボン酸またはその無水物（60-216307；日本合成ゴム）
・ナイロン樹脂（60-244932；リコー）
・メラミン化合物とエポキシ樹脂（63-131103；凸版印刷）

などの熱硬化性樹脂が提案された。

しかし，スクライブライン上（57-42009；松下電器産業，1-134306；日本合成ゴム，1-130103）やシール部における保護膜の除去の必要から，また，熱硬化性樹脂の2液混合液の経時安定性の問題もあることから，次の感光性樹脂タイプが提案されてきた。

・ＵＶ硬化樹脂（57-42009，60-244932）
・ＰＶＡと感光剤（59-184325；大日本スクリーン製造）
・ゴム系樹脂（60-42704；キヤノン）
・顔料分散法用レジストから顔料を除いた感光性樹脂（2-191901；松下電器産業）

さらに，光で硬化し，未露光部が衛生上または公害対策上も有利なアルカリ水溶液現像型に加え，現像後加熱により一層の耐アルカリ性が付与されることが好ましいことから，次の提案もされている（耐アルカリ性や耐溶剤性などの点で不十分であるが）。

・3-126950；富士写真フィルム
・52-132091，3-97502
・（以上，5-265208；富士写真フイルムより）

保護膜用材料別の特徴を表1に示している。「保護膜組成物」を（メタ）アクリル系などの主要6樹脂材料，その他樹脂系材料，無機系材料，およびその他（添加物，材料特性）の計9つに分類し，それぞれの分類に公報を整理したのが表2である。

保護膜としては，もっぱら有機材料が主である。保護膜の役割の中の平坦化機能は，有機材料のほうが無機材料よりも有利である。

表1　保護膜用材料の特徴

樹　脂		特　　徴	問　題　点
(a)(メタ)アクリル系		表面硬度が高い 透明性優れる	ITOとの密着性・パターニング性不充分 耐熱性が不充分。耐薬品性劣る 熱膨張が比較的大きい（ITOなどの蒸着時に膜の表面にシワやクラックが生じやすい） 一般に平坦性が劣る
	(b)グリシジル(メタ)アクリレート系	耐熱性，透明性良好	密着性，耐アルカリ性に不充分で，後プロセスでハガレを生じやすい 低温焼成時の膜硬度が小さい
(c)エポキシアクリレート系		耐熱性，接着性良好	―
(d)エポキシ系		密着性良い 耐薬品性，透明性優れる	表面硬度でアクリル系に劣る 耐熱性が不充分 高耐熱性品は密着性，コーティング（塗布）性が劣り，要求特性のバランスをとることが困難
(e)ポリイミド・ポリアミド系		アクリル系に比べITOとの密着性・パターニング性良好 耐熱性，耐薬品性優れる	透明性不充分。平坦性極めて低い ワニスの保存安定性に欠ける CFを浸すような溶剤しか使用できない 熱硬化のため微細パターン形成に適さない コストが高い
(f)シリコーン系		透明性，耐熱性，硬度に優れる	数μm以上の厚膜化が困難 ITOとの密着性・パターニング性不充分 平坦化機能が不充分（樹脂液の固形分濃度を高くして厚膜化するとクラック発生の恐れあり，また液のポットライフが大変短い） 保護膜材として使用しにくい
(g)その他樹脂	メラミン系	耐熱性比較的高い	CF，ガラスとの密着性が極端に悪く，ハジキを生じやすい
	ポリウレタン系	―	耐熱性低く，熱履歴が大きいためITOにクラックが発生しやすい 耐薬品性劣る
	PVA系	―	耐熱性，平坦化能が不足
(h)無機系		―	蒸着成膜に大がかりな装置必要 ITOとの密着性低い

参考；4-77717（東芝），4-85322・6-100663（チッソ），4-100003（日本化薬）
　　　4-170547・5-34920・6-82620（富士写真フイルム）
　　　5-288926（エイ・ジー・テクノロジー），6-34812（東レ），6-145594（日立化成）

表2 保護膜組成物と公開特許

分類	公開特許				
(a)(メタ)アクリル系	58-196506, 3-212467, 4-180064, 4-301603, 5-40204, 6-294907	60-247603, 3-212468, 4-272974, 4-315101, 5-171099,	62-119501, 3-212601, 4-272976, 4-315102, 5-257009,	2-191901, 3-287227, 4-272977, 4-315103, 5-264811,	3-212465 3-251819 4-272978 5-34920 6-1944
(b)グリシジル(メタ)アクリレート系	60-216307, 1-134306, 4-97102, 4-164918, 6-75108, 6-250390,	60-217230, 2-973, 4-100003, 4-164970, 6-100663, 6-281801	61-292604, 2-137804, 4-133001, 4-180065, 6-145594,	61-180235, 4-12301, 4-133002, 5-216231, 6-145595,	63-183440 4-85322 4-153274 5-297590 6-148416
(c)エポキシアクリレート系	2-166452, 4-51242, 4-345608,	3-126950, 4-170547, 4-363311,	3-129302, 4-180066, 5-70528,	4-51202, 4-225038, 5-113664,	4-51203 4-270714 6-73160
(d)エポキシ系	2-228630, 4-225020,	2-298901, 4-323603,	4-170421, 4-323618,	4-170503, 5-173012	4-170504
(e)ポリイミド・ポリアミド系	61-45226, 63-180934,	61-254905, 63-200101,	62-14622, 1-156371,	62-163016, 4-128802,	63-124002 4-342207
(f)シリコーン系	61-3120, 63-241076, 4-184302, 5-255641,	61-3124, 63-294525, 4-336502, 5-288926,	62-56902, 1-140186, 5-34516, 6-34812,	63-199318, 2-72303, 5-181123, 6-250013,	63-218771 4-50262 5-281415 6-250014
(g)その他(または特定しない)樹脂系	59-184325, 61-285402, 1-161201, 3-287203, 4-345609, 6-347638	60-42704, 62-113106, 2-125201, 4-36801, 5-263014,	60-78401, 62-218931, 2-27317, 4-151602, 5-265208,	60-244932, 63-131103, 3-179401, 4-151603, 6-82620,	61-17124 64-7543 3-179402 4-186303 6-123967
(h)無機系	59-75206, 63-289501,	59-140405, 63-294526,	60-247202, 63-301903,	62-30223, 63-311302,	62-242918 6-201912
(i)その他 添加物	61-145533,	62-262002,	2-123329,	6-329990	
(i)その他 材料特性	62-63918, 4-311923,	62-200325, 6-67015	63-15204,	63-85720,	63-191105

これは,画素パターン層の表面の平坦性を実現するには1〜4μmの厚い膜を形成する必要があるが,無機材料と異なり,有機樹脂ではこのような厚い膜を形成してもクラックなどが発生しないからである(5-127012;ホーヤ(HOYA))。

また,無機材料の膜形成ではCVD装置や高温の熱処理を必要とし,CFの製法を著しく特殊化したり,高価な装置で生産性が十分でなく,低コストのCFを作成する意図に沿わない(2-129601;東芝)。

表1 保護膜組成物別公開特許の件数推移

	S48~58	59(84)	60(85)	61(86)	62(87)	63(88)	1(89)	2(90)	3(91)	4(92)	5(93)	6(94)	計
凸版印刷	1		1		2	2	1		4	1		1	13
セイコーエプソン		2	1		2	3	1			1			10
大日本スクリーン製造			1										1
松下電器産業			1			4		1	2				8
キヤノン				1		2	2						5
日本合成ゴム				2	2	2	3	1					10
リコー				1									1
東レ					1					1	1	1	4
シチズン時計					1								1
大日本インキ化学					2								2
三菱化学					1								1
宇部興産					1								1
アルプス電気					1								1
セイコー電子						1							1
三菱電機						1				1			2
共同印刷						1							1
大日本印刷						1			2	2	2		7
東京応化						1							1
日本電気							1						1
チッソ							1			1		3	5
東芝								1		2			3
ユニチカ								1					1
三浦印刷								1					1
住友化学								1			2		3
コニカ								1					1
東洋紡績								1					1
旭硝子								1			1		2
日産化学								1					1
出光石油化学								1					1
富士写真フイルム									1	2	2	2	7
三洋化成									2	10	1	1	14
日立化成										11	2	3	16
日本化薬										10	1	1	12
オプトレックス										1			1
富士薬品										1			1
大八化学										1			1
昭和電工											1	2	3
新日本製鉄											1		1
エイ・ジー・テクノロジー											3	2	5
シップリイ											1		1
日本油脂											1		1
トクヤマ											1		1
計	1	3	7	9	11	16	5	10	11	45	17	19	154
出願者数	1	2	6	7	7	7	5	10	5	14	11	11	39

③ 保護膜組成物特許の企業別動向

出願者数は39社，公報総数は154件である。

日立化成16件，三洋化成14件，凸版印刷13件，日本化薬12件，セイコーエプソン10件が合計10件以上の企業であり，この中の化学メーカーは近年の急増によるものである。

上の上位5社の合計件数は65件であり，全体の43％を占める。

1.5 企業の特許展開

ＬＣＤ用カラーフィルター（ＣＦ）に関する公開特許公報から，ＬＣＤ用ＣＦとして登場し始めるのは昭和58年（1983年）からであり，平成6年（94年）までの期間の中で，対象とした公報の総数は 2,379件となった。

公報の出願者総数は，共同出願の場合もそれぞれ出願者数に加えて，145社であった。これらの出願者を下の5つの企業群に分類した。

図1および表2は，公報の企業群別の件数の推移を見たものである。

図2はこれら企業群別のこれまでの公報の総数比率と，図3は平成6年（94年）に限った公報数の比率である。

立ち上がりは，現在ＣＦを内製するＬＣＤメーカーが中心となっていた。そして，ＣＦを内製していないＬＣＤメーカーがこれに続き，その後ＣＦメーカーが件数を伸ばしてきて94年では全体の34％を占めているに至った。

材料メーカーも92年から件数が急に拡大してきており，94年では全体の27％と，ＣＦメーカーに次いでいる。ＬＣＤ産業の成長の背景に，材料分野の役割の重要さがここに垣間見ることができる。

表1 ＬＣＤ用カラーフィルター関連公開特許の出願者の分類

企業群の分類	企業数	主要企業
(1) ＣＦメーカー	14社	凸版印刷，大日本印刷，神東塗料，共同印刷，東レ等
(2) ＬＣＤ（ＣＦ内製）メーカー	9社	鳥取三洋電機，キヤノン，日立製作所，セイコーエプソン等
(3) ＬＣＤメーカー	20社	シャープ，ＮＥＣ，東芝，三菱電機，セイコー電子等
(4) 材料メーカー	59社	東洋インキ製造，日本化薬，日本合成ゴム，富士写真フイルム等
(5) その他（機器メーカー，研究所，外国企業，個人）	43社	コニカ，工業技術院，ＩＢＭ，三星電子，イーストマンコダック等

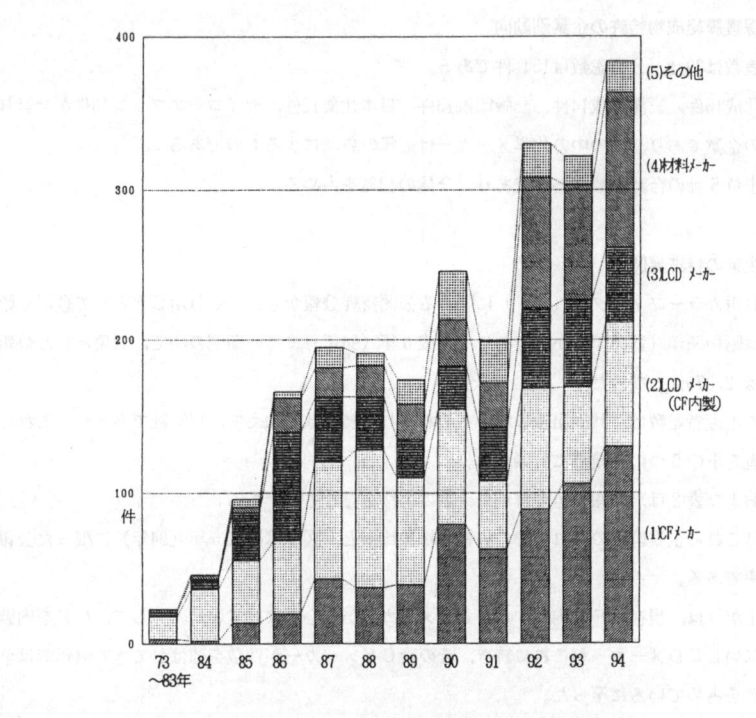

図1 カラーフィルター関連公開特許の企業群別件数の推移

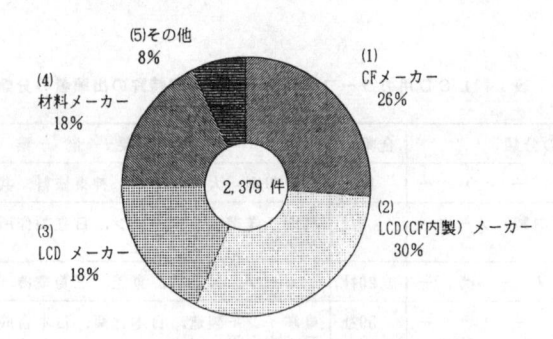

図1 カラーフィルター関連公開特許の企業群別累計の比率
〔昭和48年(73年)～平成6年(94年)〕

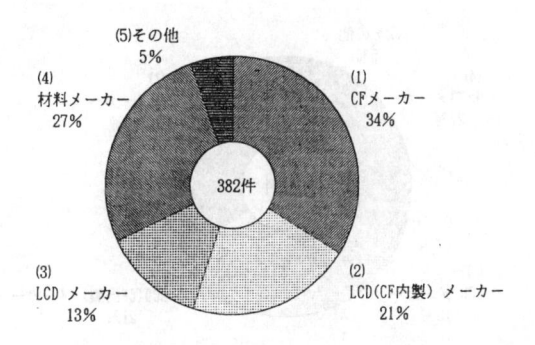

図2 カラーフィルター関連公開特許の企業群別件数比率
〔平成6年（94年）〕

表2 カラーフィルター関連公開特許の企業群別件数の推移

	S48～58	59(84)	60(85)	61(86)	62(87)	63(88)	1(89)	2(90)	3(91)	4(92)	5(93)	6(94)	計
(1)CFメーカー	3	2	14	20	43	37	39	78	64	89	106	130	625
(2)LCDメーカー（内製）	15	33	41	46	77	91	71	76	45	79	63	81	718
(3)LCDメーカー	3	7	33	72	43	35	25	28	35	52	57	50	440
(4)材料メーカー	2	3	4	22	19	21	23	29	30	87	77	100	417
(5)その他	4	0	5	4	14	8	16	31	27	23	21	21	179
合計	27	50	97	164	196	192	174	242	201	330	324	382	2379

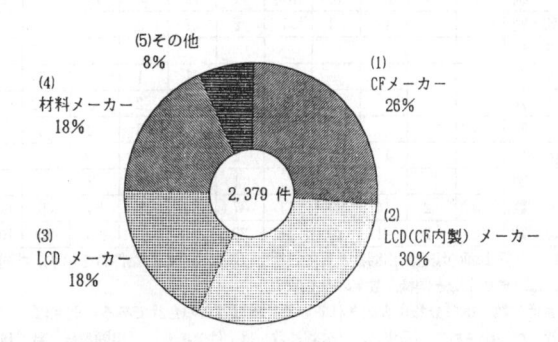

図4 カラーフィルター関連公開特許の企業群別累計の比率
〔昭和48年（73年）～平成6年（94年）〕

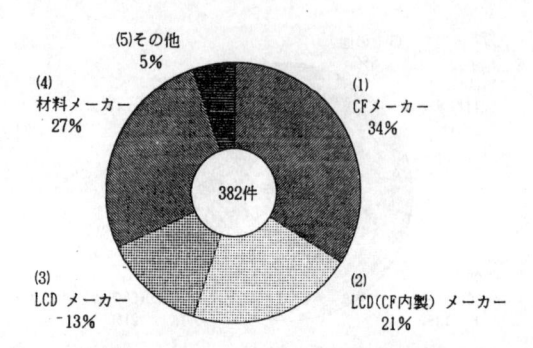

図5　カラーフィルター関連公開特許の企業群別件数比率
〔平成6年（94年）〕

(1) CFメーカー 34%
(2) LCD(CF内製)メーカー 21%
(3) LCDメーカー 13%
(4) 材料メーカー 27%
(5) その他 5%
382件

表3　カラーフィルター関連公開特許の出願者別・公開年別件数

(1) CFメーカー

出願者名	S48〜58	59(84)	60(85)	61(86)	62(87)	63(88)	H1(89)	2(90)	3(91)	4(92)	5(93)	6(94)	計
出　光　興　産						1		6	4	8	7	6	32
共　同　印　刷				5	11	3	2	5	1	4	4+1	5	40+
神東塗料（シントーケミトロン）			+3	2	2	+1	+2	+1	+2	+4	+1	1	5+1
大　日　本　印　刷	2	1	6+4	1	5	9	6	19	12	38	39	38	176+
東　洋　紙　業											+1		+
東　　　　　レ			4	2		1	2			7	22	10	49
凸　版　印　刷	1	1	2	6	18+1	17	12	36	40	23	22	61+3	239+
日　本　写　真　印　刷				1	3	7	2	7	3			3	3	29
日　本　石　油　化　学													0
日　本　ペ　イ　ン　ト						1	1	1		5	4	1	13
Ｈ　Ｏ　Ｙ　Ａ							2	2	3	1+2	5		13+
光　村　印　刷									3	2	3	5	13
三菱化学（三菱化成）			1	1			2	2					6
三　浦　印　刷						1	5	2	2				10
計　公報件数	3	2	14	20	43	37	39	78	64	89	106	130	625
出願者延べ数	3	2	21	20	44	38	41	80	65	95	108	133	650

注1）「+」は，共同出願の場合，出願者として二番目以降に表記された件数を示す。共同出願でも筆頭出願者の場合は，単独出願と同様，数字のみを示す。

注2）「出願者延べ数」は各公報に表記されている「出願者」の合計である。例えば，1件の公報に2名の「出願者」が表記されている場合，「公報件数」は1件であり，「出願者延べ数」は2名となる。

注3）以下の各表も上に同じである。

(2) LCD（CF内製）メーカー

出願者名	S48〜58	59(84)	60(85)	61(86)	62(87)	63(88)	H1(89)	2(90)	3(91)	4(92)	5(93)	6(94)	計
カシオ計算機				3	6	4	2	2	1			8	26
キヤノン	7	13	19	21	24	28	2	5	4	8	14	7	152
京セラ									1	7	8	6	22
セイコーエプソン（諏訪精工舎）	1	11	10	8	20	11	31	39	17	31	2	8	189
鳥取三洋電機				+1	+1								+2
三洋電機（*1）	1		1	5	4+3	1+1	1+1	1			2	1	17+5
日立製作所	2		2	2	4	1	1	3	3	1	2	3	24
富士通（*2）					2	7	3	1	4	14	21	25	77
松下電器産業	4	9	9	7	17	39	31	25	15	18	14	23	211
計 公報件数	15	33	41	46	77	91	71	76	45	79	63	81	718
計 出願者延べ数	15	33	42	47	80	92	72	76	45	79	63	81	725

(*1) 旧東京三洋電機を含む。鳥取三洋電機の関連企業としてここに分類
(*2) CFを内製する米子富士通の親会社としてここに分類

(3) LCDメーカー

出願者名	S48〜58	59(84)	60(85)	61(86)	62(87)	63(88)	H1(89)	2(90)	3(91)	4(92)	5(93)	6(94)	計
旭硝子				2				2	1	1	2	2	10
アルプス電気			1	2		5							8
エイ・ジー・テクノロジー											8	4	12
NEC（日本電気）		+2	2	5	4			1	1		+1		14+
沖電気						2			4	1+1		1	8+
オプトレックス					1				1	2			4
シチズン時計	1		6	17	3	1			5			3	36
シャープ	1	1	4	4	5	1	4	2	3	10	7	12	54
スタンレー電気				2	9	1	1	2	5	2	7	1	30
セイコー電子（第二精工舎）		5	14	1+2	1	12	7	4	12	7	1	3	67+
精工舎				19	7	4					2		32
ソニー	1			3						2		1	7
東芝			1	3	3	5	8+2	10+1	2	22	28	21	103
日本板硝子						1		1	1				3
広島オプト					+1								
ホシデン			1										1
松下電子				4	4								8
三菱電機			4	2	5	3	4	7		2	1		28
リコー				1	8	1				3	1		14
ローム											2		2
計 公報件数	3	7	33	72	43	35	25	28	35	52	57	50	440
計 出願者延べ数	3	9	33	74	44	35	27	29	35	53	57	51	450

(4)材料メーカー

出願者名	S48〜58	59(84)	60(85)	61(86)	62(87)	63(88)	H1(89)	2(90)	3(91)	4(92)	5(93)	6(94)	計
出光石油化学								1					1
宇部興産				1	1			2		3	1	1	9
大阪有機化学							+1						+1
王子化学											1	3	4
奥野製薬										+1	1		1+1
花王						1							1
共栄社化学												+1	+1
関西ペイント											2		2
互応化学											1	1	2
ザインクテック(諸星インキ)			1+3					+4	+1	+1			1+9
三洋化成									2	13	1	1	17
サンリツク(三立電機)	+1												+1
シプレー・ファーイースト											1+2		1+2
昭和電工									1	1	2		4
新日鐵化学										+1	+1		+2
新日本製鐵										1	2		3
住友化学		2		2				1	1	3	11		20
住友セメント										1	2	3	
住友ベークライト					2			1					3
積水化学	1								1	14+2	14+1		30+3
積水ファインケミカル									2	4+5	2+7		8+12
ソニーケミカル											1		1
大東化学							+1						+1
大日本インキ化学				2			1		3	2	2	1	11
大日精化							1						1
大日本塗料							2						2
大八化学工業所										1			1
東亜合成化学											1		1
東京応化						1	1				3		5
東ソー											1	1	
東燃化学										1			1
東洋インキ製造			+1	2	1			3	1	1+1	3	3+1	14+3
東洋合成							+1		3	1	2		6+1
東洋紡績								6	9				15
トクヤマ(徳山曹達)											2	1	3
チッソ				1		1	2			2	5		11
長瀬産業											1		1
日産化学								1					1
日東化学										+1			+1
日東電工											1		1
日東紡績							1						1
日本化薬			1		5	7	8	2	8	23	9	8	71
日本合成ゴム			2	3	3	3	5	2			2	1	21

(つづく)

出願者名	S48~58	59(84)	60(85)	61(86)	62(87)	63(88)	H1(89)	2(90)	3(91)	4(92)	5(93)	6(94)	計
日 本 触 媒												1	1
日 本 製 紙 (＊3)				2									2
日 本 石 油										10	3	3	16
日本ニュークローム								1					1
日 本 粉 末 冶 金												1	1
日 本 油 脂												1	1
日 立 化 成								1	2	11	2+1	12+2	28+3
富士写真フイルム	1	1		5	2	3+1	2+2	4+1	3	10	12	9	52+4
富 士 薬 品										3			3
藤 森 工 業											3	1	4
ヘキストジャパン				2								1	3
御 国 色 素												+1	+1
三 井 石 油 化 学									1				1
三 井 東 圧 化 学				2	4	5	3				5	3	22
三 菱 製 紙					1							1	2
ユ ニ チ カ								1					1
計 公報件数	2	3	4	22	19	21	23	29	30	87	77	100	417
計 出願者延べ数	3	3	8	22	19	21	27	31	34	91	87	116	462

＊3) 旧山陽国策パルプ

(5)その他（機器メーカー，研究所，外国企業，個人等）

出願者名	S48~58	59(84)	60(85)	61(86)	62(87)	63(88)	H1(89)	2(90)	3(91)	4(92)	5(93)	6(94)	計
ＮＴＴ(日本電信電話)		1	1	1									3
エ ヌ テ ィ エ ヌ												1	1
九 州 日 本 電 気										1			1
小 糸 製 作 所					4	2							6
コニカ(小西六写真)			1	1	2			11	17	14	11	7	64
大日本スクリーン製造	4	5	1	+1	1								10+2
ト ー イ ン								1					1
東芝エンジニアリング												1	1
東 芝 機 械										1		+1	1+1
東芝電子エンジニアリング											+8	+5	+13
ニ コ ン												1	1
日 本 航 空 電 子									1				1
日 本 電 装				1						1			2
日 本 ビ ク タ ー					4								4
日立オートモーティブエンジニアリング				+1	+2								+3
日立デバイスエンジニアリング				+1	+1	+1	+2	+1					+6
日立電子エンジニアリング										1	1	2	4
ミ ノ ル タ カ メ ラ						4	2						6

(つづく)

出願者名	S48〜58	59(84)	60(85)	61(86)	62(87)	63(88)	H1(89)	2(90)	3(91)	4(92)	5(93)	6(94)	計
レーザーテック												1	1
工業技術院			3				1						4
日本放送協会											1	+1	1+1
半導体エネルギー研究所											2		2
増山新技術研究所											2		2
ＩＢＭ（米）						2		2	1	1			6
アールシーエー ライセンシング(米)							1						1
アグファゲバルト(ベルギー)							1	1			1		3
イー・アイ・デュポン（米）								1					1
イーストマン・コダック（米）					1	1	6	4		7	5		24
LG電子（金星社，韓）						1					1		2
コミツサリア（仏）（*4）					1		1						2
ザ ゼネラル エレクトリック（英）							1						1
三星電管（韓）									2	1			3
三星電子（韓）（*5）									2	2	1	2	7
シャプリ カンパニイ（米）											1		1
ソーン イーエムアイ ビーエルシー(英)									1				1
フィリップス（オランダ）									1	1+1	1		3+1
ヘキスト アクチェン（独）							+1						+1
ヘキスト セラニーズ（米）											1		1
ポラロイド（米）											1		1
飯村恵次・中野朝安				1	1								2
大関正直										1			1
白井汪芳											+1		+1
村山洋一										1	2		3
計	公報件数	4	5	5	4	14	8	16	32	27	23	21	21	179
	出願者延べ数	4	5	5	7	17	9	17	34	28	23	30	29	208

*4) コミツサリア アレネジュ アトミック
*5) サムソン エレクトロニクス

1.6 参考資料（分類コード）

　ＬＣＤ用カラーフィルター関連の公報は表1，表2に示した分類コードから選出した。表1は

G02B：光学要素，光学系または光学装置
　5／20：フィルター
　5／22：吸収フィルター
G02F：光の強度，色，位相，偏光または方向の制御
　1／13：液晶に基づいたもの
　1／133：構造配置

表1　ＬＣＤ用カラーフィルター関連の特許分類コード
（昭和54年（1979年）以前）

分類コード	内容
97(5) J 1214	撮像管，カラーフィルター
97(7) B 4	ディスプレイ，LCD，プラズマ
103 H 0	写真用記録材料等
104 A 5	光フィルター
104 A 7	光フィルター

昭和54年（1979年）以前の旧分類であり、表2は昭和55年（80年）以降の新分類である。

同表の「内容」の欄は、本テーマに関係した事項を簡単にメモしたものである。

最も重要、かつ対象とする公報が最も多い分類コードは、「G02B」であり、そして「G02F」が続く。選出した公報は、ほとんど「G02B」からである（もちろん、各分類コードに重複して登場してくる場合もある）。

表2　LCD用カラーフィルター関連の特許分類コード（昭和55年（80年）以降）

分類コード	内容
B05 B13-04	コーティング装置
B05 C11	〃
B05 D1-26/40	塗布方法
B05 D3-02	〃
C08 F2-46/50	硬化性組成物、光硬化性組成物
C08 F20-36	エポキシ樹脂
C08 F22-40	硬化性樹脂、組成
C08 G59-42	エポキシ樹脂
C09 B1-514	色素
C09 B5-00	〃
C09 B29-36/42	〃
C09 B31-00	顔料、二色性染料
C09 B47-20/24/26	光吸収体、染色法、カラーフィルター
C09 B57-00	色素、感光体等
C09 B67-08/22/26	顔料、染料、塗装
〃 -44/46/48	
C09 B69-04	〃
C09 D3-49	インク組成
C09 D11-02/10	〃
C09 D133-14	コーティング材組成物
C09 D163-00	〃
C09 D179-08	コーティング材
C09 D183-04	コーティング組成物
C09 K3-34	液晶素子、液晶組成物
C09 K19-04/38	液晶組成物
〃 -52/60	〃
C23 C1-00	フォトレジスト膜形成方法
C25 C9-02	薄膜形成方法
D06 P3-04	染色
D06 P5-00	染色
G01 N21-84/88	検査装置・方法
G02 B5-20/22	カラーフィルター
G02 F1-13/133	液晶化合物、LCD素子、パネル、装置、製造装置、検査装置
〃 -1333/1335	〃
〃 -1337/137	〃
G09 F9-00	〃
G09 F9-30/35	〃

2 最新('94〜'96年) カラーフィルター特許,主要10社の動向

吾孫子輝一郎*

2.1 最新('94〜'96年) カラーフィルター特許出願動向

本調査は上記期間の3年間における特許と実用新案の公開・公表・再公表および新実用新案の登録の各公報を対象として検索調査を行ったものである。

検索調査にあたり各調査観点について設定した特許分類は以下に示すとおりである。

調査観点	国際特許分類
液晶関連全分野	G 02 F　1／13？
カラーフィルター	G 02 F　1／1335
	G 02 F　1／1335　500
	G 02 F　1／1335　505

なお,単に「全分野」とは液晶技術に限らず出版人のすべての出願技術分野を意味する。

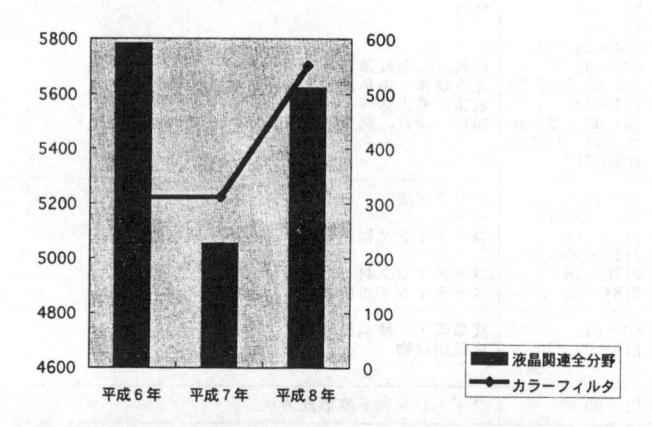

図1　液晶関連全分野とカラーフィルターのみの出願件数推移

	1994年	1995年	1996年
液晶関連全分野	5781	5052	5620
カラーフィルター	310	311	551

* Kiichiro Abiko ㈲ジェット総合研究所　代表取締役

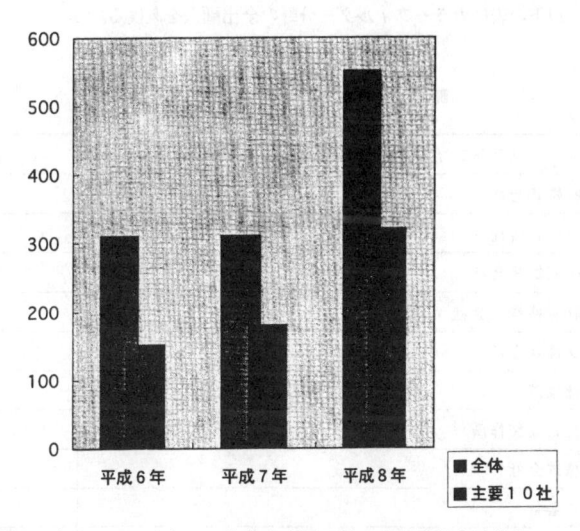

図2 カラーフィルターの全体と主要10社の出願件数合計推移

	1994年	1995年	1996年	合 計
全 体	310	311	551	1172
主 要 10社	152	180	321	653

主要出願人	1994年	1995年	1996年	合 計
凸版印刷株式会社	26	49	49	124
キヤノン株式会社	8	15	71	94
大日本印刷株式会社	24	12	55	91
カシオ計算機株式会社	12	21	27	60
シャープ株式会社	30	12	14	56
株式会社東芝	17	8	30	55
株式会社日立製作所	7	11	34	52
富士通株式会社	19	16	7	42
東レ株式会社	8	20	12	40
神東塗料株式会社	1	16	22	39
合 計	152	180	321	653

さらに，以下の表にカラーフィルター分野の全出願人をあげる。

表1　カラーフィルター分野の全出願人リスト

カラーフィルター分野の全出願人リスト	94～96年出願件数合計
凸版印刷株式会社	124
キヤノン株式会社	94
大日本印刷株式会社	91
カシオ計算機株式会社	60
シャープ株式会社	56
株式会社東芝	55
株式会社日立製作所	52
富士通株式会社	42
東レ株式会社	40
神東塗料株式会社	39
松下電器産業株式会社	38
セイコーエプソン株式会社	36
ソニー株式会社	34
三洋電機株式会社	32
日立化成工業株式会社	29
シチズン時計株式会社	25
富士写真フイルム株式会社	21
日立デバイスエンジニアリング株式会社	20
積水化学工業株式会社	19
セイコー電子工業株式会社	18
鳥取三洋電機株式会社	14
京セラ株式会社	13
住友化学工業株式会社	13
住友ゴム工業株式会社	11
旭硝子株式会社	10
三菱化学株式会社	9

(つづく)

カラーフィルター分野の全出願人リスト	94～96年出願件数合計
東芝電子エンジニアリング株式会社	9
スタンレー電気株式会社	8
ローム株式会社	8
日本電装株式会社	8
エイ・ジー・テクノロジー株式会社	7
日本石油株式会社	7
三菱電機株式会社	6
東洋インキ製造株式会社	6
日本石油化学株式会社	6
日本電気株式会社	6
アルプス電気株式会社	5
シプレイ・ファーイースト株式会社	5
共同印刷株式会社	5
三星電管株式会社	5
東洋合成工業株式会社	5
日本化薬株式会社	5
エヌティエヌ株式会社	4
株式会社精工舎	4
株式会社半導体エネルギー研究所	4
三星電子株式会社	4
出光興産株式会社	4
大日本インキ化学工業株式会社	4
東洋紡績株式会社	4
日本ペイント株式会社	4
日本合成ゴム株式会社	4
イーストマン コダック カンパニー	3
インターナショナル・ビジネス・マシーンズ・コーポレイション	3
オプトレックス株式会社	3
キヤノン インフォメーション システムズ リサーチ オーストラリア プロプライエタリー リミテッド	3

(つづく)

カラーフィルター分野の全出願人リスト	94～96年出願件数合計
ハネウエル・インコーポレーテッド	3
株式会社リコー	3
関西ペイント株式会社	3
光村印刷株式会社	3
三井東圧化学株式会社	3
三菱重工業株式会社	3
鹿児島日本電気株式会社	3
積水フアインケミカル株式会社	3
日東電工株式会社	3
アグファ・ゲヴェルト・ナームロゼ・ベンノートチャップ	2
ザ・インクテック株式会社	2
ゼロックス コーポレイション	2
ソシエテ・ダプリケーション・ジェネラル・デエレクトリシテ・エ・ドウ・メカニク・サジェム	2
チッソ株式会社	2
横河電機株式会社	2
株式会社啓文社	2
昭和電工株式会社	2
新日本製鐵株式会社	2
東芝ケミカル株式会社	2
東洋紙業株式会社	2
藤山　輝己	2
日本写真印刷株式会社	2
日本板硝子株式会社	2
日立電子エンジニアリング株式会社	2
有限会社増山新技術研究所	2
アネルバ株式会社	1
アメリカン　テレフォン　アンド　テレグラフ　カンパニー	1
エイ・ティ・アンド・ティ グローバル インフォメーション ソルーションズ インターナショナル インコーポレイテッド	1
エイ・ティ・アンド・ティ・コーポレーション	1

(つづく)

カラーフィルター分野の全出願人リスト	94～96年出願件数合計
エフ・ホフマン-ラ　ロシユ　アーゲー	1
オーアイエス・オプティカル・イメージング・システムズ・インコーポレイティド	1
オプテック企画開発合名会社	1
オリンパス光学工業株式会社	1
カシオ電子工業株式会社	1
コピン・コーポレーション	1
シーエス電子株式会社	1
シツプリイ・カンパニイ・インコーポレイテッド	1
ソニー・テクトロニクス株式会社	1
ダイセル化学工業株式会社	1
トムソン　エルセーデー	1
トムソン－セエスエフ	1
バルツェルス　アクチェンゲゼルシャフト	1
フィリップス　エレクトロニクス　ネムローゼ　フェンノートシャップ	1
ヘキストジャパン株式会社	1
ホーヤ株式会社	1
ホシデン株式会社	1
ミネソタ・マイニング・アンド・マニュファクチュアリング・カンパニー	1
リコー光学株式会社	1
レーザーテック株式会社	1
旭化成工業株式会社	1
旭電化工業株式会社	1
横浜エレクトロン株式会社	1
株式会社インターナショナルリモートコーポレーション	1
株式会社きもと	1
株式会社クラレ	1
株式会社コーガク	1
株式会社ジーティシー	1
株式会社デジタル	1

(つづく)

カラーフィルター分野の全出願人リスト	94～96年出願件数合計
株式会社ミクロ技術研究所	1
株式会社金星社	1
株式会社東海光機	1
共栄社化学株式会社	1
興栄化学株式会社	1
恵和商工株式会社	1
工業技術院長	1
佐藤　修	1
三菱製紙株式会社	1
三容真空工業株式会社	1
山村　信幸	1
山本　秀男	1
山本化成株式会社	1
住友セメント株式会社	1
小間　徳夫	1
松下電工株式会社	1
松下電子工業株式会社	1
松崎　秀夫	1
上坂　且	1
新日鐵化学株式会社	1
石川島播磨重工業株式会社	1
多田　公子	1
第一合繊株式会社	1
大日精化工業株式会社	1
東レ・ダウコーニング・シリコーン株式会社	1
東都化成株式会社	1
東洋鋼鈑株式会社	1
東亞合成化学工業株式会社	1
藤森工業株式会社	1

(つづく)

カラーフィルター分野の全出願人リスト	94～96年出願件数合計
徳山曹達株式会社	1
日本ビクター株式会社	1
日本製紙株式会社	1
日本電気ホームエレクトロニクス株式会社	1
日本電信電話株式会社	1
日本電池株式会社	1
日立粉末冶金株式会社	1
白井　汪芳	1

ちなみに出願件数上位10社の比率および件数は以下のとおり。

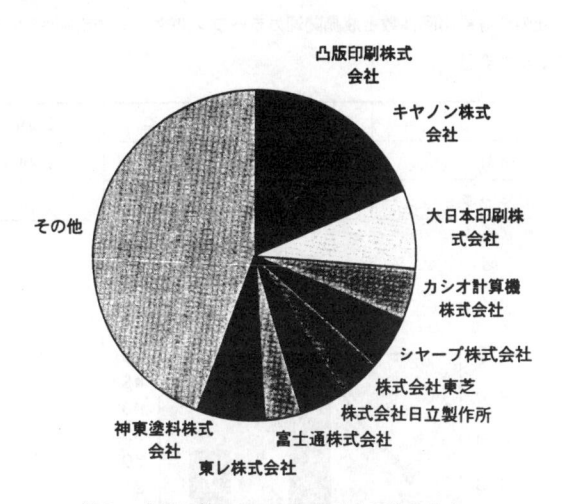

図3　主要10社の94～96年合計出願件数比率

主要出願人	94～96年出願件数合計
凸版印刷株式会社	124
キヤノン株式会社	94
大日本印刷株式会社	91
カシオ計算機株式会社	60
シャープ株式会社	56
株式会社東芝	55
株式会社日立製作所	52
富士通株式会社	42
東レ株式会社	40
神東塗料株式会社	39
その他	519

2.2 主要10社の全分野出願件数と液晶関連カラーフィルター分野出願件数の推移
(1) 凸版印刷株式会社

	1994年	1995年	1996年
全分野	1342	1508	1440
カラーフィルター	26	49	49

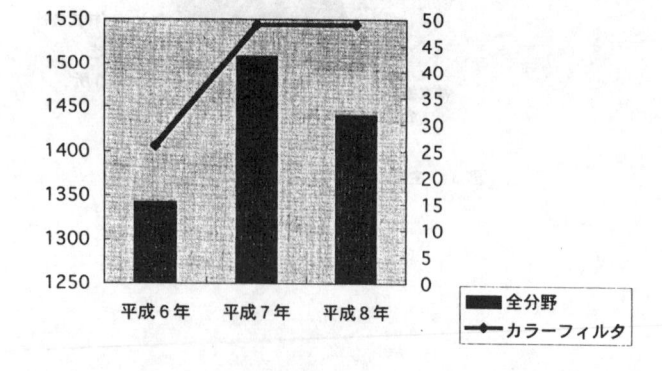

(2) キヤノン株式会社

	1994年	1995年	1996年
全分野	8131	9222	9897
カラーフィルター	8	15	71

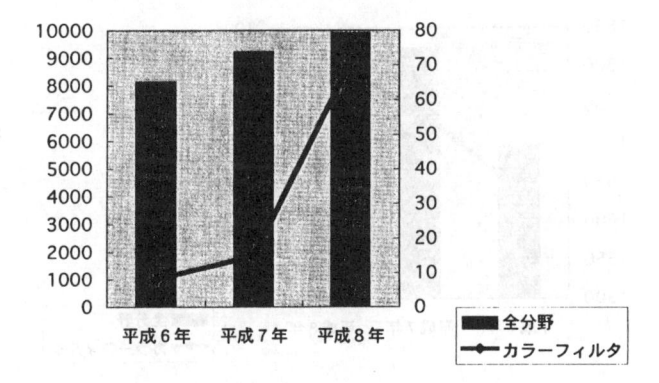

(3) 大日本印刷株式会社

	1994年	1995年	1996年
全分野	1639	1471	1511
カラーフィルター	24	12	55

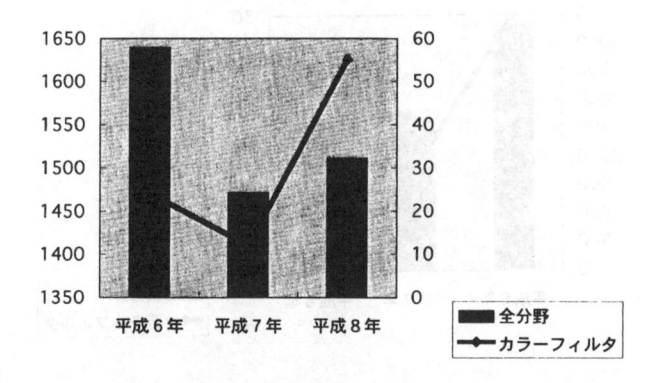

(4) カシオ計算機株式会社

	1994年	1995年	1996年
全分野	1698	1823	1621
カラーフィルター	12	21	27

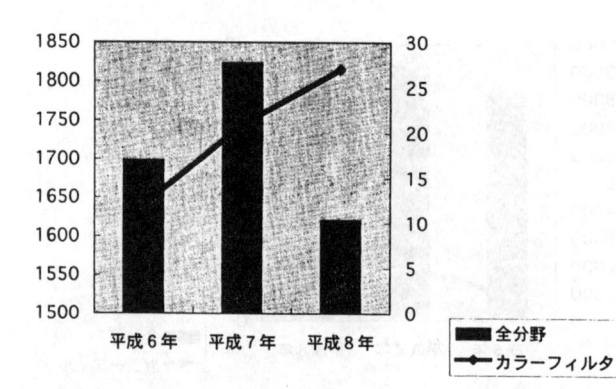

(5) シャープ株式会社

	1994年	1995年	1996年
全分野	4317	2814	2682
カラーフィルター	30	12	14

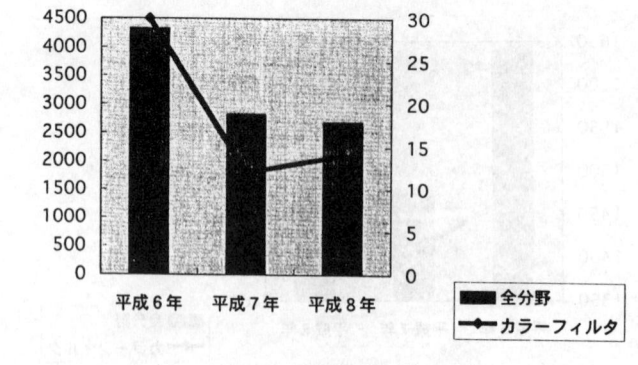

(6) 株式会社東芝

	1994年	1995年	1996年
全分野	12584	11437	10102
カラーフィルター	17	8	30

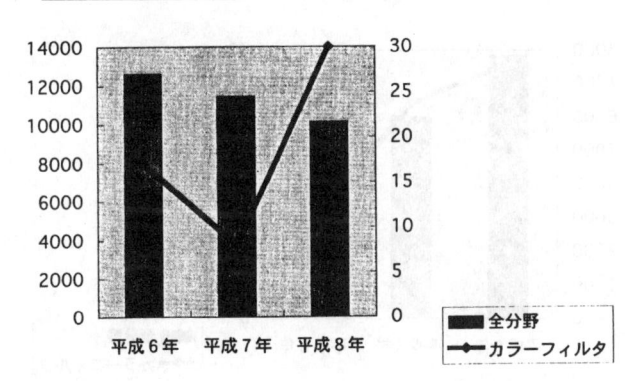

(7) 株式会社日立製作所

	1994年	1995年	1996年
全分野	11647	10955	10418
カラーフィルター	7	11	34

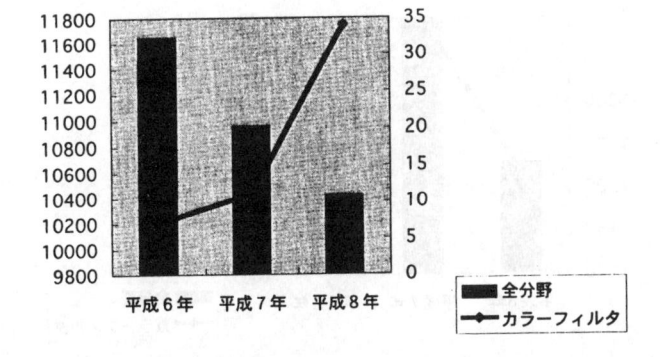

(8) 富士通株式会社

	1994年	1995年	1996年
全分野	7818	5994	4873
カラーフィルター	19	16	7

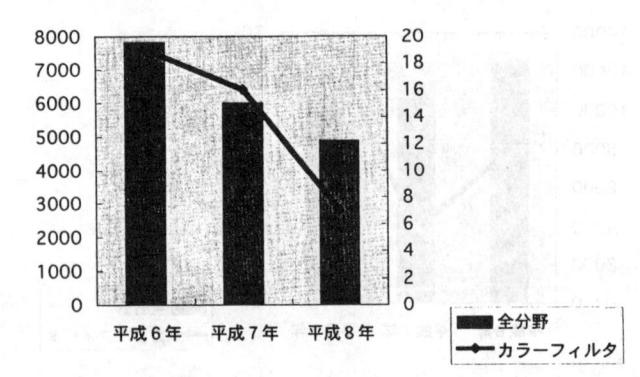

(9) 東レ株式会社

	1994年	1995年	1996年
全分野	1231	1396	1259
カラーフィルター	8	20	12

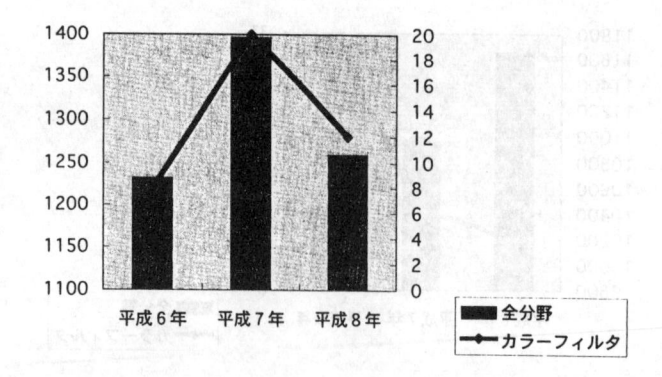

298

(10) 神東塗料株式会社

	1994年	1995年	1996年
全分野	50	51	71
カラーフィルター	1	16	22

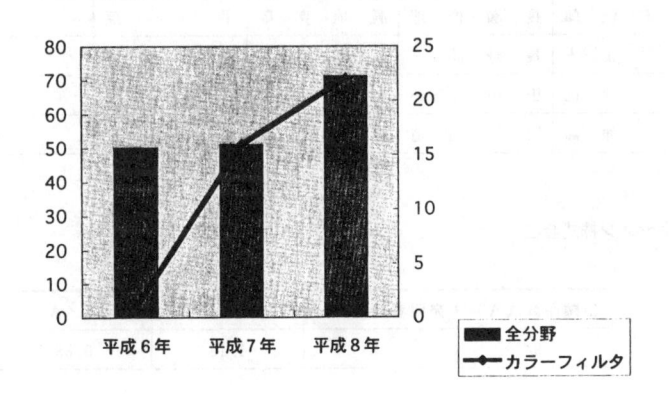

2.3 主要10社の94～96年の総出願件数と発明者総数および発明者リスト

(1) 凸版印刷株式会社

出願件数（A）	発明者数（B）	A／B	B／A
124	76	1.62	0.61

安部	考彦	原	敬一	今吉	孝二	三橋	登	杉村	徹
伊藤	慎次	古賀	修	佐々木	淳	寺野	喜弘	星	久夫
羽田	昭夫	江橋	重行	佐藤	昭生	宿南	友幸	西郷	正勝
岡野	達広	高田	一広	佐藤	敦	小松	義昌	西本	豊司
岩倉	収二	高木	利晃	坂元	郁夫	松澤	宏	青木	慎一
熊本	優一	黒川	隆司	坂川	誠	須田	廣伸	雪野	竜也
桑原	恒雄	今井	修三	三浦	克仁	杉浦	猛雄	川原	真樹

（つづく）

川瀬龍一	中山直美	田野崎芳夫	飯坂正治	木村幸弘
増井清志	中村隆一	渡辺英三郎	飯田保春	矢野博久
増井典十郎	中谷晃一郎	島　康裕	冨永信秀	立花伸也
村木明良	長家正之	藤田　慶	福吉健蔵	鈴木輝男
大泉哲朗	長沼　勉	藤田健一	福田陽一郎	澤田豊明
大木恒郎	長瀬俊郎	洞地克敬	平山　茂	
沢村正志	長野勝一	入野麻理子	米倉茂穂	
谷　瑞仁	田中淳一郎	白山正己	米澤正次	
池　伸顕	田中昭造	畑島光久	望月明光	

(2) キヤノン株式会社

出願件数（A）	発明者数（B）	A／B	B／A
94	83	1.13	0.88

岩崎　学	河野公志	佐藤　博	城田勝浩	村井啓一
高尾英昭	海野　章	崎野茂夫	森谷浩二	村田辰雄
虻川浩太郎	蒲谷欣尚	三原　正	神尾　優	中井法行
井上俊輔	関村信行	山口裕充	杉谷博志	中田佳恵
稲葉　豊	岩田研逸	山田聡彦	星　宏明	中里三武郎
浦本雄次	亀山　誠	柴田　優	星　淳一	中澤広一郎
栄田　毅	吉川俊明	芝　昭二	正木裕一	朝岡正信
益田和明	吉田明雄	酒井利一	西田直哉	津田尚徳
榎本　隆	宮崎　健	宗野浩一	青山和弘	坪山　明
塩田昭教	宮脇　守	小宮山克美	斉藤哲郎	鶴岡真介
横井英人	栗林正樹	小佐野永人	石川義和	田村美樹
横山優子	玄地　裕	小嶋　誠	石渡和也	田中登志満
横田秀夫	古島輝彦	松井　泉	赤平　誠	渡部泰之
岡田伸二郎	高尾英昭	松久裕英	祖父江正司	島宗正幸

（つづく）

島村 吉則	福元 嘉彦	木村 牧子	鈴木 博幸
柏崎 昭夫	片倉 一典	林 　 専一	樽松 克巳
繁田 和之	茂村 芳裕	鈴木 正明	櫻井 久仁夫

(3) 大日本印刷株式会社

出願件数（A）	発明者数（B）	A／B	B／A
91	63	1.44	0.69

安藤 雅之	高橋 正泰	小野 典克	太田 範雄	内海 　 実
羽鳥 茂喜	佐々木 賢	松井 博之	大月 　 裕	灘本 信成
塩崎 和之	佐藤 晴義	森 　 陽一	大美賀 広芳	楠川 宏之
岡崎 　 暁	斎藤 　 律	森田 英明	池上 　 圭	飯村 幸夫
岡部 将人	三田村 聡	進藤 忠文	中西 　 稔	飯田 　 満
加福 公明	山下 雄大	水野 克彦	中川 裕貴	浜口 卓也
角野 友信	山縣 秀明	清水 　 治	中村 　 徹	平谷 健一
岸本 健秀	市村 国宏	清水 　 敏	中沢 繁容	望月 文裕
吉野 常一	市川 信彦	西本 　 隆	中島 泰秀	堀田 　 豪
久保田 博志	手島 康友	浅野 雅朗	鶴岡 美秋	本田 知久
宮之脇 伸	小松 利夫	前田 博己	湯浅 仁士	茂出木 敏雄
原田 龍太郎	小林 修三郎	曽根原 章夫	藤川 潤二	
荒井 政年	小向 　 款	倉持 　 悟	藤田 昌信	

(4) カシオ計算機株式会社

出願件数（A）	発明者数（B）	A／B	B／A
60	35	1.71	0.58

粟田　浩子	黒沢　比呂史	新井　一能	太田　守雄	田中　富雄
岡田　国雄	腰塚　靖雄	森　　寿彦	代工　康宏	板倉　幹也
下牧　伸一	佐藤　　誠	水迫　亮太	沢津橋　　毅	尾中　栄一
加藤　喜久	坂井　和浩	西田　八寿史	中村　やよい	武井　寿郎
菊地　善太	山岸　浩二	西野　利晴	中村　英貴	柳沢　正樹
吉田　哲志	小川　昌宏	青木　俊浩	中島　　靖	由利　善樹
金光　　聡	小椋　直嗣	浅野　祐司	鳥越　恒光	萬納寺　敏弘

(5) シャープ株式会社

出願件数（A）	発明者数（B）	A／B	B／A
56	104	0.54	1.86

吉村　　久	岡本　正之	康乗　幸雄	四宮　時彦	川瀬　伸行
吉村　和也	梶谷　誠一	溝上　　竜	秋友　雅温	足立　昌浩
高藤　　裕	梶谷　　優	高橋　栄一	小川　伸一	村本　尚裕
芦田　丈行	丸本　英治	高橋　伸行	小倉　優美	大植　　誠
伊黒　元貴	岩越　洋子	高松　敏明	松本　英彦	大西　憲明
伊藤　邦彦	岩内　謙一	高梨　　宏	松本　真哉	谷本　雅洋
伊納　一平	吉川　雅勇	合田　　洋	上平　和祐	池永　博行
井野　繁晴	吉村　洋二	佐々木　竜也	森川　珠江	中須　広明
稲益　靖浩	吉村　和也	佐藤　幸和	森本　洋伸	中川　智和
稲益　靖雄	吉良　隆敏	細見　正司	神崎　修一	中村　恒夫
鵜飼　健一	宮後　　誠	三ツ井　精一	水嶋　繁光	仲谷　知真
塩見　　誠	宮本　忠芳	参納　春義	西原　通陽	仲谷　知眞
岡西　理量	金弦　尚史	山原　基裕	西田　賢治	長井　　剛
岡村　智子	金山　義雄	山上　智司	青森　　繁	津田　裕介
岡田　正子	近藤　正彦	山田　信明	石毛　　理	津田　和彦
岡本　昌也	栗原　　直	山本　裕司	川合　勝博	田中　　淳

（つづく）

田中　勝	藤井利夫	伴　厚志	片山幹雄	槇井俊之
渡辺典子	藤本長和	菱田忠則	片上正幸	木村　誠
土田健一郎	入原紘一	浜田　浩	峰　勝利	木村直史
嶋田吉祐	白井芳博	福田幸司	北林　理	矢野耕三
島田伸二	白木隆三	粉川昌三	堀江　亘	

(6) 株式会社東芝

出願件数（A）	発明者数（B）	A／B	B／A
55	65	0.85	1.18

伊藤真穂	宮崎大輔	春原一之	早瀬修二	渡邊好浩
井谷孝治	金高秀海	小穴保久	増田　隆	土沼健一
茨木伸樹	栗原孝明	庄原　潔	大野千恵子	藤井伸也
羽藤　仁	桑原芳光	松緑　剛	池田光志	藤林貞康
永岡一孝	後河内透	乗山英孝	竹本哲夫	二ノ宮利博
越前谷清行	江添康子	森泉泰恵	中村弘喜	二階堂　勝
可児利佳子	佐藤摩希子	真田信一	中野義彦	馬瀬　章
河村真一	山口秀樹	杉山文夫	長谷川　励	飛弾佳人
鎌上信一	山磨裕二	石川正仁	長田洋之	福永容子
関沢秀和	若井千鶴子	川上晴子	田中孝臣	木下忠良
岩永寛規	秋吉宗治	川田　靖	田中康晴	木村　栄
久慈龍明	秋山和隆	前田裕志	田中　章	緑川輝行
久武雄三	渋沢　誠	倉内昭一	渡辺良一	鈴木公平

(7) 株式会社日立製作所

出願件数（A）	発明者数（B）	A／B	B／A
52	67	0.78	1.29

阿須間 宏明	久保 晶子	小村 真一	沢口 武雄	富田 好文
阿部 英俊	金坂 和美	松崎 英夫	中村 善明	武田 伸宏
伊東 理	近藤 克己	松山 茂	中務 秀明	文倉 辰紀
井上 博之	近藤 裕則	松田 正昭	町田 超	平方 純一
稲毛 久夫	五十嵐 陽一	杉谷 智行	長江 慶治	北島 雅明
遠藤 智守	佐藤 敏男	星野 登	長谷川 守	有本 昭
荻野 利男	三島 康之	清水 浩雅	鶴岡 三紀夫	梨本 柳三
角田 隆史	山崎 太志	青木 晃	渡辺 善樹	鈴木 堅吉
間所 比止美	志賀 俊夫	石井 彰	渡辺 芳久	廣瀬 秀幸
丸山 竹介	狩野 浩和	泉 章也	島田 賢一	檜山 郁夫
菊地 直樹	酒井 昌雄	早川 浩二	藤井 達久	濱本 辰雄
吉田 往史	秋山 典正	大西 正男	藤枝 正芳	
吉野 裕一	舟幡 一行	大平 智秀	内海 夕香	
久慈 卓見	出口 雅晴	大和田 淳一	二村 信之	

(8) 富士通株式会社

出願件数（A）	発明者数（B）	A／B	B／A
42	42	1	1

高橋 宏之	宮本 啓文	水谷 富雄	中野 晋	福田 友明
井元 圭爾	窪田 篤	斉藤 義一	長谷川 正	片山 良志郎
井上 弘康	古川 訓朗	石橋 修	津田 英昭	片尾 隆之
岡元 謙次	佐々木 貴啓	石田 勉	田坂 泰俊	矢尾 晋平
河井 宏之	佐藤 万寿治	千田 秀雄	田代 国広	鈴木 洋二
花岡 一孝	山崎 誓一	村上 一之	田中 博一	澤崎 学
鎌田 豪	助田 俊明	大谷 稔	渡辺 広道	
吉見 琢也	上島 邦敬	池田 政博	入江 正志	
吉田 秀史	新井 薫	中村 公昭	武田 有広	

(9) 東レ株式会社

出願件数（A）	発明者数（B）	A／B	B／A
40	44	0.91	1.1

井戸　英夫	宮本　昌祐	松永　忠與	足立　眞哉	豊崎　貴之
井上　敬二朗	後藤　哲哉	松村　宣夫	村本　尚裕	北川　隆夫
井之上信博	広野　敏司	深堀　光雪	竹若　美樹	木村　邦子
奥村　恵一	江川　啓一	水嶋　繁光	中原　玲子	野村　秀史
横田　晴男	高橋　俊二	西村　一彦	辻井　正也	矢部　雅美
花木　裕香	佐野　高男	石田　容子	渡瀬　貴則	鈴田　広樹
関戸　俊英	桜井　雄三	石渡　　亨	藤井　利夫	鈴木　　覚
吉川　雅勇	柴田　智彦	赤岩　俊行	冨田　文雄	鈴木　哲男
吉田　玲子	小笠原正史	赤松　孝義	峰　　勝利	

(10) 神東塗料株式会社

出願件数（A）	発明者数（B）	A／B	B／A
39	27	1.44	0.69

安川　淳一	宮崎　　進	松村　美紀	中塚　木代春	福地　高和
遠田　和男	宮田　史子	新居崎信也	中野　　強	物袋　俊一
岡田　良克	桜井　亜紀子	杉野谷　充	津枝　和夫	鈴木　為之
釜森　　均	笹木　玲子	西原　伸彦	辻本　耕嗣	
岸田　和比古	手島　康彦	千貫　高志	渡辺　　務	
久保　　晟	松井　　徹	太田　敏秋	徳田　　剛	

《CMCテクニカルライブラリー》発行にあたって

弊社は、1961年創立以来、多くの技術レポートを発行してまいりました。これらの多くは、その時代の最先端情報を企業や研究機関などの法人に提供することを目的としたもので、価格も一般の理工書に比べて遙かに高価なものでした。

一方、ある時代に最先端であった技術も、実用化され、応用展開されるにあたって普及期、成熟期を迎えていきます。ところが、最先端の時代に一流の研究者によって書かれたレポートの内容は、時代を経ても当該技術を学ぶ技術書、理工書としていささかも遜色のないことを、多くの方々が指摘されています。

弊社では過去に発行した技術レポートを個人向けの廉価な普及版《CMCテクニカルライブラリー》として発行することとしました。このシリーズが、21世紀の科学技術の発展にいささかでも貢献できれば幸いです。

2000年12月

株式会社　シーエムシー出版

LCDカラーフィルターとケミカルス　(B0782)

1998年2月1日　初　版　第1刷発行
2006年7月25日　普及版　第1刷発行

監　修　渡辺　順次　　　　　　　　Printed in Japan
発行者　島　健太郎
発行所　株式会社　シーエムシー出版
　　　　東京都千代田区内神田1-13-1　豊島屋ビル
　　　　電話 03 (3293) 2061
　　　　http://www.cmcbooks.co.jp

〔印刷〕倉敷印刷株式会社　　　　　Ⓒ J. Watanabe, 2006

定価はカバーに表示してあります。
落丁・乱丁本はお取替えいたします。

ISBN4-88231-889-X C3054 ¥4200E

本書の内容の一部あるいは全部を無断で複写 (コピー) することは、法律で認められた場合を除き、著作者および出版社の権利の侵害になります。

CMCテクニカルライブラリー のご案内

構造接着の基礎と応用
監修／宮入裕夫
ISBN4-88231-877-6　　　　　　B770
A5判・473頁　本体5,000円＋税（〒380円）
初版1997年6月　普及版2006年3月

構成および内容：【構造接着】構造用接着剤／接着接合の構造設計 他【接着の表面処理技術と新素材】金属系／プラスチック系／セラミックス系 他【機能性接着】短時間接着／電子デバイスにおける接着接合／医用接着 他【構造接着の実際】自動車／建築／電子機器 他【環境問題と再資源化技術】高機能化と環境対策／機能性水性接着 他
執筆者：宮入裕夫／越智光一／遠山三夫 他26名

環境に調和するエネルギー技術と材料
監修／田中忠良
ISBN4-88231-875-X　　　　　　B768
A5判・355頁　本体4,600円＋税（〒380円）
初版2000年1月　普及版2006年2月

構成および内容：【化石燃料コージェネレーション】固体高分子型燃料電池 他【自然エネルギーコージェネレーション】太陽光・熱ハイブリッドパネル／バイオマス利用 他【エネルギー貯蔵技術】二次電池／圧縮空気エネルギー貯蔵 他【エネルギー材料開発】色素増感型太陽電池材料／熱電変換材料／水素吸蔵合金材料 他
執筆者：田中忠良／伊東弘一／中安 稔 他38名

粉体塗料の開発
監修／武田 進
ISBN4-88231-874-1　　　　　　B767
A5判・280頁　本体4,000円＋税（〒380円）
初版1999年10月　普及版2006年2月

構成および内容：製造方法／粉体塗料用原料（粉体塗料用樹脂と硬化剤／粉体塗料用有機顔料／パール顔料の応用 他）／粉体塗料（熱可塑性／ポリエステル系／アクリル系／小粒系 他）／粉体塗装装置（静電粉体塗装システム 他）／応用（自動車車体の粉体塗装／粉体PCM／モーター部分への粉体塗装／電気絶縁用粉体塗装 他）
執筆者：武田 進／伊藤春樹／阿河哲朗 他22名

環境にやさしい化学技術の開発
監修／御園生誠
ISBN4-88231-873-3　　　　　　B766
A5判・306頁　本体4,200円＋税（〒380円）
初版2000年9月　普及版2006年1月

構成および内容：【環境触媒とグリーンケミストリー】現状と展望／グリーンインデックスとLCA／環境触媒の反応工学 他【環境問題に対応した触媒技術】自動車排ガス触媒／環境触媒の居住空間への応用／廃棄物処理における触媒利用 他【ファインケミカル分野での研究開発】電池材料のリサイクル／超臨界媒体を使う有機合成 他
執筆者：御園生誠／藤嶋 昭／鍋島成泰 他22名

微粒子・粉体の作製と応用
監修／川口春馬
ISBN4-88231-872-5　　　　　　B765
A5判・288頁　本体4,000円＋税（〒380円）
初版2000年11月　普及版2006年1月

構成および内容：【微粒子構造と新規微粒子】作製技術（液滴からの粒子形成／シリカ粒子の表面改質 他）／集積技術／【応用展開】レオロジー・トライボロジーと微粒子（ER流体 他）／情報・メディアと微粒子（デジタルペーパー 他）／生体・医療と微粒子（医薬品製剤の微粒子カプセル化 他）／産業用微粒子（最新のコーティング剤 他）
執筆者：川口春馬／松本史朗／鈴木 清 他29名

セラミック電子部品と材料の技術開発
監修／山本博孝
ISBN4-88231-871-7　　　　　　B764
A5判・218頁　本体3,200円＋税（〒380円）
初版2000年8月　普及版2005年12月

構成および内容：序章／コンデンサ（積層コンデンサの技術展開 他）／圧電材料（圧電セラミックスの応用展開 他）／高周波部品（セラミック高周波部品の技術展開 他）／半導体セラミックス（セラミックスバリスタの技術展開 他）／電極・はんだ（電子部品の高性能化を支える電極材料／鉛フリーはんだとリフローソルダリング 他）
執筆者：山本博孝／尾崎義治／小笠原正 他18名

DNAチップの開発
監修／松永是／ゲノム工学研究会
ISBN4-88231-870-9　　　　　　B763
A5判・225頁　本体3,400円＋税（〒380円）
初版2000年7月　普及版2005年12月

構成および内容：【総論編】DNAチップと応用／DNA計測技術の動向／生命体ソフトウェアの開発【DNAチップ・装置編】DNAマイクロアレイの実際とその応用／ダイヤモンドを用いた保存型DNAチップ／磁気ビーズ利用DNAチップ 他【応用編】医療計測への応用／SNPs（一塩基多型）解析／結核菌の耐性診断／環境ゲノム／cDNAライブラリー 他
執筆者：松永是／神原秀記／釜堀政男 他28名

PEFC用電解質膜の開発
ISBN4-88231-869-5　　　　　　B762
A5判・152頁　本体2,200円＋税（〒380円）
初版2000年5月　普及版2005年12月

構成および内容：自動車用PEFCの課題と膜技術（PEFCの動作原理 他）／パーフロロ系隔膜の開発と課題（パーフロロスルホン膜／延伸多孔質PTFE含浸膜 他）／部分フッ素化隔膜の開発と課題（グラフト重合膜 他）／炭化水素系高分子電解質膜の開発動向（炭化水素系高分子電解質膜の利点 他）／燃料電池技術への応用（PEMFC陽イオン交換膜について 他）
執筆者：光田憲朗／木本協司／富家和男 他2名

※ 書籍をご購入の際は、最寄りの書店にご注文いただくか、
(株)シーエムシー出版のホームページ（http://www.cmcbooks.co.jp/）にてお申し込み下さい。

CMCテクニカルライブラリーのご案内

水溶性高分子の機能と応用
監修/堀内照夫
ISBN4-88231-868-7　　　　　　　　B761
A5判・342頁　本体4,800円＋税（〒380円）
初版2000年5月　普及版2005年12月

構成および内容：【水溶性高分子の基礎的物性】水溶性高分子およびその誘導体／水溶性高分子の物理化学的性質【分野別応用展開】医薬品／化粧品／トイレタリー用品／食品／繊維／染色加工／塗料／印刷インキ用水性樹脂／接着剤／土木・建築資材／用廃水処理／エレクトロニクス 他【用途別応用展開】シームレスカプセル／水溶性フィルム
執筆者：堀内照夫／佐藤恵一／秋丸三九男 他14名

プラスチック表面処理技術と材料
ISBN4-88231-867-9　　　　　　　　B760
A5判・222頁　本体2,800円＋税（〒380円）
初版2000年5月　普及版2005年10月

構成および内容：総論【ハードコート材料と機能】有機系／有機・無機ハイブリッド／無機系ハードコート剤【応用技術】ポリカーボネートシートへのハードコーティング技術と建築材料分野への応用／車両用ヘッドランプレンズ他自動車材料／眼鏡レンズ用ハードコート剤／光ディスク用ハードコート剤／OA・情報機器／成形品【市場】
執筆者：佐藤三男／大原昇／山谷正明 他9名

半導体製造プロセスと材料
監修/大見忠弘
ISBN4-88231-866-0　　　　　　　　B759
A5判・274頁　本体3,800円＋税（〒380円）
初版2000年5月　普及版2005年10月

構成および内容：序論／半導体製造プロセスと材料／リソグラフィ技術／エッチング技術／ウルトラクリーンイオン注入技術／洗浄技術／低環境負荷型真空排気システム／マイクロ波励起高密度プラズマ直接酸化技術／次世代DRAM用ペロブスカイト誘電体キャパシター／電極・配線形成技術／絶縁膜形成技術／CMP用研磨液（スラリー）他
執筆者：大見忠弘／有門経敏／奥村勝弥 他28名

生分解性ケミカルスとプラスチックの開発
監修/冨田耕右
ISBN4-88231-865-2　　　　　　　　B758
A5判・255頁　本体3,600円＋税（〒380円）
初版2000年3月　普及版2005年11月

構成および内容：【総論編】化学結合からみた有機化合物の生分解性 他【生分解性ファインケミカルス編】アスパラギン酸系キレート剤／グルタミン酸系キレート剤【生分解性プラスチック編】脂肪族ポリエステル／ポリ乳酸／乳酸系グリーンプラ CPLA／ポリ乳酸不織布／ポリ乳酸繊維／ポリ乳酸フィルム／生分解性緩衝材／生分解誘発添加剤
執筆者：冨田耕右／菊池克明／安齋竜一 他28名

成人病予防食品
編集/二木鋭雄／吉川敏一／大澤俊彦
ISBN4-88231-864-4　　　　　　　　B757
A5判・349頁　本体4,200円＋税（〒380円）
初版1998年5月　普及版2005年10月

構成および内容：【成人病予防食品開発の基盤的研究の動向】フリーラジカル障害の分子メカニズム／発がん予防食品／フリーラジカルによる動脈硬化の発症と抗酸化物 他【動・植物化学成分の有効成分と素材開発】各種食品, 薬物による成人病予防と機構 他【フリーラジカル理論と予防医学の今後】今後のフリーラジカル理論の発展と諸課題 他
執筆者：二木鋭雄／西野輔翼／森秀樹 他45名

フッ素系生理活性物質の合成と応用
監修/田口武夫
ISBN4-88231-862-8　　　　　　　　B755
A5判・225頁　本体3,200円＋税（〒380円）
初版2000年7月　普及版2005年8月

構成および内容：序章【フッ素系生理活性物質の合成】ビルディングブロック／フッ素化法（脂肪族）／電解フッ素化法／芳香族／含フッ素オリゴマーの合成と性質【フッ素系医薬】総論／合成抗菌薬／抗高脂血症薬／循環器系作用薬／抗癌剤／抗感染症剤／抗糖尿病薬／抗炎症・アレルギー治療薬 他【フッ素系農薬】除草剤／殺虫剤／殺菌剤
執筆者：田口武夫／伊東克彦／河田恒佐 他18名

高周波用高分子材料の開発と応用
監修/馬場文明
ISBN4-88231-861-X　　　　　　　　B754
A5判・173頁　本体2,600円＋税（〒380円）
初版1999年1月　普及版2005年8月

構成および内容：総論：情報処理・通信分野における高周波化の動向と高分子材料へのニーズ／高分子材料と高周波特性／フィラーと高周波特性／ガラスクロスと高周波特性／高周波特性の評価法と装置／［材料］熱硬化型PPE樹脂／BTレジン銅張積層板／［応用］平面アンテナ／半導体用パッケージ材料（TBGA）／配線基板／高周波用積層板 他
執筆者：馬場文明／柴田長吉郎／相馬勲 他11名

透明導電膜
監修/澤田豊
ISBN4-88231-860-1　　　　　　　　B753
A5判・289頁　本体4,000円＋税（〒380円）
初版1999年3月　普及版2005年9月

構成および内容：〈透明導電膜・材料編〉ZnO系透明導電膜／In$_2$O$_3$-ZnO系透明導電膜／銀添加ITO膜 他〈製造・加工編〉スパッタリングターゲットの製造／スプレー熱分解法による透明導電膜の作製／プラスチック基板上への透明導電膜の作製 他〈標準化・分析・測定編〉透明導電膜の標準化〈応用編〉情報機器／液晶および表示素子 他
執筆者：澤田豊／南内嗣／井上一吉 他31名

※書籍をご購入の際は、最寄りの書店にご注文いただくか、㈱シーエムシー出版のホームページ（http://www.cmcbooks.co.jp/）にてお申し込み下さい。

CMCテクニカルライブラリーのご案内

インクジェットプリンター
監修／甘利武司
ISBN4-88231-859-8　　　　　　　　B752
A5判・311頁　本体4,000円＋税（〒380円）
初版1998年7月　普及版2005年8月

構成および内容：〈総論・基礎理論編〉インクジェットプリンターの現状と今後／希薄コロイド系の化学　他〈プリンター編〉サーマルジェットプリンター／ピエゾ方式インクジェットプリンター　他〈インク編〉インクジェット記録用水性インク　他〈用紙・記録材料編〉インクジェット記録用コート紙／インクジェット記録用媒体　他
執筆者：甘利武司／古澤邦夫／松尾一壽　他23名

都市ごみ処理技術

ISBN4-88231-858-X　　　　　　　　B751
A5判・309頁　本体4,000円＋税（〒380円）
初版1998年3月　普及版2005年6月

構成および内容：循環型ごみ処理技術の開発動向／収集運搬技術／灰溶融技術（回転式表面溶融炉　他）／ガス化溶融技術（外熱キルン型熱分解溶融システム　他）／都市ごみの固形燃料化技術（ごみ処理におけるRDF技術の動向　他）／プラスチック再生処理技術（廃プラスチック高炉原料化リサイクルシステム　他）／生活産業廃棄物利用セメント
執筆者：藤吉秀昭／稲田俊昭／西塚栄　他20名

抗菌・抗カビ技術
監修／内堀毅
ISBN4-88231-857-1　　　　　　　　B750
A5判・298頁　本体4,200円＋税（〒380円）
初版1996年1月　普及版2005年6月

構成および内容：〈総論編〉抗菌・抗カビ剤の最近の利用技術と応用　他〈抗菌抗カビ編〉有機系合成抗菌抗カビ剤／無機系抗菌剤／天然系抗菌剤／塗料／皮革製品／接着剤／包装材料／医療器材／金属加工油剤／紙パルプ／食品保存料，防カビ剤，殺菌料　他〈新技術トピックス編〉高圧殺菌／活性酸素発生による脱臭殺菌技術　他
執筆者：内堀毅／西村民男／大谷朝男　他23名

自己組織化ポリマー表面の設計
監修／由井伸彦／寺野　稔
ISBN4-88231-856-3　　　　　　　　B749
A5判・248頁　本体3,200円＋税（〒380円）
初版1999年1月　普及版2005年5月

構成および内容：序論／自己組織化ポリマー表面の解析（吸着水からみたポリマー表面の解析　他）／多成分系ポリマー表面の自己組織化（高分子表面における精密構造化　他）／結晶性ポリマー表面の自己組織化（動的粘弾性測定によるポリプロピレンシートの表面解析　他）／自己組織化ポリマー表面の応用（血液適合性ポリプロピレン表面　他）
執筆者：由井伸彦／寺野稔／草薙浩　他24名

成形回路部品
監修／中川威雄／湯本哲男／川崎　徹
ISBN4-88231-855-5　　　　　　　　B748
A5判・231頁　本体3,200円＋税（〒380円）
初版1997年8月　普及版2005年5月

構成および内容：総論／欧州でのMID製品の応用／2ショット方によるMID／鉛フリーはんだの最新動向／導電性プラスチックによるMID／チップLED基板の開発　〔応用〕光通信機器へのMIDの応用／MIDを応用した高速伝送用コネクター／携帯電話用MID内蔵アンテナと耐熱プラスチックシールドケースの開発／非接触熱源によるMIDのはんだ付け施工技術　他
執筆者：中川威雄／塚田憲一／湯本哲男　他11名

高分子の劣化機構と安定化技術
監修／大勝靖一
ISBN4-88231-854-7　　　　　　　　B747
A5判・339頁　本体4,400円＋税（〒380円）
初版1997年3月　普及版2005年4月

構成および内容：高分子の劣化機構（劣化概論と自動酸化／熱劣化機構／光劣化機構　他）／高分子の安定化機構と安定剤（フェノール系安定剤／チオエーテル系酸化防止剤／リン系酸化防止剤　他）／高分子の安定化・各論（ポリプロピレン／ポリエチレン／スチレン系樹脂／ポリウレタン　他）／高分子の安定性評価技術・促進法
執筆者：大勝靖一／黒木健一／角岡正弘　他20名

機能性食品包装材料
監修／石谷孝佑
ISBN4-88231-853-9　　　　　　　　B746
A5判・321頁　本体4,000円＋税（〒380円）
初版1998年1月　普及版2005年4月

構成および内容：〔第Ⅰ編総論〕食品包装における機能性包材〔第Ⅱ編機能性食品包装材料（各論1）〕ガス遮断性フィルム　他〔第Ⅲ編機能性食品包装材料（各論2）〕EVOHを用いたバリアー包装材料／耐熱性PET　他〔第Ⅳ編食品包装副資材〕脱酸素剤の現状と展望　他〔環境対応型食品包装材料〕生分解性プラスチックの食品包装への応用　他
執筆者：石谷孝佑／近藤浩司／今井隆之　他26名

エレクトロニクス用機能性色素
監修／時田澄男
ISBN4-88231-852-0　　　　　　　　B745
A5判・366頁　本体4,600円＋税（〒380円）
初版1998年9月　普及版2005年3月

構成および内容：モーブからエレクトロニクス用色素まで／色素における分子設計について／新規エレクトロニクス材料開発の現状と展望／カラーフィルター用色素／ゲスト・ホスト型液晶表示用色素／エレクトロ・ルミネッセンス／フルカラーホログラフィー材料／光ディスク用近赤外吸収色素／化学発光用色素／非線形光学用色素　他
執筆者：時田澄男／古後義也／前田修一　他27名

※書籍をご購入の際は、最寄りの書店にご注文いただくか、
㈱シーエムシー出版のホームページ（http://www.cmcbooks.co.jp/）にてお申し込み下さい。

CMCテクニカルライブラリーのご案内

酸化チタン光触媒の研究動向 1991-1997
編集／橋本和仁／藤嶋 昭
ISBN4-88231-851-2　　　　　　　B744
A5判・370頁　本体3,800円＋税（〒380円）
初版1998年7月　普及版2005年3月

構成および内容：光触媒研究の軌跡／光触媒反応の基礎／光触媒材料（酸化チタンの性状／酸化チタンの担持法 他）／光触媒活性評価法（酸化分解活性評価法／抗菌性の評価法 他）／光触媒の実用化／抗菌タイル／セルフクリーニング照明／空気清浄機 他）／今後の展望／付表 主な（酸化）光触媒関連文献一覧表1991～1997年
執筆者：石崎有義／齋藤徳良／砂田香矢乃 他7名

プラスチックリサイクル技術と装置
監修／大谷寛治
ISBN4-88231-850-4　　　　　　　B743
A5判・200頁　本体3,000円＋税（〒380円）
初版1999年11月　普及版2005年2月

構成および内容：［第1編プラスチックリサイクル］容器包装リサイクル法とプラスチックリサイクル／家電リサイクル法と業界の取り組み 他［第2編再生処理プロセス技術］分離・分別装置／乾燥装置／プラスチックリサイクル破砕・粉砕・切断装置／使用済みプラスチックの高炉原料化技術／廃プラスチックの油化技術と装置／RDF 他
執筆者：大谷寛治／萩原一平／貴島康智 他9名

モバイル型パソコンの総合技術
監修／大塚寛治
ISBN4-88231-849-0　　　　　　　B742
A5判・236頁　本体3,600円＋税（〒380円）
初版1999年9月　普及版2005年2月

構成および内容：［第Ⅰ編総論パソコンの小型・薄型・軽量化の現状と展望］小型・薄型・軽量化のためのシステム設計［第Ⅱ編ノート型・モバイル型パソコンの小型・薄型・軽量化技術］［第Ⅲ編構成部品・部材の小型・薄型・軽量化技術］ハウジングの軽量化と材料開発・薄肉成形法［第Ⅳ編最先端高密度実装技術と関連材料］他
執筆者：大塚寛治／塚田裕／宍戸周夫 他16名

廃棄物処理・再資源化技術

ISBN4-88231-848-2　　　　　　　B741
A5判・272頁　本体3,800円＋税（〒380円）
初版1999年11月　普及版2005年1月

構成および内容：〈Ⅰ有害廃棄物の無害化〉超臨界流体による有害物質の分解と廃プラスチックのケミカル・リサイクル〈Ⅱ土壌・水処理技術〉光酸化法による排水処理〈Ⅲ排ガス処理技術〉〈Ⅳ分離・選別技術〉〈Ⅴ廃プラ再資源化技術〉〈Ⅵ生ごみの再資源化技術〉〈Ⅶ無機系廃棄物の再資源化技術〉〈Ⅷ廃棄物発電技術〉小規模廃棄物発電 他
執筆者：佐古猛／横山千昭／蛯名武雄 他43名

食品素材と機能

ISBN4-88231-847-4　　　　　　　B740
A5判・284頁　本体3,800円＋税（〒380円）
初版1997年6月　普及版2005年1月

構成および内容：［総論編］食品新素材の利用状況／食品抗酸化物と活性酸素代謝［食品素材と機能編］ゴマ抽出物と抗酸化機能／グリセロ糖脂質と発ガンプロモーション抑制作用／活性ヘミセルロースと免疫賦活作用／茶抽出テアニンと興奮抑制作用／マグネシウムと降圧効果／植物由来物質と抗ウイルス活性／CCMとカルシウム吸収機能 他
執筆者：澤岡昌樹／田仲健一／伊東祐四 他38名

動物忌避剤の開発
編集／赤松 清／藤井昭治／林 陽
ISBN4-88231-846-6　　　　　　　B739
A5判・236頁　本体3,800円＋税（〒380円）
初版1999年7月　普及版2004年12月

構成および内容：総論／植物の防御反応とそれに対応する動物の反応／忌避剤、侵入防御システム／動物侵入防御システム（害虫忌避処理技術／繊維への防ダニ加工 他）／文献に見る動物忌避剤の開発と研究／市販されている忌避剤商品（各動物に対する防除方法と忌避剤／忌避剤と殺虫剤／天然忌避剤 他）
執筆者：赤松清／藤井昭治／林晃史 他13名

ディジタルハードコピー技術
監修／髙橋恭介／北村孝司
ISBN4-88231-845-8　　　　　　　B738
A5判・236頁　本体3,600円＋税（〒380円）
初版1999年7月　普及版2004年12月

構成および内容：総論／書き込み光源とその使い方（レーザ書き込み光源 他）／感光体（OPC感光体／ZnO感光体 他）／トナーおよび現像剤（トナー技術の動向／カーボンブラック 他）／トナー転写媒体（転写紙／OHP用フィルム 他）／ブレード，ローラ類（マグネットロール／カラー用ベルト定着装置技術）
執筆者：髙橋恭介／北村孝司／片岡慶二 他18名

電気自動車の開発
監修／佐藤 登
ISBN4-88231-844-X　　　　　　　B737
A5判・296頁　本体4,400円＋税（〒380円）
初版1999年8月　普及版2004年11月

構成および内容：［自動車と環境］自動車を取り巻く環境と対応技術 他［電気自動車の開発とプロセス技術］電気自動車の開発動向／ハイブリッド電気自動車の研究開発 他［駆動系統のシステムと材料］永久磁石モータと誘導モータ 他［エネルギー貯蔵，発電システムと材料技術］電動車両用エネルギー貯蔵技術とその課題 他
執筆者：佐藤登／後藤時正／堀江英明 他19名

※ 書籍をご購入の際は、最寄りの書店にご注文いただくか、㈱シーエムシー出版のホームページ（http://www.cmcbooks.co.jp/）にてお申し込み下さい。

CMCテクニカルライブラリーのご案内

反射型カラー液晶ディスプレイ技術
監修／内田龍男
ISBN4-88231-843-1　　　　　　　　B736
A5判・262頁　本体4,200円＋税（〒380円）
初版1999年3月　普及版2004年11月

構成および内容：反射型カラーLCD開発の現状と展望／反射型カラーLCDの開発技術（GHモード反射型カラーLCD／TNモードTFD駆動方式反射型カラーLCD／TNモードTFT駆動方式反射型カラーLCD 他）／反射型カラーLCDの構成材料（液晶材料／ガラス基板／プラスチック基板／透明導電膜／カラーフィルタ他）
執筆者：内田龍男／溝端英司／飯原聖一 他27名

電波吸収体の技術と応用
監修／橋本　修
ISBN4-88231-842-3　　　　　　　　B735
A5判・215頁　本体3,400円＋税（〒380円）
初版1999年3月　普及版2004年10月

構成および内容：電波障害の種類と電波吸収体の役割〈材料・設計編〉広帯域電波吸収体／狭帯域電波吸収体／ミリ波電波吸収体〈測定法編〉材料定数の測定法／吸収量の測定法〈新技術・新製品の開発編〉ITO透明電波吸収体／新電波吸収体とその性能／強磁性共鳴吸収体 他〈応用編〉無線化ビル用電波吸収建材／電波吸収壁
執筆者：橋本修／石野健／千野勝 他19名

水性コーティング
監修／桐生春雄
ISBN4-88231-841-5　　　　　　　　B734
A5判・261頁　本体3,600円＋税（〒380円）
初版1998年12月　普及版2004年10月

構成および内容：総論—水性コーティングの新しい技術と開発［塗料用樹脂編］アクリル系樹脂／アルキド・ポリエステル系樹脂 他［塗料の処方化編］ポリウレタン系塗料／エポキシ系塗料／水性塗料の流動特性とコントロール［応用編］自動車用塗料／建築用塗料／缶用コーティング 他［廃水処理編］廃水処理対策の基本／水質管理 他
執筆者：桐生春雄／池林信彦／桐原修 他13名

機能性顔料の技術
ISBN4-88231-840-7　　　　　　　　B733
A5判・271頁　本体3,800円＋税（〒380円）
初版1998年11月　普及版2004年9月

構成および内容：［無機顔料の研究開発動向］超微粒子酸化チタンの特性と応用技術／複合酸化物系顔料／蛍光顔料と蓄光顔料 他［有機顔料の研究開発動向］溶性アゾ顔料（アゾレーキ）／不溶性アゾ顔料／フタロシアニン系顔料 他［用途展開の現状と将来展望］印刷インキ／塗料／プラスチック／繊維／化粧品／絵の具／付表 顔料一覧
執筆者：坂井卓人／寺田裕美／堀石七生 他24名

機能性不織布の開発
ISBN4-88231-839-3　　　　　　　　B732
A5判・247頁　本体3,600円＋税（〒380円）
初版1997年7月　普及版2004年9月

構成および内容：［総論編］不織布のアイデンティティ 他［濾過機能編］エアフィルタ／自動車用エアクリーナ／防じんマスク 他［吸水・保水・吸油機能編］土木用不織布／高機能ワイパー／油吸着材 他［透湿機能編］人工皮革／手術用ガウン・ドレープ 他［保持機能編］電気絶縁テープ／衣服芯地／自動車内装材用不織布について 他
執筆者：岩熊昭三／西川文子良／高橋和宏 他23名

ポリマーバッテリー
監修／小山　昇
ISBN4-88231-838-5　　　　　　　　B731
A5判・232頁　本体3,500円＋税（〒380円）
初版1998年7月　普及版2004年8月

構成および内容：ポリマーバッテリーの開発課題と展望／ポリマー負極材料（炭素材料／ポリアセン系材料）／ポリマー正極材料（導電性高分子／有機硫黄化合物 他）／ポリマー電解質（ポリマー電解質の実用化／PEO系／PAN系ゲル状電解質の機能特性 他）／セパレーター／リチウムイオン二次電池におけるポリマーバインダー／他
執筆者：小山昇／髙見則雄／矢田静邦 他22名

石油製品添加剤の開発
監修／岡部平八郎／大勝靖一
ISBN4-88231-837-7　　　　　　　　B730
A5判・174頁　本体3,000円＋税（〒380円）
初版1998年3月　普及版2004年8月

構成および内容：［Ⅰ 技術編］石油製品と添加剤（石油製品の高級化と添加剤技術／添加剤開発の技術的問題点 他）／酸化防止剤／オクタン価向上剤／清浄剤／金属不活性化剤／さび止め添加剤／粘度指数向上剤—オレフィンコポリマー／極圧剤／流動点降下剤／消泡剤／添加剤評価法［Ⅱ 製品編］添加剤の種類およびその機能 他
執筆者：岡部平八郎／大勝靖一／五十嵐仁一 他12名

キラルテクノロジー
監修／中井　武／大橋武久
ISBN4-88231-836-9　　　　　　　　B729
A5判・223頁　本体3,100円＋税（〒380円）
初版1998年1月　普及版2004年7月

構成および内容：序論／総論［第Ⅰ編 不斉合成-生化学的手法］バイオ技術と有機合成を組み合わせた医薬品中間体の合成 他［第Ⅱ編 不斉合成-不斉触媒合成］不斉合成・光学分割技術によるプロスタグランジン類の開発 他［第Ⅲ編 光学分割法］光学活性ピレスロイドの合成法の開発と工業化／ジアステレオマー法による光学活性体の製造 他
執筆者：中井武／大橋武久／長谷川淳三 他20名

※ 書籍をご購入の際は、最寄りの書店にご注文いただくか、㈱シーエムシー出版のホームページ(http://www.cmcbooks.co.jp/)にてお申し込み下さい。

CMCテクニカルライブラリーのご案内

ハイブリッドマイクロエレクトロニクス技術
ISBN4-88231-835-0　　B728
A5判・327頁　本体3,900円＋税（〒380円）
初版1985年9月　普及版2004年7月

構成および内容：[総論編]ハイブリッドマイクロエレクトロニクス技術とその関連材料[基板編・材料編]新SiCセラミック基板・材料 他[膜形成技術編]厚膜ペースト材料と膜形成技術 他[パターン加工技術編]スクリーン印刷技術 他[後処理プロセス・実装技術編]ガラス,セラミックス封止技術と材料 他[信頼性・評価編]
執筆者：二瓶公志／浦 満／内海和明 他30名

乳化技術と乳化剤の開発
ISBN4-88231-831-8　　B724
A5判・259頁　本体3,800円＋税（〒380円）
初版1998年5月　普及版2004年6月

構成および内容：[機能性乳化剤の開発と基礎理論の発展][乳化技術の応用]化粧品における乳化技術／食品／農薬／エマルション塗料／乳化剤の接着剤への応用／文具類／感光・電子記録材料分野への応用／紙加工／印刷インキ[将来展望]乳化剤の機能と役割の将来展望を探る／乳化・分散装置の現状と将来の展望を探る
執筆者：堀内炤夫／鈴木敏幸／高橋康之 他9名

電気化学キャパシタの開発と応用
監修／西野 敦／直井勝彦
ISBN4-88231-830-X　　B723
A5判・170頁　本体2,700円＋税（〒380円）
初版1998年10月　普及版2004年6月

構成および内容：[総論編]序章／電気化学的な電荷貯蔵現象／電気二重層キャパシタ（EDLC）の原理 他[技術・材料編]コイン型、円筒型キャパシタの構成と製造方法／水溶液系電気二重層キャパシタ／分極性カーボン材料／電解質材料 他[応用編]電気二重層キャパシタの用途／電気二重層キャパシタの電力応用 他
執筆者：西野敦／直井勝彦／末松俊造 他5名

超臨界流体反応法の基礎と応用
監修／碇屋隆雄
ISBN4-88231-829-6　　B722
A5判・256頁　本体3,800円＋税（〒380円）
初版1998年8月　普及版2004年5月

構成および内容：超臨界流体の基礎／超臨界流体中の溶媒和と反応の物理化学／超臨界流体の構造・物性の理論化学 他／超臨界流体反応法（ジェネリックテクノロジーとしての超臨界流体技術／超臨界水酸化反応の速度と機構 他）／超臨界流体利用・分析（超臨界流体の分光分析 他）／応用展開（水熱プロセス 他）
執筆者：梶本興亜／生島豊／中西浩一郎 他23名

分子協調材料の基礎と応用
監修／市村國宏
ISBN4-88231-828-8　　B721
A5判・273頁　本体4,000円＋税（〒380円）
初版1998年3月　普及版2004年5月

構成および内容：[序章]分子協調材料とは[基礎編]自己組織化膜（多環状両親媒性単分子膜 他）／自己組織化による構造発現（粒子配列による新機能材料の創製 他）／メソフェーズ材料の新たな視点[応用編]自己組織化膜の応用／分子協調効果と光電材料・デバイス（フォトリフラクティブ材料 他）／ナノ空間制御材料の応用 他
執筆者：市村國宏／玉置敬／玉田薫 他25名

高分子制振材料と応用製品
監修／西澤 仁
ISBN4-88231-823-7　　B716
A5判・286頁　本体4,300円＋税（〒380円）
初版1997年9月　普及版2004年4月

構成および内容：振動と騒音の規制について／振動制振技術に関する最新の動向／代表的制振材料の特性[素材編]ゴム・エラストマー／ポリノルボルネン系制振材料／振動・衝撃吸収材の開発 他[材料編]制振塗料の特徴 他／各産業分野における制振材料の応用（家電・OA製品／自動車／建築 他）／薄板のダンピング試験
執筆者：大野進一／長松昭男／西澤仁 他26名

複合材料とフィラー
編集／フィラー研究会
ISBN4-88231-822-9　　B715
A5判・279頁　本体4,200円＋税（〒380円）
初版1994年1月　普及版2004年4月

構成および内容：[総括編]フィラーと先端複合材料[基礎編]フィラー概論／フィラーの界面制御／フィラーの形状制御／フィラーの補強理論 他[技術編]複合加工技術／反応射出成形技術／表面処理技術 他[応用編]高強度複合材料／導電、EMC材料／記録材料 他[リサイクル編]プラスチック材料のリサイクル動向 他
執筆者：中尾一宗／森田幹郎／相馬勲 他21名

環境保全と膜分離技術
編著／桑原和夫
ISBN4-88231-821-0　　B714
A5判・204頁　本体3,100円＋税（〒380円）
初版1999年11月　普及版2004年3月

構成および内容：環境保全及び省エネ・省資源に対する社会的要請／環境保全及び省エネ・省資源に関する法規制の現状と今後の動向／水関連の膜利用技術の現状と今後の動向（水関連の膜処理技術の全体概要 他）／気体分離関連の膜処理技術の現状と今後の動向（気体分離関連の膜処理技術の概要）／各種機関の活動及び研究開発動向／各社の製品及び開発動向／特許からみた各社の開発動向

※ 書籍をご購入の際は、最寄りの書店にご注文いただくか、㈱シーエムシー出版のホームページ（http://www.cmcbooks.co.jp/）にてお申し込み下さい。

CMCテクニカルライブラリー のご案内

低アレルギー食品の開発
編集／池澤善郎
ISBN4-88231-820-2　　　　　　　　B713
A5判・294頁　本体4,400円＋税（〒380円）
初版1995年11月　普及版2004年3月

構成および内容：低アレルギー食品の開発の背景およびその基礎理論と基礎技術の発展（わが国の食物アレルギーの研究と食品対策／分泌型ＩｇＡ抗体によるアレルギーの予防／食物アレルゲンのエピトープ解析とその基礎技術の進歩 他）低アレルギー食品の開発とその動向／アレルギー性疾患別の対策とその研究開発動向／他
執筆者：池澤善郎／小倉英紀／上野川修一 他37名

高分子微粒子の技術と応用
監修／尾見信三／佐藤壽彌／川瀬　進
ISBN4-88231-827-X　　　　　　　　B720
A5判・336頁　本体4,700円＋税（〒380円）
初版1997年8月　普及版2004年2月

構成および内容：序論［高分子微粒子合成技術］懸濁重合法／乳化重合法／非水系重合粒子／均一径微粒子の作成／スプレードライ法／複合エマルジョン／微粒子凝集法／マイクロカプセル化／高分子粒子の粉砕 他［高分子微粒子の応用］塗料／コーティング材／エマルジョン粘着剤／土木・建築／診断薬担体／医療と微粒子／化粧品 他
執筆者：川瀬　進／上山雅大／田中眞人 他33名

ファインセラミックスの製造技術
監修／山本博孝／尾崎義治
ISBN4-88231-826-1　　　　　　　　B719
A5判・285頁　本体3,400円＋税（〒380円）
初版1985年4月　普及版2004年2月

構成および内容：［基礎論］セラミックスのファイン化技術（ファイン化セラミックスの応用 他）［各論Ａ（材料技術）］超微粒子技術／多孔体技術／単結晶技術［各論Ｂ（マイクロ材料技術）］気相薄膜技術／ハイブリット技術／粒界制御技術［各論Ｃ（製造技術）］超急冷技術／接合技術／ＨＰ・ＨＩＰ技術 他
執筆者：山本博孝／尾崎義治／松村雄介 他32名

建設分野の繊維強化複合材料
監修／中辻照幸
ISBN4-88231-818-0　　　　　　　　B711
A5判・164頁　本体2,400円＋税（〒380円）
初版1998年8月　普及版2004年1月

構成および内容：建設分野での繊維強化複合材料の開発の経緯／複合材料に用いられる材料と一般的な成形方法／コンクリート補強用連続繊維筋／既存コンクリート構造物の補修・補強用繊維強化複合材料／鉄骨代替用繊維強化複合材料／繊維強化コンクリート／繊維強化複合材料の将来展望 他
執筆者：中辻照幸／竹田敏和／角田教 他9名

植物のクローン増殖技術
監修／田中隆荘
ISBN4-88231-817-2　　　　　　　　B710
A5判・277頁　本体3,800円＋税（〒380円）
初版1985年12月　普及版2004年1月

構成および内容：クローン増殖技術と遺伝的安定性／無菌培養の確立法／人工種子／苗化・馴化・移植技術／クローン増殖技術と変異の発生／各種植物のクローン増殖法（花き・野菜・穀類 他）／育種とクローン増殖技術／クローン植物生産設備・機器／クローン植物大量生産および関連分野の開発／クローン植物大量生産事業の現状 他
執筆者：田中隆荘／谷口研至／森寛一 他29名

電磁シールド技術と材料
監修／関　康雄
ISBN4-88231-814-8　　　　　　　　B707
A5判・192頁　本体2,800円＋税（〒380円）
初版1998年9月　普及版2003年12月

構成および内容：ＥＭＣ規格・規制の最新動向／電磁シールド材料（無電解メッキと材料・イオンプレーティングと材料 他）／電波吸収体（電波吸収理論・電波吸収体の評価法・軟磁性金属を使用した吸収体 他）／電磁シールド対策の実際（銅ペーストを用いたＥＭＩ対策プリント配線板・コンピュータ機器の実施例）他
執筆者：渋谷昇／平戸昌利／徳田正満 他15名

医療用高分子材料の展開
監修／中林宜男
ISBN4-88231-813-X　　　　　　　　B706
A5判・268頁　本体4,000円＋税（〒380円）
初版1998年3月　普及版2003年12月

構成および内容：医療用高分子材料の現状と展望（高分子材料の臨床検査への応用 他）／ディスポーザブル製品の開発と応用／医療用高分子によるドラッグデリバリー用高分子の新展開／生分解性高分子の医療への応用／組織工学を利用したハイブリッド人工臓器／生体・医療用接着剤の開発／医療用高分子の安全性評価／他
執筆者：中林宜男／岩崎泰彦／保坂俊太郎 他25名

超高温利用セラミックス製造技術

ISBN4-88231-816-4　　　　　　　　B709
A5判・275頁　本体3,500円＋税（〒380円）
初版1985年11月　普及版2003年11月

構成および内容：超高温技術を応用したファインセラミックス製造技術の現状と動向／ファインセラミックス創成の基礎／レーザーによるセラミックス合成と育成技術／レーザーＣＶＤ法による新機能膜創成技術／電子ビーム，レーザおよびアーク熱源による超微粒子製造技術／セラミックスの結晶構造解析法とその高温利用技術／他
執筆者：佐多敏之／中村哲朗／奥冨衛 他8名

※ 書籍をご購入の際は、最寄りの書店にご注文いただくか、
㈱シーエムシー出版のホームページ（http://www.cmcbooks.co.jp/）にてお申し込み下さい。